认知神经科学书系第二辑
·社会与文化卷·

丛书主编　杨玉芳

本书得到国家自然科学基金项目"基于情绪（情志）相生相克原理的情绪调节策略的心理与脑机制"（项目批准号：31871093）资助

儒道佛与认知神经科学

刘　昌　罗　劲　郭斯萍　等◎著

Confucianism, Taoism and Buddhism:
Perspective from Cognitive Neuroscience

科　学　出　版　社
北　京

内 容 简 介

中国近百年的科学心理学与过去 2000 多年的中国传统心理学基本上是脱节的。如何将二者有效衔接起来，是一项亟须深入开展的工作。本书旨在对中国儒道佛文化传统中的部分心理学思想进行现代诠释，在义理诠释的基础上，通过认知神经科学的实证诠释对儒道佛中的心理学思想进行创造性转化，探索建立中国心理学的可能途径。这对于弘扬中华优秀传统文化、推动中国心理学研究的创新具有深远意义。

本书对心理学研究者有重要参考价值，也可供对中国传统文化感兴趣的读者阅读。

图书在版编目（CIP）数据

儒道佛与认知神经科学 / 刘昌等著. —北京：科学出版社，2021.12
（认知神经科学书系 / 杨玉芳主编. 第二辑）
ISBN 978-7-03-067719-8

Ⅰ.①儒⋯ Ⅱ.①刘⋯ Ⅲ.①儒家-应用-认知心理学-神经科学-研究 ②道教-应用-认知心理学-神经科学-研究 ③佛教-应用-认知心理学-神经科学-研究 Ⅳ.①B842.1

中国版本图书馆 CIP 数据核字（2020）第 271870 号

责任编辑：朱丽娜　高丽丽 / 责任校对：王晓茜
责任印制：赵　博 / 封面设计：润一文化

科学出版社 出版
北京东黄城根北街 16 号
邮政编码：100717
http://www.sciencep.com

天津市新科印刷有限公司印刷
科学出版社发行　各地新华书店经销
*
2021 年 12 月第 一 版　　开本：720×1000 B5
2025 年 5 月第四次印刷　　印张：16 1/2
字数：296 000
定价：128.00 元
（如有印装质量问题，我社负责调换）

"认知神经科学书系（第二辑）"编委会

主 编　杨玉芳

主 任　吴艳红

委 员　（按姓氏汉语拼音顺序排列）

　　　　董光恒　傅小兰　高定国　郭秀艳

　　　　贺　永　刘　昌　王　哲　吴　思

　　　　吴艳红　杨玉芳　臧玉峰　左西年

本书编撰委员会

主　　任　刘　昌
副 主 任　罗　劲　郭斯萍
委　　员　王福顺　刘　昌　孙俊才　应小萍　沈汪兵
　　　　　　张　晶　张文彩　陈四光　罗　劲　罗　非
　　　　　　郭斯萍　袁　媛　舒　曼　彭彦琴

丛 书 序
PREFACE TO THE SERIES

认知神经科学是20世纪后半叶兴起的一门新兴学科。认知神经科学将认知科学的理论与神经科学和计算建模等方法结合起来，探索人类心理与大脑的关系，阐明心智（mind）的物质基础。这是许多科学领域共同关心的重大科学问题，对这个问题的新发现和新突破，将会深刻影响众多科学和技术领域的进展，深刻影响人们的社会生活。

在心理学领域，人们曾经采用神经心理学和生理心理学的方法和技术，在行为水平上进行研究，考察脑损伤对认知功能的影响，深化了对脑与心智关系的认识。近几十年来，神经影像技术和研究方法的巨大进步，使得人们得以直接观察认知活动和静息状态下大脑的激活模式，促进了对人类认知的神经生物学基础的认识。另外，在神经科学领域，人们以人类认知的心理学理论模型和实证发现为指导，探索神经系统的解剖结构与认知功能的关系，有望攻克心智关系研究的核心和整体性问题。可见，认知科学与神经科学的结合，把这两个科学领域的发展都推进到了前所未有的崭新高度，开创了一个充满挑战与希望的脑科学时代。

认知神经科学对传统的认知心理学、生理心理学、神经心理学与神经科学进行相互交叉、综合集成。采用跨学科的研究方法和路径，不仅在行为和认知的层面上，而且可以在神经回路、脑区和脑网络等层面上探讨心智与脑的关系。这种探索不局限于基本认知过程，还扩展到了发展心理学和社会文化心理学领域。其中，基础认知过程研究试图揭示感知觉、学习记忆、决策、语言等认知过程的神经机制；发展认知神经科学将发展心理学与神经科学和遗传学结合起来，探讨人类心智的起源和发展变化规律；社会文化认知神经科学将社会心理、文化比较与神经科学结合，研究社会认知的文化差异及其相应的神经机制差异。

在过去的几十年中，认知神经科学获得了空前的繁荣和发展。在世界上，许多国家制定了脑科学发展的科学目标并投入了巨额经费予以支持。大规模的认知神经科学学术会议吸引着来自不同学科领域的众多学者的参与。以认知神经科学为主题的论文和学术著作的出版也十分活跃。在国内，学者们在这一前沿领域也做了很多引人注目的研究工作，产生了一定的国际影响力。

值得欣喜的是，国家层面对脑与认知科学的发展作了一系列重要的部署和规划。在新世纪之初即建立了"脑与认知科学"和"认知神经科学与学习"两个国家重点实验室，设立了973项目、国家自然科学基金重大项目等，对认知神经科学研究给予长期稳定的资助。《国家中长期科学和技术发展规划纲要（2006—2020年）》将"脑科学与认知科学"纳入国家重点支持的八大科学前沿问题。在2016年召开的全国科技创新大会上，习近平总书记指出，"脑连接图谱研究是认知脑功能并进而探讨意识本质的科学前沿，这方面探索不仅有重要科学意义，而且对脑疾病防治、智能技术发展也具有引导作用"[1]。"十三五"规划纲要强调，要强化"脑与认知等基础前沿科学研究"，并将"脑科学与类脑研究"确定为科技创新2030重大科技项目之一。在"十四五"规划纲要中，"人工智能"和"脑科学"等成为未来五年具有前瞻性和战略性的国家重大科技项目；纲要指出脑科学与类脑研究的重点方向是脑认知原理解析、脑介观神经联接图谱绘制、脑重大疾病机理与干预研究、儿童青少年脑智发育、类脑计算与脑机融合技术研发。

在脑与认知科学学科发展前景的鼓舞下，科学出版社和中国心理学会启动了"认知神经科学书系"的编撰和出版工作。目前已完成第一辑的出版和发行。国家对于脑科学发展的持续推动和支持，激励我们在前期工作的基础上继续努力，启动第二辑的编撰和出版工作，并根据新近提出的脑科学研究的重点方向，进一步选好书目和作者。科技图书历来是阐发学术思想、展示科研成果、进行学术交流的重要载体。一门学科的发展与成熟必然伴随大量相关图书和专著的出版与传播。作为国内科技图书出版界"旗舰"的科学出版社，于2012年启动了"中国科技文库"重大图书出版工程项目，并将"脑与认知科学书系"列入了出版计划之中。考虑到脑科学与认知科学涉及的学科众多，"多而杂"不如"少而精"。为保证丛

---

[1] 习近平同志在全国科技创新大会、两院院士大会、中国科协第九次全国代表大会上的讲话. 中国科学技术协会网站.（2016-05-30）. https://cast.org.cn/art/2016/5/31/art_358_31799.html[2022-06-14].

书内容相对集中,具有一定代表性,在杨玉芳研究员的建议下,书系更名为"认知神经科学书系"。

2013年,科学出版社与中国心理学会合作,共同策划和启动了大型丛书"认知神经科学书系"的编撰工作,确定丛书的宗旨是:反映当代认知神经科学的学科体系、方法论和发展趋势;反映近年来相关领域的国际前沿、进展和重要成果,包括方法学和技术;反映和集成中国学者所作的突出贡献。其目标是:引领中国认知神经科学的发展,推动学科建设,促进人才培养;展示认知神经科学在现代科学系统中的重要地位;为本学科在中国的发展争取更好的社会文化环境和支撑条件。丛书将主要面对认知神经科学及其相关领域的学者、教师和研究生,促进不同学科之间的交流、交叉和相互借鉴,同时为国民素质与身心健康水平的提升、经济建设和社会可持续发展等重大现实问题提供一定的科学知识基础。

丛书的学术定位有三。一是原创性。应更好地展示中国认知神经科学研究近年来所取得的具有原创性的科研成果,以反映作者在该领域内取得的有代表性的原创科研成果为主。二是前沿性。将集中展示国内学者在认知神经科学领域内取得的最新科研成果,特别是具有国际领先性、领域前沿性的研究成果。三是权威性。汇集国内认知神经科学领域的顶尖学者组成编委会,选择国内的认知神经科学各分支领域的领军学者承担单本书的写作任务,以保证丛书具有较高的权威性。

丛书共包括三卷,分别为认知与发展卷、社会与文化卷、方法与技术卷,涵盖了国内认知神经科学研究的主要方向与主题。在第一辑中,三卷共有8本著作出版发行。即将出版的第二辑,依然分为三卷,将有更多著作陆续出版。

丛书第一辑的编撰工作由中国心理学会出版工作委员会、普通心理和实验心理专业委员会两个分支机构共同组织。中国科学院心理研究所杨玉芳研究员任主编,北京大学吴艳红教授任编委会主任。清华大学刘嘉教授(时任北京师范大学心理学院院长)在丛书的策划和推动中曾发挥了重要作用。丛书的单册作者汇集了国内认知神经科学领域的优秀学者,包括教育部"长江学者"特聘教授、国家杰出青年基金获得者、中科院"百人计划"入选者等。在第二辑编撰工作启动时,我们对丛书作者队伍进行了扩充。

在丛书第一辑的编撰过程中，编委会曾组织召开了多次编撰工作会议，邀请丛书作者和出版社编辑出席。编撰工作会议对丛书写作的推进十分有益。它同时也是学术研讨会，会上认知神经科学不同分支领域的学者们相互交流和学习，拓展学术视野，激发创作灵感。这一工作制度，在第二辑编撰过程中继续实行。

科学出版社的领导和教育与心理分社的编辑对本丛书的编撰和出版工作给了高度重视和大力支持。丛书第一辑入选了"十三五"国家重点出版物出版规划项目，部分著作获得"国家科学技术学术著作出版基金"的资助。经过数年的不懈努力，已有8本著作正式出版，获得很好的反响。即将出版的第二辑，是近期完成并进入出版程序的著作。这一辑更新了著作的封面设计，将以崭新的面貌与读者见面。

希望丛书能对我国认知神经科学的发展起到积极的作用，并产生深刻和久远的影响。

丛书主编　杨玉芳

编委会主任　吴艳红

2022年6月12日

序
PREFACE

近几年来，我们一直在思考这样一个问题：中国的心理学研究的突破点在哪里？表面看来，这是杞人忧天式的多虑，因为自改革开放以来，尤其是自2000年以来，中国心理学家在国际上发表的研究成果数量逐年增加，呈现出一片繁荣景象。另外，站在国际的视野，可以看到能称为"中国心理学"（psychology of China）的东西似乎还有待进一步发现，迄今为止，更多的只是一种"心理学在中国"（psychology in China）的研究。令人困惑的问题在于，既然心理现象是古今中外人类社会日常普遍见到的现象，难道拥有几千年历史与文化的中国就没有自己的心理学吗？

过去七八十年来，我国老一辈心理学家张耀翔、潘菽、高觉敷、燕国材、杨鑫辉等先生已经通过不懈努力，从中国文化典籍中陆续挖掘出了丰富的心理学思想。当然，他们一般认为中国过去只有心理学思想，但没有心理学。

如果我们以上下五千年的视野审视东西方文化背景下的人类对自我心理的探究历史，就可以注意到，至少在1582年西方传教士利玛窦来华传教之前（由此上溯至公元前551年孔子出生），文化迥异的中国与欧洲对人类自我心理的探究是各自独立进行的。也就是说，在过去两千多年的时间里，中国古代思想家对人类心理的研究是自成一体的，这就是在中国儒道佛等文化中表现出来的一系列心理学思想。因此，"心理学"虽然是一个舶来词语，但中国过去一直拥有自己的心理学是一个无可辩驳的事实，我们不妨称之为"中国传统心理学"（Chinese traditional psychology）。

在西方心理学进入中国之前，中国以自己的话语在中国本土地域言说自己的心理学。因此，中国传统心理学的话语体系与西方心理学在很大程度上是不兼容的。但是，在中国事实上已经融入全球、西方心理学已经建立并传入中国至少一百年的现实情况下，任何自认为要拥有一套自己独特话语体系的心理学终究是不成立的。这意味着中国传统心理学必须要在与西方心理学的对话和交流中才能获得新生，否则就意味着生命力的逐渐枯竭。幸运的是，尽管中国传统心理学与西方心理学的话语体系在很大程度上不兼容，但普遍性的人性的存在以及多元文化的互补价值使心理学的中西对话交流变得不仅可能而且必要。

显然，中国传统心理学是普遍性的人性在中国的一种重要表现形式，是人类心理学的重要组成部分。儒道佛作为中国文化的主要代表，其表现出的一系列心理学思想和内容（如"仁且智""致良知""情志相胜""禅修顿悟"等）既具有人文特色，也富含科学成分。中国的地域环境和生活方式造就了中国人特有的思维方式（典型的如《易经》中展示的取象比类的思维方式），并发展出了中国特有的传统心理学，成为明显不同于西方心理学的一种独特体系，有效地弥补了西方心理学的某些明显不足。

中国传统心理学与西方心理学的对话和交流事实上已经发生。当老一辈心理学家张耀翔、潘菽、高觉敷、燕国材、杨鑫辉等先生从中国文化典籍中陆续挖掘出心理学思想的时候，中国传统心理学与西方心理学的对话和交流便开始了，只不过这种对话和交流的契合性还需要进一步提升，广度还需要进一步拓展，深度还需要进一步加强，方法还需要进一步丰富。

通过与西方心理学的对话和交流，"中国传统心理学"必将如凤凰涅槃般浴火重生，最终产生"中国心理学"。对于这个过程，我们称之为中国传统心理学的创造性转化。考虑到世界心理学还在科学化的进程中，就其本质而言，这种创造性转化可称为"科学的心理学诠释"。在这里，"诠释"乃指中西文化互释，既包括"以西释中"，也包括"以中释西"。其具体的诠释路径应该是：在心理学科学化目标的指引下，先以西方心理学解析和批判中国传统心理学，逐步实现现代中国心理学的构建，再以中国心理学解析和批判西方心理学，从而逐步达成科学心理学。这样由"以西释中"到"以中释西"，通过中西文化互释以建立和完善中国心理学，最终与现代西方心理学一起共同建立科学心理学的大厦。心理学的中西交流，使"中国传统心理学"创造性地转化成"中国心理学"，是任何拥有文化自觉意识的中国心理学者都难以拒绝的使命。如果说未来中国文化对世界有重要贡献的话，那么这种重要贡献一定也会表现在心理学方面。在这种创造性转化过程中，认知神经科学作为近30年来蓬勃发展的学科，其在心理学与神经科学之间的跨学科整合性已经在方法上解决了过去心理学的"意识模糊""人兽不分""心生混淆"等病症，因而可以成为我们探讨儒道佛心理学思想的重要实证诠释方式及重要科学论据。这也是我们将本书命名为《儒道佛与认知神经科学》的理由。

自 2014 年以来，我们就儒道佛心理学思想研究的相关问题进行了多次讨论，并联合罗非（中国科学院心理研究所研究员）、应小萍（中国社会科学院社会学所副研究员）、彭彦琴（苏州大学教授）、王福顺（四川师范大学教授）、舒曼（华东交通大学教授、美国纽约州立大学访问学者）、张文彩（中国科学院心理研究所副研究员）、孙俊才（曲阜师范大学副教授）、陈四光（扬州大学副教授）、沈汪兵（河海大学教授）、张晶（南通大学心理学博士）、袁媛（南京特殊教育师范学院心理学博士）等国内多位学者一起开展了有关儒道佛心理学思想的现代诠释研究。本书汇集了作者近6年来的相关研究成果，这些研究成果的核心内容大部分曾以"中国传统心理学思想的现代阐释专题研究"专栏的形式在《南京师大学报（社会科学版）》上分期发表过，我们借此机会向《南京师大学报（社会科学版）》的工作人员表示衷心感谢！

本书能得以出版，首先要感谢中国心理学会前理事长、中国心理研究所研究员杨玉芳先生！2014年夏，杨玉芳先生欣然将《儒道佛与认知神经科学》一书纳入中国心理学会与科学出版社联合筹划的"认知神经科学书系"，杨玉芳先生的学术宽容精神使本书有幸被列于该丛书的出版计划。借此机会，我们还要感谢科学出版社的朱丽娜编辑和高丽丽编辑，在本书成稿的漫长过程中，她们的耐心和细心让我们感动。

最后，我们要感谢为本书撰稿的所有作者！本书的作者为了相关主题的研究以及内容的撰写焚膏继晷，不辞辛劳，使本书最终得以面世！感谢中国科学院心理研究所李德明先生、南京师范大学蒋永华先生、南京德风文化技术有限公司董事长范云涛先生对本书写作的关心！感谢郝俊懿，他协助我们对本书参考文献进行了初步整理。需要说明的是，本书只是儒道佛心理学思想的现代诠释研究的初步成果，这些研究成果也许能让我们窥见"中国心理学"的一鳞半爪，但距离"中国心理学"的达成还有很长的一段路程。由于作者水平所限，本书难免存在疏漏和不足，我们诚挚地欢迎读者给予批评指正，以便我们在后续的研究中完善。我们坚信，无论是对于未来中国心理学的建立，还是对于科学心理学的发展，本书作者所做的工作都是非常必要的，并且是有一定价值的。

刘　昌（执笔）　罗　劲　郭斯萍

2020年1月18日

前　言
FOREWORD

《儒道佛与认知神经科学》一书于2014年夏被列于中国心理学会与科学出版社联合打造的"认知神经科学书系"的出版计划后，我们立即开始了撰写准备工作。经过半年的准备，于2015年初拟订了一个写作提纲作为本书的基本框架。这个提纲虽完备细致，但经过进一步讨论后，我们发现没有足够的人力在有限的时间内完成这个计划，随后只得简化提纲，三易其稿，最终呈现为本书现在的结构。

本书各章节的撰写人员分工如下：

刘　昌：第一章、第三章（其中第一节为合撰）、第七章第三节。

罗　劲：第二章第一节（合撰）、第三章第一节（合撰）。

应小萍：第二章第一节（合撰）。

袁　媛：第二章第二节（合撰）。

沈汪兵：第二章第二节（合撰）、第三章第一节（合撰）。

张　晶：第二章第三节。

郭斯萍：第四章第一节、第七章第二节。

孙俊才：第四章第二节、第三节。

陈四光：第五章第一节。

罗　非：第五章第二节。

张文彩：第六章第一节。

王福顺：第六章第二节。

彭彦琴：第六章第三节。

舒　曼：第七章第一节。

本书各章节的写作过程就是一个原创性研究开展的过程。本书各章节的原创权属于各章节相应的作者，各章节作者同时也对其相应的观点负责。由于关于儒道佛与认知神经科学的已有相关研究甚少，且此类主题的书以前无人尝试，没有任何同类书籍可资借鉴，这些都对本书的写作构成了很大的挑战。因此，本书的不成熟是无疑的，我们将在今后进一步完善。

目 录
CONTENTS

丛书序（杨玉芳　吴艳红）
序
前言
缩略语表
第一章　为什么研究儒道佛中的心理学思想？ ………………………… 1
　　第一节　"心理学在中国"与"中国心理学" ………………………… 1
　　第二节　儒道佛心理学思想使建立中国心理学具备最大可能 ……… 3
　　第三节　如何研究儒道佛中的心理学思想？ ………………………… 7
　　第四节　认知神经科学在儒道佛心理学思想研究中的价值 ………… 9
第二章　创造性与顿悟 ………………………………………………………… 13
　　第一节　"顿悟"乃"创造"的必经之路？ ………………………… 14
　　第二节　禅修与创造 …………………………………………………… 24
　　第三节　诗从"悟"中来 ……………………………………………… 34
第三章　创造性与道德 ………………………………………………………… 43
　　第一节　创造性与道德的正向关联 …………………………………… 44
　　第二节　为什么创造性与道德存在正向关联？ ……………………… 58
　　第三节　"仁且智"何以可能？ ……………………………………… 63
第四章　知情合一 ……………………………………………………………… 69
　　第一节　伦理认知 ……………………………………………………… 70
　　第二节　情感为本 ……………………………………………………… 80
　　第三节　情投意合：人际关系的儒家境界 …………………………… 94

第五章　共情作用·····109
第一节　"万物一体"是一种共情心理吗？·····109
第二节　慈悲：基于共情机制的神经科学分析·····128

第六章　心身调节·····143
第一节　"信则灵"的实证阐明·····144
第二节　情志调节·····156
第三节　慈心禅与心身健康·····165

第七章　为人之道·····183
第一节　致良知与幸福感·····183
第二节　仁者何以不忧？·····197
第三节　人何以为贵？·····209

参考文献·····219

后记·····241

缩 略 语 表

CBT	cognitive behavior therapy	认知行为疗法
EEG	electroencephalogram	脑电图
ERP	event-related potentials	事件相关电位
fMRI	functional magnetic resonance imaging	功能磁共振成像
PET	positron emission tomography	正电子发射断层扫描技术
RAT	remote associates test	远距离联想测验
SWB	subjective well-being	主观幸福感
TDCS	transcranial direct current stimulation	经颅电流刺激
TTCT	Torrance tests of creative thinking	托兰斯创造性思维测验

第一章

为什么研究儒道佛中的心理学思想?

西方科学心理学自被引入中国至今已超过百年,但总体上而言,中国近百年的科学心理学研究与此前 2000 多年的中国传统心理学是脱节的。难以否认的是,百年来中国的心理学研究依然处在"心理学在中国"的阶段,迄今为止还没有出现真正意义上的"中国心理学"。所谓"中国心理学",即意味着拥有一个自己的心理学体系。蕴藏在儒道佛(儒家、道家或道教以及佛教)等传统文化中的中国传统心理学使现代中国心理学的建立具备了最大可能,这使得我们今天对儒道佛中的心理学思想进行研究具有重大的现实意义和价值。另外,当代认知神经科学已经解决了过去心理学中的"意识模糊""人兽不分""心生混淆"等问题,也为我们研究儒道佛中的心理学思想提供了一个最恰当的切入点。

第一节 "心理学在中国"与"中国心理学"[①]

"心理学"这一名称当然是西学东渐的产物。如果将 1917 年陈大齐在北京大学建立心理学实验室看作中国科学心理学创立的标志,那么迄今为止,科学心理学在中国已逾百年。在这一百多年中,中国心理学界的诸多前辈历尽艰难曲折,为心理学在中国的发展极尽筚路蓝缕之功。当今,中国心理学研究的学科门类、论文发表及其对社会的影响都达到了一个新高度。

以中国心理学研究队伍的发展为例,中华心理学会是最早成立的心理学会,从 1921 年成立之初,最盛时学会会员达 235 人(赵莉如,1980),1931 年后学会

[①] 本章第一节至第三节内容基于如下研究改写而成:刘昌. 2018. 中国心理学:何以可能?如何建立? 南京师大学报(社会科学版),(4):5-13

活动停止；1937年1月成立的中国心理学会，仅半年之后因抗日战争全面爆发而停止活动；现中国心理学会从1950年开始筹备，1955年成立，发展到2019年，会员已经超过13 000人[①]，并拥有理论心理与心理学史、普通心理和实验心理、生理心理、发展心理、教育心理、学校心理、工业心理、医学心理、网络心理、心理测量、体育运动心理、法律心理学、社会心理学、临床与咨询心理学、军事心理学、人格心理学、工程心理学、决策心理学、老年心理学、民族心理学、护理心理学、语言心理学、音乐心理学、社区心理学、积极心理学、情绪与健康心理学、心理学脑成像、眼动心理研究、脑电相关技术、心理学质性研究30个专业分支学会。从会员人数和学会分支机构的数据统计来看，目前的中国心理学正处于百年来最好的发展状态，其盛况前所未有。

中国心理学研究队伍的发展壮大，自然使中国心理学的研究成果数量明显增加。据张耀翔1931年编辑出版的《心理学论文索引》（张耀翔，1931），中华心理学会自成立至1931年，学界共发表心理学论文851篇，论文作者共431人，其中以张耀翔、高觉敷、陈鹤琴、杜佐舟、谢循初、陆志伟、廖世承发表的论文居多。据言，当时的各界名流如胡汉民、梁启超、蔡元培、陈独秀、章士钊等都曾对心理学有很大兴趣（张耀翔，1983）。此后，1935年，张德培出版《心理学论文引得》，据张德培云，其实乃《心理学论文索引》之续集，其论文索引共收录1930年7月—1934年6月学界发表的论文934篇，论文作者共314人，其中以杜佐周、陈选善、郑文汉、沈有乾、高觉敷发表的论文居多（张德培，1935）。中国心理学会从开始筹备、成立到现在，学界发表的心理学论文数量急剧增加，远非民国时期可比。1986年，陈远焕出版的《中国心理学文献索引》收录了1949年10月—1984年12月的心理学文献题录和书目数量达25 000条（陈远焕，1986）。1985年至今发表的心理学论文索引尚未见系统的编辑整理，鉴于中国心理学会会员数量在1985年之后呈加速扩大的趋势，完全可以肯定，此期间的论文数量相对于1949—1984年的论文发表量只会更多。

中国心理学研究的影响不仅表现在国内，也表现在国外。早在民国时期，心理学家郭任远就以其反本能论的观点和实证研究扬名于国际心理学界，促使行为主义学派创始人华生成为坚定的环境决定论者，郭任远在国际上被称为"著名的中国心理学家、实验胚胎学家"。除了郭任远，艾伟、汪敬熙、周先庚等心理学家的研究成果在国际上均有一定程度的影响（阎书昌，2015）。自2000年以来，

---

① 中国心理学会. 2019. 学会简介. http://www.cpsbeijing.org/about/introduction/index.htm

中国心理学研究者在国际上发表的研究成果开始逐渐增加，其国际影响开始重新显现。

百年来，心理学在中国走过了一段非常曲折的道路，由于老一辈心理学家持续不断的努力，科学心理学终于在中国生根、发芽。在此，我们应该对他们表示深深的感谢。但是，由于受到了极其复杂的环境因素的影响，相对于欧美等国家的心理学发展而言，中国心理学的发展终究显得有所欠缺。这种欠缺的最突出表现就是，多年以来，中国的心理学研究大多数是追随国外的重复性研究，原创性的研究成果较少（霍涌泉，2015）。迄今为止，中国的心理学研究依然只是处于一种"心理学在中国"的局面，还没有出现"中国人创造之心理学"（张耀翔语），或者说还没有出现真正意义上的"中国心理学"。正如心理学家罗劲教授所说："创新的本质特征是创立新范畴、新概念，就此而言，中国心理学有些先天不足。目前国内心理学研究虽然在实证层面提供了一些新的有价值的证据，但就开创性贡献而言尚显不足，没有那么深的理论素养，能设计新实验，但提不出新概念。"[①]

早在民国时期，张耀翔先生就认为，"'中国心理学'可作两解：（一）中国人创造之心理学，不拘理论或实验，苟非抄袭外国陈言或模仿他人实验者皆是；（二）中国人绍介之心理学，凡一切翻译及由外国文改编，略加议论者皆是。此二种中，自以前者较为可贵，惜不多见，除留学生数篇毕业论文（其中亦不尽为创作）与国内二三大胆作者若干篇《怪题》研究之外，几无足述"[②]。在这里，张耀翔所说的"中国人绍介之心理学"就属于本书所指的"心理学在中国"，"中国人创造之心理学"就属于本书所指的"中国心理学"。

第二节　儒道佛心理学思想使建立中国心理学具备最大可能

"中国心理学"的实质和内涵在于拥有一个属于自己的心理学体系。在心理学的国际比较视野中，中国心理学意味着心理学的中国学派的出现。只有拥有了自己的心理学体系，"中国心理学"才算真正建立，从而为人类心理学的进一步发展和完善做出自己的贡献。就外在因素而论，中国心理学的建立一定是在心理学的

[①] 引自 2018 年 4 月 23 日罗劲与刘昌的谈话
[②] 张耀翔. 1933. 从著述上观察晚近中国心理学之研究. 图书评论，(1)：3-112

国际交流的基础上不断自我反思的结果。就内部因素而论，中国心理学是心理学在中国发展到一定程度，基于内在的发展逻辑必然出现的结果，尽管其出现的时间无法判定。

既然中国心理学意味着有自己的心理学体系，那么拥有深厚积淀的儒道佛等中国文化资源使中国心理学的建立具备了最大的可能。

三四十年前，以潘菽、高觉敷、燕国材、杨鑫辉为代表的心理学家通过不懈努力，从中国文化典籍中挖掘出了丰富的心理学思想，这方面的代表性成果是潘菽所著《心理学简札》（人民教育出版社，1984年）中的部分内容，以及由高觉敷主编（潘菽任顾问）的《中国心理学史》（人民教育出版社，1985年）。这里所指的心理学思想，其参照是现代科学心理学，即以西方的现代科学心理学的眼光审视中国文化的结果，恰如潘菽、高觉敷所说："'我国古代的心理学思想'的意思应该是'我国古代的科学心理学思想'。"[6]以此审视之后得出的结论是，中国过去有心理学思想，但是没有心理学，如高觉敷所说："在西方心理学传入中国之前，我国是否就没有心理学呢？不错，我们没有心理学，但有心理学的思想。"[7]目前，这似乎也得到了多数学者的认可。

然而，如果我们以全局的视野审视东西方人对自我心理的探究历史，就可以注意到，至少在1582年西方传教士利玛窦来华传教之前（由此上溯至公元前551年孔子出生），中国与欧洲对人类自我心理的探究是各自独立进行的。诚如张耀翔所说："中国自春秋以来二千五百余年对心理学一向重视，不断有贡献……西洋心理学发源于苏格拉底的'自知'学说及亚里士多德的《心理研究》；惟苏氏出世则在孔子卒后九年，亚氏不过和孟子同时。"[8]毫无疑问，中国过去至少拥有2000年的心理研究历史，在这2000多年的时间中，中国古代思想家对人类心理的研究是自成一体的。考虑到这一点，即使心理学是一个来自西方的词汇，我们仍有充分的理由采纳"心理学"一词，认为中国古代拥有自己的心理学。正如哲学是中国固有之学，心理学亦当为中国固有之学。这里的心理学当然不是现代心理学，为以示区别，可称之为中国传统心理学，其内容主要存在于儒道佛等文化体系中。

早在民国时期，梁启超、张耀翔、程俊英、余家菊、汪震等就敏锐地注意到了中国传统心理学。1940年，张耀翔在其论文《中国心理学的发展史略》中叙述了先秦诸子的心理学思想（张耀翔，1983），这大概是中国心理学界首次对中国古

---

[6] 潘菽，高觉敷. 1983. 组织起来，挖掘我国古代心理学思想的宝藏. 心理学报，(2)：138-143
[7] 高觉敷. 1985. 中国心理学史的对象和范畴. 南京师大学报（社会科学版），(1)：76-82
[8] 张耀翔. 1986. 感觉、情绪及其他——心理学文集续编. 上海：上海人民出版社，12-13

代心理学研究进行初具系统的评述。这是民国时期中国心理学界的一种文化自觉意识的体现。

中国传统心理学究竟包含哪些内容？中国传统心理学与西方心理学是否是两个截然不同的学术体系？这是比较中西方心理学时绕不过去的两个关键问题。对这类问题的分析和解答，似乎仁者见仁，智者见智。这一类问题的源头来自百余年前的新文化运动有关中西文化比较的论述。

百余年前的新文化运动中经常出现类似"东方文明是精神的，西方文明是物质的"等非此即彼式的表述，例如，杜亚泉在《静的文明与动的文明》一文中说："西洋文明，浓郁如酒，吾国文明，淡泊如水；西洋文明，腴美如肉，吾国文明，粗粝如蔬……西洋社会，为动的社会，我国社会，为静的社会；由动的社会，发生动的文明，由静的社会，发生静的文明。"[1]这种中西比较的思维模式在近百年来影响深远，并波及中西方心理学的比较研究，例如，历史学家钱穆在20世纪80年代初撰文《略论中国心理学》说："西方心理学属于自然科学，而中国心理学则属人文科学。"[2]2014年，社会心理学家翟学伟教授撰文《中国与西方：两种不同的心理学传统》，认为西方心理学传统中的一元论、决定论、机械主义与操作主义等造就了今日的西方心理学，即科学主义心理学，而中国传统中的神秘主义、整体论、无意志的宇宙有机论以及"象"之方法及其实践等成就了中国的心理学传统，翟学伟称之为"践行主义心理学"（翟学伟，2014）。

上述有关中西方思想和中西方心理学之差异的表述是表面的、盲人摸象式的，带有明显的想当然的成分，它制约了我们对中西方心理学之异同的深层次理解。对这个问题的充分讨论，需要另外撰文展开。简要地说，讨论这一类问题必须找到一个普遍性的基本原则，否则就会导致自说自话，无法沟通。只有找到这个普遍性的基本原则，才能准确把握中西方心理学之异同，从而达成中西方心理学的对话与交流。在笔者看来，人性的普遍性原则就是这样一个基本原则，它是未来中国心理学建立的哲学前提。

所谓人性的普遍性原则，即认为人具有永恒不变的普遍属性。也就是说，只要是人，不管其在哪个地域或国家，都存在普遍的人性。例如，从人的自然本性看，不同地域的人都有饮食、男女、住行之所需，都有知、情、意的心理活动，等等；从人的社会属性看，不同地域的人都有怜悯、同情之心，都有自尊的需求，都存在对自由与爱的渴望和追求，等等；从人的精神属性看，不同地域的人都有对生命

---

[1] 许纪霖，田建业. 2003. 杜亚泉文存. 上海：上海教育出版社，338-341
[2] 钱穆. 2001. 现代中国学术论衡. 北京：生活·读书·新知三联书店，71

的意义和价值的追求,等等。正因为人性是普遍的,所以其不是独立存在的,而是存在于人类丰富多样的心理和行为之中。由此,我们可以发现,尽管世界上不同国家、不同地域存在不同的风土人情,但正是基于普遍性的人性,不同国家、不同地域的人才能得以沟通和交往。这正如宋儒所谓的"理一而分殊"[①],即是说世界之超越性的"理"是同一的,具有普遍性,但其表现却千差万别。也正如钱钟书先生在《谈艺录》序言中所说:"东海西海,心理攸同;南学北学,道术未裂。"[②]

中国传统心理学正是普遍性的人性在中国的一种重要表现形式,是人类心理学的重要组成部分,诸如儒道佛中所表现出来的一系列心理学思想和内容(如"仁且智""致良知""情志相胜""禅修顿悟"等),既具有人文特色,也富含科学成分。中国的地域环境和生活方式造就了中国人特有的思维方式(典型的如《易经》中展示的取象比类的"象"思维方式),并发展出中国特有的传统心理学,成为明显不同于西方心理学的一个独特体系,有效地弥补了西方心理学的某些明显不足。

以情志(情绪)相胜为例,《黄帝内经·素问·阴阳应象大论》中提出了"悲胜怒""怒胜思""思胜恐""恐胜喜""喜胜忧"的独到观点,这种情绪调节思想经由后世的中医学家不断完善和发展,被成功地运用于医学治疗中。例如,金代名医张子和明确指出,"悲可以治怒,以怆恻苦楚之言感之;喜可以治悲,以谑浪亵狎之言娱之;恐可以治喜,以迫遽死亡之言怖之;怒可以治思,以侮辱欺罔之言触之;思可以治恐,以虑彼志此之言夺之"[③]。情志相胜观将不同类别的情绪视为平等的,并认为其可以相互制约,完全有别于西方心理学将情绪视为理性认知调节结果的认知评价观。虽然情绪调节的认知评价观得到了大量实验的证实(Ochsner et al.,2012),但研究也发现情绪的认知调节严重依赖于额叶的执行控制功能,且额叶的执行控制功能极易受到应激的影响。当发生明显的应激作用时,情绪的认知调节作用就会丧失(Raio et al.,2013)。情志相胜观只强调情绪之间的制约,完全不存在情绪调节的认知评价观所面临的困境,这一内在的心理学机理首次得到了我国心理学家的实验的验证(Zhan et al.,2017a;Zhan et al.,2017b)。

显然,儒道佛中体现出来的中国传统心理学以其自身独有的特色展示着普遍性的人性,这使得心理学的中西方交流成为可能。通过心理学的中西方交流,将"中国传统心理学"创造性地转化成"中国心理学",是任何拥有文化自觉意识的

---

① (宋)程颢,(宋)程颐.1981.二程集.王孝鱼点校.北京:中华书局,609
② 钱钟书.1984.谈艺录(补订本).北京:中华书局,1
③ (金)张从正.2015.子和医集.邓铁涛主编.北京:人民卫生出版社,109-110

中国心理学者都应当承担的使命。

第三节　如何研究儒道佛中的心理学思想？

前面已经论述，中国心理学是心理学在中国发展到一定程度，基于内在的发展逻辑必然出现的结果，而拥有深厚积淀的儒道佛等中国文化资源——"中国传统心理学"——使中国心理学的建立具备了最大的可能。如何使这种可能变成现实？显然，问题的关键在于如何研究儒道佛中的心理学思想。

学术产生并存在于对话和交流中，中国学术产生并存在于中西方的对话和交流中。理所当然，中国心理学产生并存在于中西方心理学的对话和交流中。对话与交流建立在共同的话语体系的基础上，既然如此，任何自认为要拥有一套自己独特的话语体系的心理学都是不成立的。在中西方学术交流发生之前，中国以自己的话语在中国本土地域言说着自己的心理学探究，由此产生的结果是：儒道佛中的"中国传统心理学"的话语系统与西方心理学在很大程度上是不兼容的。这意味着中国心理学既要以中国传统心理学为基础，又要与西方心理学进行对话，必须借由中国传统心理学的创造性转化才能做到这一点。也就是说，现代中国心理学建立的关键在于儒道佛等中国传统心理学思想的创造性转化。

如何实现儒道佛中的心理学思想的创造性转化？一种重要的方式应该是"诠释"。"诠释"作为一个汉语词语，在中国古已有之，可大致理解为"解释""阐释""解说"，如唐代颜师古在《策贤良问五道》中说："先圣设法，将不徒然，厥意如何，伫闻诠释。"[1]按照许慎的《说文解字》的解释，"诠，具也"，"释，解也"，显然诠释改为解释更具有完整、全面、专门之义。因此，虽说"诠释"与"解释""阐释"大致同义，但其内涵比"解释""阐释"要精微。当然，如果没有西方诠释学的引入，中国语境下的"诠释"一词也仅止于此。随着西方诠释学的发展和演化，并在20世纪80年代进入中国以后，诠释学对中国哲学研究产生了较大的影响，"诠释"一词在中国也具有了更丰富的哲学意义（景海峰，2018）。以诠释学的观念重新审视中国哲学后，人们发现中国同样有深厚的哲学诠释传统，如魏晋时期王弼的《老子注》和郭象的《庄子注》、北宋时期朱熹的《四书章句集注》、现代学者牟宗三通过对儒道佛的诠释而建立的哲学体系等，都是中国哲学诠释成果的优秀代表。"诠释"已经不再是一种单纯的文本注释，而是一种心灵的创造性

---

[1] 转引自：（清）张玉书等. 2015. 佩文韵府. 上海：上海书店出版社，3992

活动。这种通过诠释达到建构,以达成文化的创造性转化,是现代中国哲学研究的重要路径,对中国心理学的建立具有重要启发。

儒道佛中的心理学思想要进行创造性转化,同样离不开"诠释"。将诠释应用于心理学研究之中,不妨称之为"科学的心理学诠释"。在这里,"诠释"乃指中西方文化互释,既包括"以西释中",也包括"以中释西"。其具体的诠释路径应该是:在心理学科学化目标的指引下,先以西方心理学解析和批判中国传统心理学,逐步达成现代中国心理学,再以中国心理学解析和批判西方心理学,从而逐步达成科学心理学。这样由"以西释中"到"以中释西",通过中西文化互释以建立和完善中国心理学,最终与现代西方心理学一起共同建立科学心理学的大厦。

在"以西释中"的具体实践中,至少存在两类心理学诠释,即"义理诠释"和"实证诠释"。我国心理学家杨鑫辉先生在探讨中国古代心理学思想史研究方法时曾提及这两类诠释(杨鑫辉,2002),笔者愿意在此进一步展开进行更深入、透彻的讨论。所谓义理诠释,是以现代心理学概念发掘和解释中国传统文献中所蕴含的心理学思想,由此获得有价值的心理学概念、命题或主题。这一点说起来很容易,但要做好并不容易,甚至很难。这里有一些需要注意的问题,例如,诠释是否到位?如何把握诠释的界限?等等。显然,一方面,诠释是立足于文本的诠释,不是随意的想象;另一方面,诠释也不是立足于文本的机械解说,它需要诠释者具有深度敏锐的觉察力和创造力。要把握好这种诠释的度,要求诠释者必须同时具备一定的现代心理学研究基础、中西方哲学基础以及中国古文献研究基础。只有同时具备这些基础,才不至于生搬硬套西方心理学体系,才能合理地把握所发掘的儒道佛中的中国传统心理学思想的现代价值,否则效果可能会适得其反,甚至会让人对中国传统心理学思想的意义和价值产生严重怀疑。

所谓实证诠释,就是以心理学的实证研究方法检验基于上述义理诠释获得的心理学命题,并对实证检验结果进行诠释,进一步揭示儒道佛中的心理学思想具有的现代意义和价值。在这里,实证是广义的,"实证既可以是自然科学的,也可以是现象学的"[1]。同时,实证本身也意味着诠释,恰如童辉杰所说,"从广义诠释的观点看,任何实证究其实仍是一种诠释"[2],但实证诠释仍应以义理诠释为基础。并非所有的中国传统心理学命题都需要实证诠释,其中具有人文主义特色的中国传统心理学命题无法也不需要进行实证诠释,只有具有科学主义特色的中国传统心理学命题才有进行实证诠释的必要性和价值。

---

[1] 引自 2018 年 5 月 15 日崔光辉副教授在微信交流中关于实证的观点
[2] 童辉杰. 2000. 论广义诠释. 自然辩证法研究,(8):40-44

总体上而言，心理学的"以西释中"研究仍然处于起步阶段，存在众多需要完善之处。当然，心理学的"以中释西"研究更是一片空白。值得注意的是，一些西方心理学家对中国传统文化有浓厚的兴趣，开展了心理学的中西文化互释工作，其中最著名的代表者是瑞士心理学家荣格。例如，早在 20 世纪 20 年代，德国汉学家卫礼贤将中国道教内丹典籍《太乙金华宗旨》翻译成德文后，荣格为其德文译本撰写了长篇评述（荣格，卫礼贤，2016），这个长篇评述可以被看作荣格的一种"中西互释"的心理学诠释研究。荣格的心理学诠释研究对于构建自己的心理学体系产生了非常重要的作用，体现了中国文化对西方心理学的影响。这提示我们，心理学的"以西释中"和"以中释西"研究都需要大力加强，心理学的中西文化互释虽然任重而道远，但中国心理学家更应该在这方面有所作为，为中国心理学的建立而努力。

第四节　认知神经科学在儒道佛心理学思想研究中的价值[①]

自 1989 年以来，认知神经科学（cognitive neuroscience）在国际心理学界、神经科学界屡屡被提及，其发展势头之迅猛使其成为 20 世纪最后 10 年心理学研究的一个重要方向。认知神经科学旨在阐明心理活动尤其是人类心理活动的脑基础，以揭示心理与脑的关系，这也是其被广泛关注的一个重要原因。但是，认知神经科学的这一目标并非现在才有，早在 1819 年，Gall 和他的学生 Spurzheim 提出的所谓"颅相学"（phrenology）可算是朝此目标努力的一次大胆尝试。他们的努力无疑是失败的，因为其所处的时代并不具备达到这一目标必须拥有的两个基本条件：①能够采用独特的实验方法控制和分析人的心理过程；②可用于研究人类脑功能的无损伤性研究技术和设备。前一条件在 20 世纪 50 年代末将计算机的信息加工观点用于研究人的认知过程，即认知心理学产生时才具备；20 世纪 50 年代末，随着计算机在生物学中的应用导致脑事件相关电位（event-related potentials，ERP）的出现，后一条件才算开始具备，到 20 世纪 80 年代正电子发射断层扫描（PET）技术的出现才算进一步成熟。这两个基本条件的具备使认知神经科学的出

[①] 本节内容基于如下研究改写而成：刘昌. 2003. 认知神经科学：其特点及对心理科学的影响. 心理科学，26（6）：1106-1107

现成为可能，1990—1992年出现的功能性磁共振成像（fMRI）技术则为认知神经科学的发展注入了更强大的活力。

可以说，认知神经科学建立在现代认知科学和神经科学的基础上，具有高度的跨学科性、学科交叉性。认知神经科学把阐释心理尤其是人类心理活动的脑机制作为自己的任务，其研究对象主要是人类及其他高级灵长类动物，也包括一些低等动物。认知神经科学研究以下两个基本观点为基础。

第一，脑的结构与功能具有多层次性。以人类为例，人脑是一个开放的复杂巨系统，是一个由巨大数量的神经细胞组成的高度组织化的器官，有不同种类的神经元和神经元集团、不同种类的神经化学物质、不同种类的神经通路和网络、不同种类的神经电活动，但并非杂乱无章，而是具有明显的多层次结构。这个多层次结构首先开始于有生物活性的分子，包括各种神经递质（neurotransmitter）、神经调质（neuromodulator）以及能与递质特异地结合的受体等。目前，已查明的神经递质和神经调质已有100多种，最主要的有乙酰胆碱、多巴胺、5-羟色胺等，在这些分子的基础上组成亚细胞结构，如突触、树突、轴突等，各亚细胞结构组成神经元。神经元是脑的基本单元，它进一步组成了简单的局部神经网络，如皮层功能柱。局部网络又会组成能完成一定功能活动的脑区，如杏仁核、海马等，多个脑区可以组成功能系统，如视觉系统、听觉系统等。人脑则由多个功能系统组成，每一层次结构都是以下一层次结构为单元组成的系统，具有下一层次结构不具备的功能。脑结构的这种多层次决定了脑功能的多层次，例如，从外周神经到低级中枢、皮层下中枢、高级中枢，从感觉到知觉、记忆、思维等，即是这种功能层次的反映。

第二，脑的结构是脑功能的基础，但结构与功能之间不存在简单的对应关系。认知神经科学意在揭示心理与脑的关系，这种关系实质上是功能与结构的关系。关于这一点，在认知神经科学作为一门学科出现以前，一直占主导地位的观点是大脑皮层功能定位说。近十多年来，越来越多的研究尤其是脑功能成像研究结果使大脑皮层功能定位说需要进一步修正。大量研究表明，一种活动常需要脑的多种结构参与，同时脑的一个结构单位可能会参与多种活动。神经心理学、认知心理学并结合脑功能成像研究分离出一些彼此独立的脑功能系统（或模块），但这些脑功能系统不同于计算机上可插、可拆的组件，它们在形态学上可能是彼此重叠或部分重叠的脑神经网络，组成这些网络的脑结构存在一定程度的动态变化，其变化取决于个体与环境的交互作用。我国心理学家沈政将其称为"生态现实的脑功能模块理论"（沈政，2001）。生态现实的脑功能模块理论对纯粹的功能定位观做了重大修正，从某种意义上而言，它是一种基于大脑整体功能的定位观。

以上述观点为基础，认知神经科学在探讨心理活动的脑机制时，针对不同的脑结构层次分别有其相对应的研究方法。在探讨人类心理活动的脑机制方面，认知神经科学有其独特的无损伤性研究手段，即在大量借鉴认知心理学的行为实验研究方法的基础上，广泛采用了脑功能成像技术，如基于脑代谢或脑血流变化的脑功能成像（主要是PET和fMRI），以及基于脑电或脑磁信号的脑生理功能成像（主要是ERP）。

借助这些研究方法和手段，认知神经科学在关于人类知觉、注意、语言、记忆、思维、情绪、意识等心理活动的脑机制研究方面取得了一些重要进展，并对心理科学的发展产生了重要影响。其表现在认知神经科学正在改变心理学界关于心理学研究持有的一些观念，借用潘菽先生的话，就是"意识模糊""人兽不分""心生混淆"。第一，认知心理学中实验研究范式的进一步发展使得对人的意识过程与无意识过程的探讨成为可能；第二，无损伤性技术（ERP、PET、fMRI等）的发展和成熟使我们得以真正区分人和动物，从而逐渐摆脱以动物的研究结果来分析人类的尴尬局面；第三，认知心理学中实验研究范式的进一步发展及其与ERP、PET、fMRI等无损伤性技术的结合，使我们可以真正研究人类心理活动的脑机制，从而避免了"心生混淆"。这三个方面的价值使心理学家有更大的自信去探讨人的心灵、精神等主题，并吸引越来越多的研究者探求人类内部世界的心灵、意识等问题。在这里，认知神经科学成为通向人类心灵的桥梁之一，毫无疑问这是一个转折点，是心理科学面临的机遇，更是挑战。潘菽先生曾说："近代心理学有'意识模糊''人兽不分''心生混淆'三种严重病症。必须使心理学从这一种病症中完全解放出来。"[1]我们现在可以说，认知神经科学的出现已经将心理学从这一种病症中完全解放了出来。我们完全有理由认为，认知神经科学可以成为我们探讨儒道佛心理学思想的一种重要的实证诠释方式。

综上所述，本书选择从认知神经科学的角度入手进行实证诠释。在现代科学实证研究占主导的心理学领域中，从认知神经科学入手研究儒道佛中的心理学思想，对于广大心理学同行而言或许具有更强的说服力。

近几年，我们开展了有关儒道佛中的心理学思想的现代诠释研究，已对有关"人贵论"（刘昌，郭斯萍，2016）、"仁且智"（刘昌，2017）、"禅宗顿悟"

---

[1] 潘菽.1987.潘菽心理学文选.南京：江苏教育出版社，240-241

(罗劲，应小萍，2018)、"信则灵"(张文彩，2018)、"情志相胜"(Zhan et al., 2017a；Zhan et al., 2017b)等概念和命题做了初步的诠释，希望能在这方面有所作为，后续工作也正在展开。本书就是对有关儒道佛与认知神经科学研究已取得成果的初步总结。

第二章

创造性与顿悟

创造性是人类文明之源，是人类科技发展和社会进步的重要驱动力。当人们遇到难题或困境而百思不得其解时，有时会在不经意间突然想出答案或者找到解决方案，这种突发的问题解决过程往往具有明显的创造性思维的特征，被称为"顿悟"。在人类文明史中，有许多关于顿悟的记载和传说，从释迦牟尼在菩提树下突然顿悟人生的真谛，到阿基米德在洗澡时突然想到可以利用浮力原理测定皇冠的含金量；从王阳明在人生逆境的贵州龙场驿顿悟"圣人之道，吾性自足"，到奥地利心理学家弗兰克在德国纳粹的奥斯维辛集中营顿悟到人的"意义意志"不可剥夺；从达尔文受到马尔萨斯理论的启发而顿悟地构建出进化论思想的完整画面，到作家罗曼·罗兰在罗马古迹旁散步时突然在头脑中形成人物形象而创作了名著《约翰·克利斯朵夫》，有关顿悟的例子不胜枚举，几乎涉及包括技术、科学、文化、宗教在内的一切人类活动领域。尽管其中的一些例子的真实性今天已经难以考证，但即使是作为传说，这些范例的存在仍然对文明的进程产生了极为深远的影响。

从心理过程来看，创造通常并不是通过按部就班的常规思考和推导而逐步出现的，而是以"思维跃迁"——顿悟的方式突然发生。这种突发过程通常是不可言说的和无法预知的，是人们摆脱思维困境或困惑后，在对问题形成了新的深层次理解的基础上骤然觉察到问题解决方案的过程。

但是，创造性的发生必须完全依赖于顿悟吗？顿悟过程是否为获得心理解脱或问题解决所必需？对于这一问题，现代心理学并未给出清晰的解答。中国古代佛学理论家竺道生提出的"以不二之悟，符不分之理"[1]的思想则断言顿悟所要达到的目标不可能分步逐步接近，只有通过顿悟跃迁才能达成，这一"顿悟不可或

---

[1] 转引自：方立天. 2000. 论南顿北渐. 世界宗教研究，（1）：34-48

缺"假设为心理学的顿悟研究提供了重要的理论启示。不仅如此，研究还表明，禅修有助于创造性和顿悟的发生。

在诗歌创作和鉴赏中同样离不开顿悟。中国古典诗歌由于其掌握世界方式的独特性，常借"悟"来描述读诗或作诗的方法和过程。"悟"经历了一个由哲学范畴到美学范畴，再到文艺心理学范畴的深刻转变，成了诗歌审美领域的核心范畴。然而，关于"悟"在诗歌鉴赏和创作中发生的机制，顿悟与非顿悟式加工方式是否存在质的区别等问题，仍尚不明确。对诗歌顿悟的传统心理学思想和基于实证研究的认知过程进行的分析，证明了顿悟过程在诗歌鉴赏活动中的特异性，认为诗歌顿悟是直觉式把握诗歌深层意蕴的加工过程，并伴随着强烈的审美体验。

第一节 "顿悟"乃"创造"的必经之路？[①]

一、禅宗的顿悟与心理学中的顿悟

在东西方文化中，都有研究和探讨顿悟现象的传统，其中最为突出的是中国佛教禅宗和现代西方心理学。虽然二者讨论的"顿悟"有诸多不同，但它们都对这一突发的人类思维过程进行了较为系统的思考、体验的验证乃至实验的检验。

在中国佛教发展历史上，存在着顿悟与渐悟之争。与东晋当时占据佛学思想主流的认为修行成佛应遵循菩萨修行的"十住"阶次而进行次第修行的渐悟观点不同，佛学家竺道生认为只有当一个修行的人达到了"十住"的最后一念即"金刚道心"，具有了犹如金刚般坚固、锋利的能力时，才能瞬间断尽妄惑，得到正等正觉。竺道生的这一思想对佛教在中国的发展产生了深远的影响，成为其后"南顿北渐"以及自唐宋以来的禅宗思想的源头。

与上述佛学领域中顿悟与渐悟之争相对应，在西方心理学发展史上，也出现过类似的理论争论。20世纪初，美国心理学家桑代克通过对猫如何学会操纵机关打开笼门获得食物的学习过程进行研究，提出了著名的"尝试–错误假说"，认为机体能够通过将自己在盲目的尝试过程中偶然获得的积极结果在记忆中固化下来，从而逐步去伪存真，接近对事物的正确认识，最终掌握有效的问题解决方式（桑代克，2010）。与桑代克的"尝试–错误假说"相反，德国格式塔心理学家

[①] 本节内容基于如下研究改写而成：罗劲，应小萍. 2018. "顿悟"乃"创造"必经之路？——竺道生顿悟思想对现代心理学关于顿悟研究的启示. 南京师大学报（社会科学版），（2）：106-113

苛勒（Wolfgang Köhler）通过对黑猩猩解决难题的过程进行研究发现，黑猩猩在初步的问题解决尝试失败之后会表现出进入"思维僵局"的行为特点，随后，在某个瞬间突然"顿悟"，找到解决问题的良策（苛勒，2003）。黑猩猩的这种问题解决过程具有在一瞬间突然发生并直接指向问题解决的最终目标状态的特点，明显与"尝试–错误假说"的逐步接近正确有效行为方式的预期相悖，并且一旦获得就不会再忘记。与中国佛学的情形不同，"尝试–错误假说"与"顿悟假说"之争并未成为其后心理学与认知科学发展历程中的讨论焦点，事实上，"尝试–错误假说"融入了其后的条件反射和操作条件反射以及再后来的多重记忆系统理论的研究脉络之中，而"顿悟假说"则成为人类思维以及问题解决和创造性思维研究领域的重要课题。

毋庸置疑，佛学中的"顿悟"与心理学中的"顿悟"有着很大的区别。禅宗的"顿悟"是在宗教修行的背景和语境下被提出的，它关注的是一个想要成佛（或至少是希望以佛提倡的方式从人生的种种苦痛中解脱出来）的个体究竟应该通过怎样的途径和方式才能达成离苦得乐的目的，具体地来说，这个目的就是达到慧能所说的"何不从自心中，顿见真如本性"[①]。佛教认为，这种本性并不存在于外部世界或者其他地方，而是暗藏在众生的"自心"之中。顿悟的目的就是从自心之中直接地把握这一点，从而获得自觉和自主。与此不同，心理学中的顿悟研究视野则要微观、具体得多，它是指当个体面临一个依靠通常的经验和逻辑推理不能解决的难题时，怎样通过思维的"跃迁"或者顿悟过程而解决问题。心理学中的顿悟要解决的问题，可以是生活中遇到的难题，也可以是各类专业领域问题（如数学难题和技术难题），还可以是一个人体验到的心理困惑和困境。在实验心理学中，研究者常常使用一些看似无解的难题来研究人们如何摆脱习惯思维的束缚而获得顿悟的问题解决的过程。

无论是禅宗追求的"悟道成佛"还是心理学关注的对某个难题的成功解决，顿悟都体现了这样一种认知的"过程特点"，即对于达成某种特定认识或问题解决过程（通常这种认识或问题解决过程并非一目了然或顺理成章的，而是十分微妙、深刻的，极具原创性）而言，常规的感知识别以及按部就班的思维和推理往往不能奏效。只有借助于某种突如其来的领悟才能实现突破，而这种突破或飞跃的一个明显的特点就是它与人们原初对于这个问题的思考和理解有着很大的不同，是一种新颖且有效的解决思路。这一过程在现代认知心理学中被称为"心理重构"，即思考者摒弃了原有的心理表征和建构，构建了全新且更加适合解决问题的心理

[①] 不慧演述. 1991. 白话佛经. 北京：中国社会科学出版社，43

表征。与此相类，竺道生有关于禅宗"见解名悟。闻解名信。信解非真。悟发信谢"①的论述，认为人们通过理论和认知学习而获得的认识（"信"）其实并不是真知（"信解非真"）。只有当顿悟发生时，人们才能直接领悟到真谛和认识事情的本来面目，而这时原先的种种理论认识都会被抛弃（"悟发信谢"）。因此，就认知过程的特点而言，禅宗和现代心理学对顿悟的理解具有很大程度的相似性，二者都认为顿悟反映了一种与渐进或者逐步推演相对的、突发的思维飞跃、心理表征模式的彻底重构过程。正是因为有了这个共同点，禅宗的顿悟与现代心理学的顿悟才有了相互借鉴和对接的可能。

二、当代认知心理学关于顿悟的理论观点及其模糊之处

从认知心理学的角度看，有关顿悟的研究需要回答的基本问题包括三大类：一是顿悟是否存在？二是顿悟具有怎样的信息加工特性？三是顿悟的存在在认知上有何必要性？对于第一、二个问题，当代认知心理学的研究和理论已经进行了较为完备的回答，但对于第三个问题，却始终未能给出清晰的解答。

（一）顿悟是否存在？

关于顿悟是否存在，20 世纪 80 年代，有研究者通过仔细研究人们在解决顿悟性问题过程中的口语报告和行为反应，提出顿悟与普通的问题解决过程相比并无特殊之处的观点（Weisberg，Alba，1981）。然而，有大量调查和实验研究表明：顿悟经验普遍存在于人类社会之中，如科学家在进行科学探索和发现的历程中往往经历过大大小小的许多次顿悟式突破；而在中小学的课堂中，学生在学习和解决诸如数学等问题时，经常会表现出顿悟式的问题解决特点。除此之外，研究者在黑猩猩、鸽子以及乌鸦等动物身上也发现了具有明显的顿悟特征的问题解决行为（巴甫洛夫，2010）。在有关禅宗修行和证悟的记述中，有关顿悟的记载和例子也屡见不鲜。

（二）顿悟的认知信息加工特性

顿悟的认知信息加工特性是认知心理学关于顿悟研究讨论最多的课题，其关注的问题包括顿悟过程由哪些心理环节组成、顿悟以怎样的心智形态发生、顿悟与主动的认知控制具有怎样的关系以及顿悟包含哪些认知要素等。一般认为，完

---

① 转引自：（唐）元康. 肇论疏·折诘渐第六. http://buddhism.lib.ntu.edu.tw/BDLM/sutra/10thousand/pdf/X54n0866.pdf

整的顿悟过程包含疑问和思维僵局以及顿悟和验证等不同阶段,与此相应,佛教禅宗也有注重疑问的传统,有"小疑小悟,大疑大悟,不疑不悟"的说法。关于顿悟赖以产生的心智形态问题,顿悟的认知心理学理论认为顿悟不以言语形式产生,且言语过程可能会干扰和阻碍顿悟(罗劲,2004),禅宗也认为"不可以义解,不可以言传,不可以文诠,不可以识度"[①]。关于顿悟与认知控制的关系,认知研究发现:人们对认知过程的有意识控制(即认知控制)无助于顿悟的产生;相反,认知控制能力的下降反而有可能促进顿悟的产生,这与"恰恰无心用"的禅宗思想是一致的。关于顿悟包含的认知要素,脑认知科学研究表明,在顿悟的瞬间,已有思维定式通过脑内预警系统被打破(Luo et al., 2004),而新异联系则借助海马记忆系统形成(Luo, Niki, 2003),与禅宗"但尽凡情,别无圣解"[②]的意趣相符合。

(三)顿悟存在的必要性

基于现代认知心理学奠基者之一的西蒙所提出的问题表征空间和问题解决过程的设想,顿悟理论家奥尔森(Ohlsson, 1984)提出的表征转换理论认为,人们在尝试解决顿悟类问题之初之所以会遭遇思维僵局而无法进行下去,其原因在于原有的问题表征方式不适当并将思路引入歧途,只有转换原有的表征方式,问题才能得以解决。按照表征转换理论,不适当的问题表征既可能是源于自动化、组块化的问题编码过程(因而需要组块破解类型的顿悟),也有可能是由于对问题解决的目标状态所做的不适当的约束(因而需要约束放松类型的顿悟)。但关于表征转换何以一定要借助顿悟,表征转换理论却并未能给出清楚的解答。理论上而言,凭借非顿悟性的、逐步的推理过程来实现表征转换也并非完全不可能,比如,一名医生发现针对气管或肺的治疗方法无法缓解病人的咳嗽,从而推断其咳嗽可能是因为肺或气管问题之外的原因(如食道内的胃酸和食物反流)所致,这种表征转换就不一定需要顿悟过程参与,被试在威斯康星卡片分类任务中根据反馈做出的分类策略调整显然也不需要顿悟。因此,顿悟研究家威斯伯格(Weisberg, 1999)建议,研究者需要对每一个所谓的"顿悟事件"进行仔细审视和检查,仅当发现问题解决者在接触问题之初的设想与其最终找到的解决方案之间存在巨大的本质差异时(在非顿悟的思维推理领域则不可能存在这样的差异),且这种差异以突发式顿悟产生之时,才能认定顿悟的确发生了。这就意味着对于特定的问题而言,

---

① 《天目中峰和尚广录》
② (南唐)释静,(南唐)释筠. 1996. 祖堂集. 吴福祥,顾之川点校. 长沙:岳麓书社,115

理论上既可以通过顿悟的途径解决，也可以通过非顿悟的途径解决，顿悟是一种可能的解决难题的途径，但并非唯一的必经之路。

三、竺道生的"顿悟不可或缺"假设

对于顿悟存在的必要性这一问题，与心理学的这种含糊的论述相对，早在竺道生提出顿悟理论之初，其就归纳出了"夫称顿者，明理不可分，悟语极照。以不二之悟，符不分之理。理智恚释，谓之顿悟"①的思想。冯友兰曾做如下阐释："积学的本身并不足以使人成佛。成佛是一瞬间的活动，就像是跃过鸿沟。要么是一跃成功，达到彼岸，刹那之间完全成佛；要么是一跃而失败，仍然是原来的凡夫俗子。其间没有中间的步骤。"②

理论上而言，竺道生的观点包含两个基本假设：第一，顿悟所要达到的目标状态具有整体性的特点（这在佛教背景下是指悟道成佛），无法被分解成几个不同的部分而逐一加以解决；第二，顿悟过程就其本质而言是一种思想上的飞跃，这种飞跃具有"全或无"的性质，要么完全达到，要么完全不能，不可能通过常规手段的逐步累积而获得。禅宗关于顿悟的这个理论假设的提出时间比现代认知心理学的顿悟理论早了1000多年，它明确地提出了顿悟对于问题解决具有"不可或缺性"。纵观心理学对于顿悟现象的研究，虽然心理学家已通过精细的口语报告分析和元认知判断发现即使是在顿悟发生之前的一刻，人们也不能获得关于答案的相关信息，哪怕是部分信息，也不能在主观（元认知）层面预感到自己即将解决这个问题，从而证明了顿悟的突发性特点，但顿悟的"不可或缺性"却一直没有被论及。在此，禅宗顿悟的思想可以为现代心理学的顿悟理论发展提供重要的借鉴。

"顿悟不可或缺"假设意味着至少对于某些问题而言，顿悟是唯一能够解决问题的途径。这是因为所要达到的目标状态本身具有的特性决定了它无法通过一步接一步的操作而渐次实现，或者是该目标状态无法通过某些量变的累积而逐渐实现质变，也就是说，由量变积累到质变的规律在顿悟这个问题上并不能成立。竺道生的这一思想为我们研究顿悟提供了新的理论视角和探索思路。下面，我们将结合近年来进行的具体研究，深入探讨竺道生的"顿悟不可或缺"假设对当代创造性顿悟研究的意义和启示。

---

① 转引自：方立天. 2000. 论南顿北渐. 世界宗教研究，(1): 34-48
② 冯友兰. 1985. 中国哲学简史. 涂又光译. 北京：北京大学出版社，279

四、顿悟的跨越性：在一个思维步骤中克服两种困难

竺道生的"以不二之悟，符不分之理"的论述中的一个核心观点是"理"不可分，即人们在思维和问题解决中无法将对某个目标状态的趋近过程拆分成不同的步骤而逐步实现，顿悟要达成的是一个"不可分"的目标。在以西蒙为代表的认知心理学关于问题解决的研究中，问题解决者在问题空间中对于各种算子进行操纵的典型做法，是在一个思维步骤中只解决一个问题或克服一个困难，例如，在此类研究中常用的河内塔问题或野人过河问题中，每一个步骤的实施都是在不违反既定规则的前提下对于目标状态的逐步趋近，其问题解决的步骤清晰而明确。那么，在解决顿悟问题的过程中，这样的操作策略是否成立呢？顿悟理论家奥尔森（Ohlsson，1984）提出，虽然顿悟问题看似只需要一个思维步骤就能够解决，如果仔细分析的话，就会发现在这样一个看似单一的顿悟思维步骤中，其实克服了两个或多个困难。比如，在著名的顿悟难题"九点问题"中（图2-1），人们在笔不离纸的前提下用四条直线将排列成正方形矩阵的九个小点连在一起。这看似是一个单一的思维动作，实际上却需要同时克服两种困难，一种是"在没有小点的空白处画直线的拐点"，另一种是"用不常见的斜箭头形状的连线串联九个小点"。这说明顿悟难题有别于常规的思维推理问题，它不能通过在一个思维步骤中只解决一个困难的方法按部就班地解决。尽管竺道生提出的"不分之理"的原意指的是深奥的佛理，但心理学中使用的相对比较简单的顿悟难题也可以具有"不可分"的特点，这里的"不可分"指的是顿悟要解决的是一组无法拆分成不同子成分并逐一处理的复合困难。

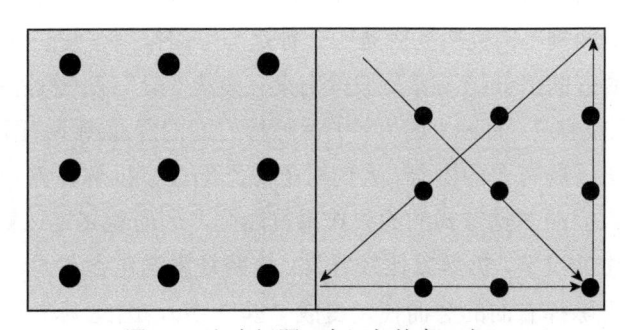

图2-1　九点问题（左）与答案（右）

注：九点问题要求用四条直线在笔不间断、不重复的情况下将所有的九个点串起来

为了模拟研究顿悟面临的"不可分割"的困难，我们采用了汉字组块破解的实验研究方法（Luo et al.，2006；Luo，Knoblich，2007）。所谓"组块"（chunk）

是指人类认知系统将一些认知成分联合组织在一起形成的知识单元（如将连续的手机号拆分成分别包含3个、4个和5个数字的3个单元），用以提高认知效率，特别是克服有限的工作记忆容量造成的信息加工瓶颈。顿悟理论家奥尔森在20世纪80年代提出，虽然组块化信息加工会极大地提升信息加工效率，但它有时也会阻碍问题的解决，因此"组块破解"是顿悟的基本类型之一，在这类顿悟中，人们破解了既有的组块并构成适合于解决问题的新模式。有趣的是，中国古代青原惟信禅师曾用未参禅时"见山是山"、入门后"见山不是山"、解脱后"见山只是山"的比喻来昭示中道宗的"二谛义"思想。这里的"山"恰恰相当于认知心理学中的组块，而"见山不是山"则意味着组块破解，东西方思想在这一点上殊途同归。

笔者利用汉字的组块化特点，通过发明一种汉字组块破解（拆字）的实验范式，揭示了"见山不是山"的脑认知机制（Luo et al., 2006; Luo, Knoblich, 2007）。研究发现，拆字发生在部首水平（如从"学"字中拆除掉上面的"学"字头而剩下"子"这个字）时较容易，发生在笔画水平（如拆除"学"中"学"字头上的左右两点而剩下"字"这个字）时则很困难。这是因为后者需要打破汉字中的最小组块——部首。同时，认知脑成像的研究结果显示：在笔画水平的拆字中，负责对视觉信息进行特征分析的初级视觉皮层处于抑制状态，而负责对视觉信息进行特征整合的高级视觉皮层则处于兴奋状态，这种特征分析和整合过程之间的"失协调"反映了"见山不是山"的脑认知科学特点（Luo et al., 2006; Wu et al., 2009）。

我们通过对汉字组块破解的仔细分析发现，在看似单一的拆字过程中，人们其实也需要克服两种不同性质的困难：一种是与空间排列有关的困难，即在空间结构上排列越紧密的部分越不容易被拆出来（如从"旧"字中拆除掉左面的竖而剩下"日"字比较容易，而从"四"字中拆除掉右面的竖而剩下"匹"字则较难）；另一种是与过去经验有关的困难，人们对于熟悉的汉字拆解较难（因为越是熟悉的汉字，它对人们的知觉方式的约束作用就越强，因而就越难以被打破），而对于假字或者陌生的汉字，拆解就比较容易。这两种困难包含在同一问题之中（如从"四"字中拆除掉右面的竖而使之变成"匹"字），因此无法分步逐一解决，这样就会在实验条件下构成"不可分"的难题。脑科学实验显示，要想克服汉字组块在空间结构上排列紧密的困难，需要包括右侧顶叶在内的脑内专门负责空间信息表征和加工的脑区参与，而要想克服汉字组块在熟悉程度上的困难，则需要脑内专门负责语义信息加工的左侧额叶等脑区的参与。更为重要的是，当两种困难同时呈现（即组块的熟悉度高而且空间排列紧密）时，参与顿悟的脑区会呈现"1+1>2"的活动模式，即某些在单独的熟悉性维度上或空间排列紧密性维度上都没有被激活的认知控制脑区（如前扣带回）会在这两种困难同时出现时呈现激活状态，这从脑科学认知的角度反映了顿悟思维的"跨越性"特点（Luo et al., 2006；Wu et al., 2009）。

五、顿悟的不可替代性：无法通过常规的累积而实现

在竺道生的理论中，"不分之理"指的是佛理，而修行者所要"悟"的则是一种全方位的深刻的个人感悟和解脱，因此也可考虑从个人心态和情绪调节的心理研究角度入手，对竺道生的顿悟理论加以检验。现代健康心理学认为，当个体遭遇不利情境或挫折困境时会产生不良的情绪反应，而这种情绪反应会对人们的心身健康产生不良的影响，因此，如何有效地调节不良情绪是当今心理学的重要议题之一。相关理论认为，情绪调节可针对情绪生成的不同阶段加以实施，其中，认知重评（cognitive reappraisal）占有非常重要的地位。认知重评是指当事人通过改变对于当前情境的理解和认识，从而改变情境对情绪产生的影响尤其是不良影响（Gross, 1998；Zhang et al., 2012），比如，一个癌症患者可以通过积极地改变自己对此的看法和态度（如"它可以使我安心休息"），来缓解因患疾病而产生的心理压力。认知重评是从目前最具代表性的心理治疗技术之一——认知行为疗法（CBT）——中提取出来的一种心理机制，其情绪调节效果已经得到了广泛的证实，与佛教提倡的"转念"在认知特性上具有很大程度的相似性。例如，在广为流传的具有禅宗意味的"哭婆"的故事中，"哭婆"将雨天对卖面的儿子以及晴天对卖伞的儿子的经营状况的忧虑转变为雨天对卖伞的儿子以及晴天对卖面的儿子的经营状况的喜悦。我们可以认为，对于特定的不利情境而言，认知重评既可以是"非顿悟性"的，即一般意义上的认知和态度转变，也可以是"顿悟式"的，即借助于全新的见地来改变整体的心态。通过研究原创性顿悟性的认知重评在情绪调节中的作用，我们就有可能验证竺道生的"顿悟不可或缺"假设。首先，竺道生的顿悟理论涉及的目标状态（在其语境中是见性成佛）具有整体性的特点，相对于在理论上可以被无限地分析和还原的纯认知问题而言，情绪体验具有较强的整体性特点，因此适于研究情绪调节的顿悟性特点。其次，认知重评这一情绪调节方法具有离苦得乐的作用，其效果虽远不如禅宗的顿悟，但也与其一样具有心理解脱的特性，与佛教的心理调节目标相类似。

对于怎样才能在实验条件下验证竺道生的"顿悟不可或缺"假设，我们的构想是，顿悟式的认知重评或转念有可能会使个体对某个事物的整体性态度和体验发生"跃迁"（例如，使得个体对某个不利情境所抱持的态度由消极负面一极转向积极正面一极）。比如，一名大学新生因为就读的专业并不是自己喜欢和擅长的专业而感到痛苦和困惑，那么尽管那些常规的劝慰式的认知重评或转念（比如，告诉自己说"既然已进了这个专业，就应该接受它，并安下心来把它学好"）能够在一定程度上缓解其苦闷的心情，但其效果毕竟是有限的。那些带有"顿悟"色彩的认知重评（例如，"人生如同玩纸牌，关键不是拿到好牌，而是如何打好手里现有的牌"这句话，对于那些可能因为不喜欢所学专业而烦恼的学生而言，就被他们评价为可以带来某种顿悟感）则有可能因揭示了对人生境遇的新洞见而产生更好的情绪调节效果，甚至使当事人的态度和情绪转向积极，这为验证竺道生的"顿悟不可或缺"假设提供了可能。

我们在实验研究中采用国际标准的负性情绪图片来唤起人们的负性情绪，继而利用不同程度的创造性顿悟的认知重评来对这些图片进行调节。比如，对于"正在急救的新出生患病婴儿"的国际负性情绪图片，像"这孩子会好起来""医生会竭尽全力治疗"这样的认知重评解释将有助于缓解人们观看图片时的不良情绪，但这种重评性解释是常规的，并非顿悟性的。以往研究表明，它们虽然能在一定程度上缓解不良情绪，但是其缓解的效果是比较弱的，一般而言，这种常规的非顿悟性重评的情绪调节效率平均为 0.8。我们采用顿悟性的认知重评策略进行研究，例如，对于上述的"正在急救的新出生患病婴儿"的情绪图片，顿悟性的认知重评是"微肿的双眼，张开的双臂，俨然一个拳击冠军，他来到人间，可是打败了上亿对手"（我们可以通过请一组人对该语句的创造性水平进行评分的方法，确定该重评语句是否具有较高的创造性）。通过面向广大学生的有奖征集，我们获得了上千条针对不同的国际负性情绪图片的顿悟性认知重评语句。通过对这些条目进行进一步评价和筛选，我们获得了一些高质量的顿悟性认知重评材料。被试的评价表明，这些高质量的认知重评材料所能引起的顿悟感比率在 90%以上。

对于顿悟性认知重评的情绪调节效果的初步研究表明，其情绪调节效率为 3.49（Wu et al.，2019），是常规非顿悟的认知重评语句的情绪调节效率的数倍。更为重要的是，我们的初步研究还发现，相比常规非顿悟的认知重评语句，这些顿悟性的认知重评语句不但情绪调节效果更好，还能使原本是负性的图片被感知为正性的，也就是说，它们可以使图片的性质发生变化，使之"变负为正"。这种转变恰恰反映了一种顿悟性认知重评导致的情绪"跃迁"，这与以往研究中所观察到的常规非顿悟的认知重评能够使人们对负性情绪图片引发的负性情绪减弱有着本质的不同。为了验证顿悟性认知重评的这种"变负为正"的情绪调节效果能否为常规非顿悟的认知重评语句的量变积累替代，我们进一步研究了如果给被试提供多条（1条、2条或者4条）不同角度的常规重评，能否达到同样的"变负为正"的情绪调节效果。我们的研究发现，当常规非顿悟的认知重评语句超过2条时，其情绪调节效果并不会明显增强，也就是说，常规非顿悟的认知重评的情绪调节效率不会因为语句类型的增加而有所提升，甚至我们初步的研究还发现，如果多次重复同样一条常规非顿悟的认知重评语句，其情绪调节效果还有可能不升反降。因此，我们的研究表明，常规非顿悟的认知重评虽然能在一定程度上缓解人们对特定事物的负面态度和认知，但其效果是有限的。即使是多频次、多角度的累加——这大致相当于逐步学习和"渐修"——也不能使个体的认知和情绪发生由消极端向积极端的"跃迁"，要达成这种"跃迁"，则非"顿悟"不可。脑科学的研究结果表明，相比常规非顿悟的认知重评，顿悟性的认知重评可以引起脑内奖赏回路的明显激活，这说明顿悟体验伴随着巨大的心理奖赏感，使人们对事物的认知由消极转向积极。

上述初步研究结果为竺道生的"顿悟不可或缺"假设提供了实验科学依据，它表明至少是在情绪调节领域，唯有顿悟才能使负性情绪的"极性"发生变化，使之变负为正，而这种跃迁效果是不能为常规非顿悟的量变积累取代的，从而验证了冯友兰所诠释的"要么是一跃成功，达到彼岸，刹那之间完全成佛；要么是一跃而失败，仍然是原来的凡夫俗子。其间没有中间的步骤"[①]的论断，证明了顿悟在情绪调节中的不可或缺性。

六、结语

作为现代创造性心理学和东方禅宗共同关注的一个问题，顿悟过程是最为迷人的人类心理现象之一。尽管现代西方心理学已经对顿悟存在的普遍性以及顿悟的认知过程和特点进行了广泛而深入的研究，但对于顿悟作为一种特殊形态的人类认知过程，对于其存在的必要性，却仍然缺乏清晰、深刻的认识。我国古代的佛学家竺道生却以"以不二之悟，符不分之理"的明确论断指出，由于顿悟所要达到的目标状态具有整体性和不可分割性，有些目标状态只有通过顿悟"跃迁"才能达到。笔者采用科学心理学的情绪调节范式进行的初步研究表明，对于诸如

---

① 冯友兰. 1985. 中国哲学简史. 涂又光译. 北京：北京大学出版社，279

正性或者负性情绪这样具有整体性特点的心理状态，顿悟的情绪调节策略是必需的，只有采用高创造性的顿悟情绪调节策略，原本是负性的情绪状态才能一跃而成为正性的，而这种变负为正的跃迁不是常规的调节策略的量变积累所能达到的，这就在理论上极大地加深了我们对于顿悟的本质的认识，完善和丰富了现代心理学关于顿悟的理论。

第二节　禅修与创造[①]

禅修在佛教经典中多被视为获得"悟"或"开悟"的过程。在动画片《聪明的一休》中，小和尚一休在遇到难题的时候经常会打坐冥想，然后就能灵光乍现，瞬间找到巧妙的解决问题的办法。虽然佛教中的"顿悟"与心理学中的"顿悟"有着很大的区别（罗劲，应小萍，2018），但这并不影响有关研究发现对深入认识禅修与创造以及顿悟之间关系的启示。总体上而言，当前有关禅修和创造或顿悟关系的行为与认知神经科学研究不仅为明确和理解传统文化思想中禅修与顿悟的关系问题提供了科学的依据，而且对缓解个人生活或工作压力、科学地开展心理调适和提升个人或社会的创造性也有重要价值。

一、禅修并不是单一的存在，而是一类内修行为的集合

宗教经验是心理学较早关注的问题。美国心理学之父詹姆斯从个人经验角度观照宗教作用，并于1902年出版了在心理学、宗教学和哲学等多个学科领域具有重要影响的《宗教经验种种》（The Varieties of Religious Experience）一书。禅修，又叫作禅定，是一种重要的宗教经验的修习，其本意是"静虑"和"思维修"。惠能在《坛经》中说："于一切境上念不起为坐，见本性不乱为禅。何名为禅定？外离相曰禅，内不乱曰定。"[②] 禅修发端于古印度，可追溯到7000余年前古印度恒河流域苦行者的瑜伽修行或心灵修行。自东汉佛教传入中国后，经与中国儒家、道家融合，演变成为具有本土文化契合性的佛教实践，现今常作为中国佛教的代名词被使用，同时禅修也常作为一种调适与缓解心理压力以及增强认知功能的训练方式被使用。佛家主张静坐敛心，专注一境，久之便可身心轻松，止息杂虑和冗

[①] 本节撰稿人：袁媛、沈汪兵
[②] （唐）慧能.1983. 坛经校释. 郭朋校释. 北京：中华书局，37

念，并形成了"禅思""禅念""禅观"等活动。禅修虽有行禅、止观和内观等方式，但以静坐方式为主。

禅修在中国落地生根乃至发扬光大的一个重要原因在于，它与"天人合一"思想具有契合性（安伦，2014）。禅修通向天人合一是宗教信仰修炼方式的共性，并不必然依赖于任何建制性的宗教，也并不只是佛教的修习行为，而是融通了儒道佛禅修理念的修习。日常生活中有如坐禅、禅修、瑜伽、打坐、内观、静坐、正念、内丹、内功、冥想和坐忘等诸多看似全然不同的概念，实际上只是认识角度、体验或心得各有侧重，但都属于禅修的范畴（安伦，2014）。也就是说，作为一种获得宗教经验的实践，禅修在本质上并不是某一宗教加持的某种内修方式，而是诸多宗教尤其是大多数东方宗教具有共性的内修行为的集合。这些修习实践的共同宗旨在于排除杂念，集中心力或精神，借助某些具体策略，例如，内息计数或持久静坐（Ren et al.，2011），实现对当下内在参究对象不加判断的关注与无偏见的觉知（段文杰，2014）。

目前，行为和认知神经科学关注较多的是正念和冥想两种禅修方式。其中，正念侧重注意监控，要求觉察自己当下的即时体验和想法并不加批判地接纳（束晨晔等，2018）。然而，冥想没有明确的目标或任务要求（Edenfield, Saeed, 2012），旨在通过身心的自我调节，有意识地引发身体放松状态（Cahn, Polich, 2006）。冥想可以根据注意朝向的不同区分为专注冥想（focused-attention meditation）和觉察冥想（open-monitoring meditation）（Colzato et al.，2017）。专注冥想侧重静坐敛心，强调注意聚焦和维持，是将注意凝聚在某一目标上，且在其脱离目标后重新将意识带回到既定目标的修习。觉察冥想侧重注意觉察和监控，即时即地、心外无物，强调以不加评判的态度将注意维持在对当前体验到事物的持续监控和觉察上（Lutz et al.，2008；王海璐，刘兴华，2017）。综上可知，禅修是包括冥想和正念在内的一类通过自主调节、自觉地将注意聚焦于当下体验到的思想、情绪和身体感觉上，并以觉察、接纳和不批判的态度关注这些即刻体验，从而使躯体放松或心智宁静的修习或训练方式（束晨晔等，2018；王海璐，刘兴华，2017）。

二、禅修易化创造的行为和认知神经科学发现

关于禅修与创造，更准确地说是禅修与顿悟关系的问题，虽然很早在东方佛教中就有提及，例如，中国禅宗的"顿悟成佛"，但关于此的科学探讨主要见于现

代西方心理学的研究。东方之所以长期未对此进行科学考察，一个原因可能在于东方长期遵循体证的方法论，重视知行合一，并致力于通过实验、身体力行或亲身体验来"证慧"或检验真知；禅宗的"不立文字，以心传心"，即是说别人告诉你的并非你的真知，只有自己去体悟才能获得真知。大乘禅修也强调修行者应透过禅修体悟到佛理和明白宇宙万物的真理。然而，西方心理学自从诞生时便以实证为传统，强调通过实验的方法来检验。或许正是因为如此，虽有不少禅修和顿悟的思想散见于东方各宗教经典和教义之中，但长期以来很少见到有关禅修和创造乃至顿悟的科学论断与依据。1974年，Cowger就围绕禅修对创造的影响进行了实证研究。他将招募的佛学院学生随机分成冥想和放松两组，并要他们完成托兰斯创造性思维测验（TTCT）。研究显示，冥想组被试的发散思维成绩显著高于放松组。该结果提示，一定时长的冥想练习有助于对创造性思维活动的表述（Cowger，1974）。由于该研究未曾对两组被试的创造表现进行前测，难以明确可能的偏差。Travis（1979）弥补了这一不足，通过持续5个月的训练和追踪研究设计，比较了禅修者和具有相同创造前测水平的普通被试的言语及图形创造表现的差异。研究采用言语和图形非常规用途任务评估被试的言语和图形发散思维水平，并观察到禅修能显著提升图形创造性的灵活性和原创性表现以及言语创造性的流畅性表现，该研究较为有力地揭示了禅修对创造性的易化效应。Krampen（1997）进一步发现，创造的禅修易化效应不只是体现在发散思维上，在聚合思维方面也有类似效应，且它稳定地存在于小学儿童、大学生和老年群体中。因此，他设计5个实验系统考察了先前毫无经验者和拥有6个月修习经验者完成短期放松训练后发散思维和聚合思维的差异，观察到短期训练能显著提升发散思维水平，且对聚合思维也有一定的促进效应。

为了明确专注冥想与觉察冥想在易化发散思维和聚合思维方面的规律，Colzato等（2012）以19名有2年以上专注和觉察训练经历的两种冥想训练者为被试，要求他们分别完成3个时长均为35分钟的系列练习（分别是专注冥想、觉察冥想和作为基线的视觉注意任务），以及两个均为5分钟的发散思维和聚合思维测验。所有被试都要完成3个系列的练习和测试，各系列之间相隔10天，并以拉丁方设计对它们的顺序效应进行平衡。研究显示，只有觉察冥想具有显著的作用，能够提升被试发散思维的灵活性、原创性和流畅性。虽然专注冥想与觉察冥想均能提升练习者自我报告的心境水平，但对发散思维和聚合思维无易化作用。经常用来评估聚合思维的远距离联想任务通常可以借助分析策略或顿悟策略两种方式完成，但只有它是以顿悟策略解决时才被认为是富有创造性的。为了排除研究中专注冥想和觉察冥想诱发的心境以及聚合思维任务求解策略的可能干扰，Colzato 等（2017）在合理控制心境干扰和区分聚合思维任务求解策略的基础上，以 20 名同时具有 3 年以上专注冥想和觉察冥想经验者和 20 名新手为被试，进一步考察了专注冥想和觉察冥想对发散思维和聚合思维两类创造性任务表现的影响。与 Colzato 等（2012）的研究结果相似，无论是否具有禅修经验，觉察冥想均能显著提升被试在发散思维任务中的流畅性和灵活性表现，专注冥想虽然对聚合思维任务表现无明显促进作用，但对于禅修老手而言，短暂的专注冥想能够促进他们的顿悟策略使用偏好，帮助他们解决更多顿悟类的问题。与该发现一致，对 1977—2015 年发表的 20 篇文章中 89 个相关结果进行元分析，Lebuda 等（2016）观察到禅修能显著提升创造性表现水平，并且受到禅修或正念测评方式以及创造任务类型的调节。

以往研究围绕长期禅修和短期禅修对发散思维、聚合思维及顿悟问题解决等不同形式创造性思维的影响进行了考察，且主要围绕正念和冥想对发散思维和聚合思维的影响来展开，并较为细致地探讨了专注冥想和觉察冥想在促进创造性表现中的分化效应（束晨晔等，2018）。总体上而言，数据比较乐观，无论长达数月（Travis，1979）或数年（Colzato et al.，2012；Colzato et al.，2017）还是数天（多为一周，Ding et al.，2014）的禅修，即使每次仅仅半小时，都足以提升禅修者的创造性表现水平。只是不同形式创造的增益不同，也就是说，觉察冥想的促进效应要强于专注冥想。研究还显示，禅修对创造的易化不只是发生在那些资深的禅修者身上，即使那些没有任何经验的禅修新手在觉察冥想状态下的创造性表现水平也会提升，只是资深禅修者的易化效应更加稳健和全面，不仅能易化发散思维，而且能易化聚合思维。然而，禅修新手处于觉察冥想状态时，只有发散思维方面的表现可能会有所提升。行为和脑科学的联合研究表明，禅修主要是通过增强前额叶，尤其是背侧前额叶、前扣带回、杏仁核、脑岛和默认模式网络的激活和连接来提升创造性表现水平（Tang et al.，2015；Taylor et al.，2011；束晨晔等，2018）。这些神经网络会完成下述认知调控或操作：优化创造过程中的注意资源的分配方案，弱化自上而下的认知控制和加工，激活联想记忆，增强认知灵活性，扩充工作记忆加工容量，减少认知惯性反应和改善功能固着，以及通过提升个体对创造任务的兴趣和元认知能力来提高创造性水平（束晨晔等，2018）。同时，研究显示，禅修的易化效应受一些因素的影响或调节，主要有认知灵活性（在一定时间内产生想法或观点的类别多寡；Müller et al.，2016）、禅修者的人格特征（Ostafin，Kassman，2012）和心境特点（Ding et al.，2015）、禅修经验（Colzato et al.，2017）

以及禅修技能的娴熟程度（训练时间）和类型（Baas et al.，2014）等。

三、佛学理论关照下的禅修易化创造的机理

如前所述，现有研究从行为和认知神经科学角度对禅修易化创造的影响因素和可能的机制进行了探讨，观察到了前额叶、前扣带回、脑岛、杏仁核、默认模式网络等功能区的激活，并讨论了禅修在执行控制、情绪调节和元认知觉察等方面的作用。然而，这些研究发现彼此之间相互割裂，缺少必要的整合以及与佛学理论或佛教经典的交流和对接。为了更好地理解和阐明禅修易化创造的机理，有必要结合佛学理论来对此做进一步的阐述。鉴于此，笔者结合已有的发现尝试从认知、技能和情绪调节三方面来对禅修易化创造的机理进行诠释。

（一）禅修使人平和

禅修遵循"证知"法则，注重禅修经验逻辑化和理论化的解释和说明。这要求禅修有一定的仪式或可操作的程序，严格规范日常言行、约束身心，有所为有所不为，即所谓的"持戒"，"禅定心诚，以戒为基"。据《摩诃止观·卷四》所述，禅修的准备工作包括下述二十五项："具五缘（持戒清净、衣食具足、闲居静处、息诸缘务、得善知识），呵五欲（色、声、香、味、触），弃五盖（贪欲、嗔恚、睡眠、掉悔、疑），调五事（调食、调眠、调身、调息、调心），行五法（欲、精进、念、巧慧、一心）。"[①]为了聚精会神，禅修前应当搁置一切不必要的攀缘和杂念。通过遵从相关规范和要求，禅修者能快速令自己摆脱世俗观念和世事俗务的纠缠（至少是暂时的，是故禅修注重当下），从纷繁琐碎的日常中走出来（至少对大多数人有效），借助调身、调息和调心的方法来帮助自己平心静气、安定心智，实现"入定"。佛教的确很注重戒、定、慧三无漏学。禅修中的"持戒"有两方面的作用：一方面，帮助禅修者减少来自外界的干扰或内在的欲望追求，使自己走向自然朴实；另一方面，禅修使得禅修者摒弃先前的观念、刻板印象或先入为主的想法，聚焦当下，不以物喜，不以己悲，获得平和宁静的心境，能更客观和不带感情色彩或主观偏见地审视内心和外在事物，即所谓"屏息诸缘，一念不生"。这种状态减少乃至消除了自上而下加工或概念的约束和限制，禅修者（尤其是佛教徒等专业禅修者以外的人员）能在有别于日常的情境中审视和加工内心和外界，产出一些有别于常规情境的想法或结果。禅修者摒弃了客观的障碍或俗念（体现为

[①] 巨赞法师. 2007. 禅修的效果. 见：黄河选编. 佛家二十讲. 北京：华夏出版社，174

"空"的思想，没有任何先验的偏见和刻板印象，如"菩提本无树，明镜亦非台"的"空"，没有任何预设的限制）。

有关研究的确显示，人们在许多时候会由于先入为主的不合理的观念或自发的概念驱动加工，形成了不恰当的问题表征或解题思路，给自己设置了某些不合理（并不是来自客观刺激本身，而是个人因为以往经验或知识主观臆想的）的限制或约束条件（Knoblich et al.，1999；Kershaw，Ohlsson，2004），导致自己进入某些并非必需或必然的"死胡同"或"心理困境"，没有良好的创造产出。况且，当向人们呈现有别于自己长期生活的情景或文化中的场景、刺激甚至符号时，人们头脑中的这种独特情境下相关的元素或图式会被激活，并被用来建构出有别于常规情景的具有更高创造性的产品或成果（Leung，Chiu，2010；沈汪兵，袁媛，2015）。何况，禅修好似将禅修者置于有别于日常的"异文化"情境（"万物皆空"），沉浸感和能动性更强。如此"非常规"的情境不仅有助于人们克服常规情境或思维的限制和采择新的视角（促使产出观点的原创性或灵活性增强），而且能够帮助禅修者破除日常习以为然或难以觉察甚至被视为固有的或内在的联系、组合，从更低或更高的层次审视自我与环境、事物和元素之间的关系，重新组合产生新颖的联系或结果。实际上，禅修诱发的平和心境也能帮助禅修者从外在追求转向内在追求，激发出某些日常有可能不会形成的兴趣或动机。为了帮助禅修者持戒，大部分时候禅修的情境很简陋，环境清幽，没有过多无关的摆设或刺激，禅修者可以也只能转向内部的自我探索和自我解析，全心全意地活在当下，注重自我超越和自我追求，从而获得精神层面的幸福或者自我实现。换言之，禅修使得更多禅修者聚焦于当下的问题求解，专注其中，激起了持续探索的兴趣，促使自己能够全身心投入当前的创造活动，直到事情完成或了结，有助于创新性成果的产出。

（二）禅悟启发创造

《楞严经》有云："彼佛教我从闻思修，入三摩地。"[①]禅修之证慧，并不只是单一的"静虑"，诵经或心中默诵经论也是求证本性的重要方式。《楞严经》载，"虽有多闻，若不修行，与不闻等，如人说食，终不能饱"[②]，表明禅修与诵经并

[①] 《楞严经·卷六》
[②] 《楞严经·卷一》

不必然矛盾，人们可以在听闻和诵读经文的基础上进行修行。被誉为"第二代释迦"的龙树菩萨说："多闻能知法，多闻能远恶，多闻舍无义，多闻得涅槃。"[1]"八正道"的修行，不仅是戒、定、慧三学的次序增进，而且是闻、思、修三慧的始终过程。持戒是三学之基，闻慧为三慧之始。两者在"八正道"的序列一致性无法排除默读经论在禅修中的作用。实际上，念经与禅修的确相通。正因为如此，修行者可通过念经入定，从而出现了念经悟道之类的案例。智者大师念《法华经》寂然入定，悟入法华三昧前方便，得到了辩才无碍的初旋陀罗尼，便是一例。基于此，关于参禅悟道对创造性的促进机理可能有以下两方面的理解：一方面，在长期禅理参悟过程中发展起来的联想启发技能和元认知觉察能力（Ming et al., 2014; Shen et al., 2016a）能提升创造性水平，且具有跨情境的稳定性；另一方面，禅境和禅经的启迪性突出体现在禅悟情境的启发和暗示性方面（Hattori et al., 2013; Ball, Litchfield, 2017）。其中，前者可以通过具有资深禅修者的创造性表现，尤其是某些情境下更加稳健和特异的优势表现来理解，后者则可以通过短期禅修者某些禅修对特定类型的创造活动的提升效果来理解。禅修者为了求证和体悟禅理，领会和把握禅机，需要进行更深层次的反思和省察，以便证得深刻的认识和义理。这些禅理与自身反思彼此互相启发，促使他们能有更全面的领悟和毫无世俗偏见地正视自己，不携带任何个人先验的知识，置身于经论的"思域"中审视和认识自己，获得对当下境遇或事件的顿悟。这种觉察和启发技能会因为禅修者的持续练习而精进，演变为一般化的技能。即使在禅修以外的情境中，这些在长期的禅修中发展起来的卓越的联想启发和敏锐的觉察能力（也称内感，是个体内在或躯体的一种元认知监控能力）也能助益禅修者。就情境启发性或暗示性来说，某些被认为是更容易产生顿悟或顿悟体验的情境确实能够促使人们产生更多的顿悟或创新灵感（Hill, Kemp, 2018; Oppezzo, Schwartz, 2014; 诸如散步、睡梦等情境更多被认为会产生创造和顿悟，数据显示这些情境的确更易产生创造或顿悟），或者某个特定情境中产生顿悟的线索、经验能够易化他们随后的创造或顿悟。例如，当要求被试观看诱发顿悟体验的图片后解答一些语言类顿悟问题时，他们真实的顿悟解题成绩和自我报告的顿悟感强度均较对照组有明显提升（Laukkonen, Tangen, 2017）。一般地，禅修者在禅修中会产生与顿悟相似的禅悟体验及与顿悟体验近似的禅趣，有鉴于此，这些禅悟情境和禅趣体验可以启迪人们在

---

[1] 《瑜伽师地论·卷十九》

某些禅修状态下产生更优的创造性表现。总之，禅修中参悟技能的持续培养和发展以及频频诱发"开悟"经验的禅修情境或经论的启发可能是促进禅修者创造性表现水平提升的重要机制。

(三) 禅修怡情发慧

禅修有助于个体调节自我情绪，清心寡欲，化解心中的不良情绪，甚至舍弃一些强烈的积极情感体验，趋于平静，能够平心静气地看待事物和周围环境，从而产生更优秀的创造性表现。长期以来，不少行为和认知神经科学研究显示，消极或不良情绪（Shen et al.，2019a；Rowe et al.，2007）以及强烈的积极情绪（Davis，2009；Vosburg，Kaufmann，1997）较之中性情绪均会妨碍创造，但低强度的积极情绪则可以促进或易化创造。这些证据表明，禅修易化创造的一个重要机理可能在于禅修的情绪调节功效，尤其是对不良情绪的管控功能。当前，诸多行为和脑科学研究证据也显示，无论是长期还是短期的禅修都具有情绪调节功效。例如，Ding 等（2014）探讨了短期禅修对发散思维的影响。他们将 40 名被试分成禅修组和常规放松训练组，每组 20 人，要求被试在随后的 7 天内每天完成 30 分钟，共 3.5 小时的训练，采用情绪和发散思维任务对被试训练前和训练后的情绪进行测量。结果显示，训练前没有明显情绪差异的两组被试在训练之后产生了显著差异，禅修组被试较常规放松训练组被试诱发了更强的积极情绪和更低的消极情绪。

禅修之所以能成功管控或转化不良情绪，原因在于它综合利用了多种情绪调节策略。这些策略包括但不限于当代情绪心理学常常提及的分心、表达抑制和认知重评（Gross，Thompson，2007）。就分心而言，佛教每部经典都会从事相、理体、因果、般若等多个方面来讲清净心，以帮助消除众生的大烦恼。众生的"业感"导致其沉迷于财、色、名、食、睡，产生了贪、嗔、痴等诸多烦恼。一个人若不能断除贪心、妄想、分别心，心就不能清净，烦恼就会很多，并且用烦恼心看任何事物都是烦恼。因此，要静心就必须放下贪欲、执着心，心清净了，即使鼓乐喧天，当下也是清净自在的。"八正道"也强调静虑需要"祛除贪嗔痴，修持戒定慧。贪念起，心易迷；嗔念起，心易浮；痴念起，心易伤"。佛教主张断烦恼证菩提，也就是当负性情绪产生时，采用"压制"（表达抑制）或"忽视"（分心）的方法来阻断它们的影响，即能断则断，断不了则逃，逃不了则忍。然而，有如《大乘玄论》所说："佛为增上慢人说断烦恼，实不断也。"《佛说仁王般若波罗蜜经》也说道："菩萨未成佛时,以菩提为烦恼。菩萨成佛时,以烦恼为菩提。何以故?于第一义而不二故。"即是说,负性情绪虽然有的时候可以通过"分心"或"断烦恼证菩提"的方式得到缓解乃至管控,但这种"以石压草"对抗烦恼的策略难免在某些情境下无法奏效,甚至导致雪上加霜。针对这种情况,佛家主张"转烦恼成菩提",强调转念——概念转换或认知重评的情绪调节功效。较之翠竹,黄花通常会更多地引起人们悲观、消极的情绪。《金刚经》载:"若见诸相非相,即见如来","不应住色生心,不应住声香味触法生心"据此,黄花和翠竹实无分别,因此人们不应该产生不同的情绪体验。当代心理学中关于认知行为疗法和情绪认知重评的研究对此做了详细的阐释(更细致的阐述参见罗劲,应小萍,2018)。

当某人把烦恼等负性或不良的情绪看成客观存在的,自己无法改变的时候,就会千方百计地"断烦恼证菩提"。若能忽视或不关注就尽量忽视和不关注,无法忽视就想逃避,难以逃避就强忍和压抑着。然而,长期忍受和压抑不良情绪,不合理宣泄,很容易产生心理障碍甚至罹患抑郁症。研究显示,禅修对治疗焦虑和抑郁等情感障碍具有良好的效果(Tang et al., 2016)。这也就意味着禅修对情绪的调节并不只是停留在分心或表达抑制的层面。结合认知行为疗法在情绪障碍治疗中的效果,以及有关该疗法起效成分的解析,不难看出认知重评要素也存在于禅修之中,突出地体现为"转烦恼成菩提"的思想。也就是说,一个人意识到烦恼是无常的,并不是永恒不变的,而是会随着事件关系的变化和时间的推移而变化。犹如围城外者羡慕城内,进入后却又想逃出围城。人们若能明白不良情绪无常,熟谙"时过境迁"和"斗转星移"之特性,学会了转化变通和认知重评,便能"转烦恼成菩提"。重要的是,认知重评策略虽然具有离苦得乐的效用,但是较之禅修"开悟""证慧"的目标,这种调节策略尚有诸多欠缺,也不够彻底。这种不彻底性使得认知重评策略难以解决某些情绪调节的"顽症痼疾"。此时,不得不借助对治疗"顽症痼疾"似乎有惊人效果的顿悟策略。换言之,禅修中的情绪调节策略并不局限于前述几种,还蕴含了佛教或禅宗自己内生的独特策略,即"觉烦恼即菩提"策略。《六祖坛经》说:"善知识,凡夫即佛,烦恼即菩提。前念迷即凡夫,后念悟即佛。前念著境即烦恼,后念离境即菩提。"这种基于重构、转念获得的"开示"或"顿悟"方式也被应用于禅修中的情绪调控。笔者借助言语问题对顿悟前后的情绪体验进行了系统的研究,发现"前念迷"引起的思维僵局阶段诱发了明显的消极情绪(Shen et al., 2019b),但"后念悟"引起的豁然开朗或顿悟阶段伴随着积极情感体验(Shen et al., 2018; Shen et al., 2016b)。

借助这种策略，人们不再停留于不良情绪"不良"的执念，而能够透过所谓的不良情绪，察知其内在更深层次的意义和智慧。简单来说，这种开示低层次的可能是"否极泰来"的心得，能够意识到不良情绪的预示或警示功能；中等层次的可能是"祸兮福之所倚，福兮祸之所伏"的"祸福相依"的心得，能够从不良情绪中看到积极的意义或价值；更高层次的可能是"体得真理，获得真智"，获得自我实现，似如"反败为胜"或"起死回生"，将不良情绪转化为成功的必要条件或前因，取得"推陈出新"或"破旧立新"的"大逆转"。当然，顿悟性情绪调节的发生并不是特别容易的事情，犹如顿悟总是可遇而不可求的，禅修中的顿悟性情绪调节虽然不及顿悟或"开悟"那般可遇而不可求，但也不是刻意追求即可获得的。禅修注重禅机，千载难逢的"一闪念"可能会转瞬即逝，若能觉察和把握禅机，可能有机会开悟或可以进行情绪的顿悟调节，但若未能及时抓住，下一"回眸"不知是何年月。比较而言，如果我们认为认知重评是赋予不良情绪新的解释视角或新意义，那么顿悟则指的是深层理解不良情绪并破解其中不良之症结，产生和建立新的内涵与意义。

四、结语

作为一个连接东方传统智慧和现代创造心理学的新兴主题，禅修和创造的关系引起了学界的广泛关注。虽然传统佛学对禅修的要求和功能进行了很多阐述，现代心理学与认知科学也对禅修和创造的关系进行了一定的实证探讨，但它们彼此隔离，没有将佛学理论与现代科学研究发现连接和融通，缺少整合性的理解。于是，围绕禅修和创造的关系，笔者结合已开展的实证研究发现和传统佛学经典的论述尝试探讨禅修易化创造的机理，主要涉及认知、技能和情绪调节三方面的机制。在认知方面，禅修能解除自上而下的约束和限制，减少刻板想法和固化思维，增强认知灵活性，采择到新颖、独特的视角和激发持续的创造兴趣；在技能方面，禅修能培育个体的启发思维和技能，提高元认知监控和觉察能力，以及情景悟性与感受力；在情绪调节方面，禅修能借助分心、表达抑制、认知重评和顿悟性调节来消除不良情绪，增加积极体验，实现离苦得乐。旨在实现自我超越的佛家禅修实际上与探寻道德本体的儒家静观和洞彻微观身心的道家存想是紧密联系、彼此相融互通的，未来的研究者应更进一步致力于禅修多重机制的实证考察以及儒道佛自我体悟、"证慧"机理的内在关联和整合研究。

第三节　诗从"悟"中来[①]

一、"悟"在诗歌审美中的发展历程

"悟"是中国古代诗学审美领域的核心范畴，古代诗论家常用"悟"来描述读诗或作诗的思维方法和认知过程。"悟"最早作为哲学概念，出现在先秦典籍《尚书·顾命》中："今天降疾，殆弗兴弗悟。"讲的是周成王病入膏肓之际都不知自己能否继续生存这一根本问题的生命状态。《说文解字》将其解释为觉醒、觉知："悟，觉也，从心，吾声。""悟者为觉也，二字为转注。""悟"从一开始就和生存之根本相连，其思维方式源于老庄道家哲学和"天人合一"的思想。自魏晋起，"悟"开始融入文学审美的成分。钟嵘有云："学多才博，寓目辄书"[②]，"观古今胜语，多非补假，皆由直寻"[③]。其中，"兴""直寻"等概念的实质便是"悟"。山水诗人谢灵运用"悟"来表达他欣赏自然之美的方法，其文曰"情用赏为美，事昧竟谁辨，观此遗物虑，一悟得所遣"[④]。中唐之后，皎然的"诗情缘境发，法性寄筌空"和司空图的"味外之旨""韵外之致"都含蓄地表达了"悟"的诗学审美思想。

到了南宋末年，诗论家严羽"以禅喻诗"，在诗学领域明确提出了"妙悟"的概念，借"妙悟"来说明在读诗或学诗的过程中，无须经过分析而直接把握诗歌审美特征和本质规律的过程。其在《沧浪诗话·诗辨》中云："大抵禅道惟在妙悟，诗道亦在妙悟。且孟襄阳学力下韩退之远甚，而其诗独出退之之上者，一味妙悟而已。惟悟乃为当行，乃为本色。"[⑤]严羽认为，尽管孟浩然的学力在韩愈之下，却因妙悟而有更高的诗歌成就，即在诗歌艺术中，妙悟的作用远大于学力。学力深厚、满腹经纶的人，如果没有审美的直觉能力，也成不了杰出的诗人。悟有"顿""渐"之分，妙悟乃悟中最上乘者，其实现方式是以顿悟而致的，禅宗有云："其顿也，如屈身之臂顷，旋登妙觉。"[⑥]在严羽之前，宋诗常"以文字为诗，以议论为诗，以才学为诗"，严羽"不涉理路，不落言筌者，上也。诗者，吟咏情性也"

[①] 本节内容基于如下研究改写而成：张晶，陈燕. 2017. 诗从"悟"中来：中国古典诗歌顿悟过程的现代认知科学考察. 南京师大学报（社会科学版），(5)：102-108

[②] （梁）钟嵘. 2011. 诗品集注（增订本，全二册）. 曹旭笺注. 上海：上海古籍出版社，228

[③] （梁）钟嵘. 2009. 诗品笺注. 曹旭笺注. 北京：人民文学出版社，91

[④] 顾绍柏校注. 1987. 谢灵运集校注. 郑州：中州古籍出版社，121

[⑤] （宋）严羽. 1983. 沧浪诗话校释. 郭绍虞校释. 北京：人民文学出版社，12

[⑥] 石峻，楼宇烈，方立天，等. 1983. 中国佛教思想资料选编（第二卷第四册）. 北京：中华书局，103

的关于妙悟的观点,推崇审美体验和艺术直觉在诗学中的作用,使得诗歌从理性分析的对象转变为审美直觉的对象。至此,"悟"作为中国古代诗歌美学的核心范畴已经完全成熟。

近代文艺理论家朱光潜先生指出,"读一首诗和做(作)一首诗都常须经过艰苦思索,思索之后,一旦豁然贯通,全诗的境界于是象(像)灵光一现似地突然(出)现在眼前,使人心旷神怡,忘怀一切……它就是直觉,就是'想象'……也就是禅家所谓'悟'"[①]。吴思敬也认为,"优秀诗作确实有一种内在的精神或意味渗透在意象之中……在凝神观照中,主体与客体恰在某一点上契合起来,于是深层意蕴蓦然涌上心头,诗中的一切获得了新的意义,沉浸在发现的喜悦之中,这即是顿悟状态"[②]。钱钟书先生也曾说过,"学诗学道,非悟不进",然"夫'悟'而曰'妙',未必一蹴即至也;乃博采而有所通,力索而有所入也"[③]。在悟的过程和方法、"渐悟"与"顿悟"的关系上,这些论点与严羽的妙悟说对于"悟"的看法基本是一致的,也确立了"悟"在文艺心理学领域的重要地位。

"悟"作为诗学命题,是集创作论与鉴赏论于一体的。范温认为"识文章者,当如禅家有悟门"[④]。吴可认为作诗也是如此,"凡作诗如参禅,须有悟门"[⑤]。谢灵运将"池塘生春草,园柳变鸣禽"一句的创作过程描述为"此语有神助,非我语也"。这一过程实质是诗人在突然的情景交融下,"不假绳削"[⑥]的结果。皎然在《诗式》中"有时意静神王,佳句纵横,若不可遏,宛如神助"[⑦]的描述正验证了谢灵运的说法。谢榛在《四溟诗话》中也将"悟"在诗歌审美中的重要作用肯定为"非悟无以入其妙"。那么是否"池塘生春草"一句须"悟"乃成?是否如严羽所认为的孟浩然的诗出于韩愈之上,源自于"悟"?诗歌顿悟是否是一种独特的鉴赏或创作过程,又存在着哪些特异性的心理机制呢?回答这一系列问题,对于深入研究诗歌顿悟的心理和认知过程有着重要的意义。

二、中国古代诗歌顿悟理论蕴含的心理学思想

中国古代诗歌理论中,对于诗歌顿悟有别于一般创作和鉴赏过程的心理学思

[①] 朱光潜.1982.朱光潜美学文集(第二卷).上海:上海文艺出版社,52;括号内的字,为笔者所注
[②] 吴思敬.1987.诗歌鉴赏心理.沈阳:辽宁人民出版社,174-175
[③] 钱钟书.1984.谈艺录.北京:中华书局,98
[④] 转引自:郭绍虞.1980.宋诗话辑佚(卷上).北京:中华书局,328
[⑤] (清)纪昀等.1987.景印文渊阁四库全书(第1479册).上海:上海古籍出版社,10
[⑥] (清)何文焕.1981.历代诗话(上册).北京:中华书局,426
[⑦] 转引自:张伯伟.2002.全唐五代诗格汇考.南京:凤凰出版社,232

想的讨论，主要集中在悟的过程、悟的方式和悟的结果上。

（一）悟的过程

现代心理学研究发现，创造性思维的发展主要包括准备期、酝酿期、明朗期和验证期四个阶段（Wallas, 1926）。在古代诗歌鉴赏理论中，诗歌顿悟被作为一种创造性的审美活动，也有着相似的心理过程。首先，在诗歌顿悟之前，存在着积极的心理准备状态。刘勰在《文心雕龙·神思》中指出，"陶钧文思，贵在虚静"①，这一说法源于《荀子·解蔽》中提出的"虚壹而静"②，即把虚静作为创作和鉴赏前的一种情绪准备状态，是"凝思结想，一挥而就"，在不受干扰的精神状态下达到洞悉本质的"大明"境界，虚静之心，其效果是"明"。虚静是一种平和的状态，是以静待动，并以静促动。鉴赏诗歌前，保持虚静的状态，把注意倾注到鉴赏活动中，实现凝神专注，是诗歌顿悟的第一步。

然而，"悟"未必能"一蹴即至"，严羽认为"悟有深浅，有分限，有透彻之悟，有但得一知半解之悟"③。一知半解之悟可能正是透彻之悟前的必经之路。诗人在读诗或作诗的过程中，往往由于各种原因难以悟入，陷入思维的僵局。铃木大拙认为，禅悟在种种思索之后百思不得其解，就会产生一种迫切感与危机感。④吴可在《藏海诗话》中曾描述，"少从荣天和学，尝不解其诗云：'多谢喧喧雀，时来破寂寥'。一日于竹亭中坐，忽有群雀飞鸣而下，顿悟前语。自尔看诗，无不通者"⑤。其所描绘的正是酝酿而不可得，却在刹那之间，即景会心，领悟前人诗意的过程。

顿悟是在"凝神观照"中获得的对诗歌意蕴的了然于心、豁然开朗，这一"凝神观照"状态被柏拉图称为审美活动的极境，也就是顿悟的明朗过程，是"读者苦苦追求后的豁然开朗，是经历'山重水复'的跋涉后的'柳暗花明'，是'众里寻他千百度'后'蓦然回首'的惊人发现"⑥，带给了读者强烈的审美快感和空前的艺术自由。在诗歌顿悟过程中，自我与审美对象融为一体，顿悟体验强烈而深刻，使其具有不证自明的特点。

---

① 周振甫.1986.文心雕龙今译.北京：中华书局，249
② （清）王先谦.1988.荀子集解.北京：中华书局，395
③ （宋）严羽.1983.沧浪诗话校释.郭绍虞校释.北京：人民文学出版社，12
④ 转引自：葛兆光.1986.禅宗与中国文化.上海：上海人民出版社，182
⑤ 丁福保辑.1983.历代诗话续编.北京：中华书局，340-341
⑥ 吴思敬.1987.诗歌鉴赏心理.沈阳：辽宁人民出版社，176

（二）悟的方式

诗歌顿悟是一种无须经过分析而直接把握诗歌要妙的过程，体现了诗歌超越语言和逻辑的直觉性思维特征。除"妙悟"的说法外，钟嵘的"直寻"说，王夫之的"现量"说、"即景会心"说，王国维的"不隔"说，描述的实质上也都是诗歌审美方式的直接性。诗悟和审美直觉一样，都强调审美主体在审美活动中对具象的直接观照，即诗悟不是抽象的，不是先设的，而是当下主客体的交融。与直觉式的审美过程相联系，诗歌顿悟是一种整体性的加工方式，"不可寻枝摘叶"，不是条分缕析。诗的意与境、情与情应是一个整体，"透彻玲珑"，"不可凑泊"。肢解式和分层式的鉴赏只会破坏诗歌的整体艺术形象。好比黑格尔用剥葱对分析式方法所做的比喻，即"将葱皮一层层剥掉，但原葱已不在了"[①]。禅悟要达到"见性成佛"的境界，依靠的方法是"以心印心""心悟""心传"，诗悟亦是"不涉理路，不落言筌"，即"诗有别材，非关书也；诗有别趣，非关理也"[②]，描述了诗歌顿悟过程不完全依靠语言和逻辑思维的特点。正如龚相在《学诗》中所云"学诗浑似学参禅，语可安排意莫传"及戴复古的《昭武太守王子文日举李贾严共观前辈一两家》中所说的"欲参诗律似参禅，妙趣不由文字传"，读者从语言文字中获得的审美经验总存在着言不尽意的问题。根据接受理论，创作和鉴赏的关系是"作者–作品–读者"，然后是"读者–作品–作者"，这是一个倒转过来的异常模糊的猜谜活动。正所谓"诗无达诂"，模糊的语言更需要读者具有独特的直觉领悟能力，进行创造性的鉴赏加工。审美活动的具象化，自然要对语言文字产生一定的排斥，然而"观文者披文以入情"，诗歌艺术的欣赏和表达也需要借助文字，因此仍需要注重语言文字的作用。言和意的关系应是"言不尽意"，"得意忘言"。例如，诗悟的瞬间虽无须经过言语的推理，而在悟前的酝酿状态，语言文字仍起着重要的作用，如竺道生在《法华注》中所说："夫未见理时，必须言津。即见理乎，何用言为！"[③]同时，在达到透彻之悟前需经过"熟读"与"熟参"，"博取盛唐名家"，即经过充分的语言、知识的积累和准备，才能"直截根源""单刀直入"[④]。

（三）悟的结果

诗悟和禅悟在悟的方式上有一定的相似之处，而在悟的结果上则相去甚远。

---

① [德] 黑格尔. 1981. 小逻辑. 贺麟译. 北京：商务印书馆，413
② （宋）严羽. 1983. 沧浪诗话校释. 郭绍虞校释. 北京：人民文学出版社，26
③ 转引自：汤用彤. 2008. 汉魏两晋南北朝佛教史. 武汉：武汉大学出版社，449
④ （宋）严羽. 1983. 沧浪诗话校释. 郭绍虞校释. 北京：人民文学出版社，12

禅悟是通过"开悟"和"见性",实现人生观和世界观的转变,是由凡俗入禅境的过程。诗歌顿悟旨在审美过程中实现对诗的深层意蕴的探求。在诗歌鉴赏活动中,"语言信息的接收是基础,意象的再造为桥梁,深层意蕴的探求则是关键"[①]。诗歌的深层意蕴,即隐含在诗句中具有不可描述性和不确定性的隐喻或象征等意味,是诗歌语言的"所指"和言外之深意。诗歌创作者常常会拉大语言、意象和意蕴三者之间的距离,使读者难以透过语言和意象把握诗歌的意蕴(周金声,1995)。钱钟书指出,"理之在诗,如水中盐、蜜中花,体匿性存,无痕有味"[②]。因此,对诗歌意蕴的理解无法依靠严格的逻辑推理方式完成,只有和诗人有相同审美心理结构的读者才能在凝神观照中的某一瞬间洞悉隐藏在意象中的意蕴,以顿悟的方式实现对诗歌的深层理解。如袁枚所说的读诗须"神悟",即"鸟啼花落,皆与神通。人不能悟,付之飘风"[③],也如严羽所云"羚羊挂角,无迹可求","故其妙处透彻玲珑,不可凑泊,如空中之音,相中之色,水中之月,镜中之象,言有尽而意无穷"[④]。诗歌以文字为创造意象的基础,而读者需要从意象中获得镜花水月般的深层意蕴。真正的好诗应该是圆融而不着痕迹地给人以无穷的思考与回味。在顿悟状态下,学诗者和读诗者实现了向创作者的转化,即韩驹的《赠赵伯鱼》中所说的"一朝悟罢正法眼,信手拈出皆成章"。诗歌顿悟是一个认知过程,同时也是一个情感过程。所以其顿悟的结果除了对深层意蕴的洞悉,还有审美体验的获得。诗歌顿悟在超越主客体的对立后,获得充满创造性的审美愉悦,这一过程带给读者强烈的、类似高峰体验的空前自由,如胡应麟所描绘的"诗则一悟之后,万象冥会,呻吟咳唾,动触天真"[⑤]的状态。

通过对中国古代诗歌顿悟理论的心理学思想进行解读,我们可以认为诗歌顿悟是一种直觉式的把握诗歌深层意蕴的鉴赏方式,这一过程伴随着强烈的审美体验。进一步,我们尝试从实证研究中寻找证据,为诗歌顿悟的理论提供实验证据的支持。

三、诗歌顿悟过程的认知神经机制

(一)直觉式的加工方式

张晶等使用 ERP 技术,借鉴问题解决顿悟研究中的猜谜-催化范式探索了诗

[①] 吴思敬. 1987. 诗歌鉴赏心理. 沈阳:辽宁人民出版社,106
[②] 钱钟书. 1984. 谈艺录. 北京:中华书局,231
[③] (唐)司空图,(清)袁枚. 2005. 诗品集解·续诗品注. 北京:人民文学出版社,171
[④] (宋)严羽. 1983. 沧浪诗话校释. 郭绍虞校释. 北京:人民文学出版社,26
[⑤] (明)胡应麟. 1979. 诗薮. 上海:上海古籍出版社,25

歌鉴赏中的顿悟过程（张晶等，2015），这是对诗歌深层审美机制的较早的实证研究。实验中以缺少关键诗眼的不完整诗句作为问题，考察被试看到诗眼答案后的认知加工。这一任务诱发被试主动鉴赏诗句，同时也是被试对诗句进行二次创造的过程。根据被试对诗眼诱发下诗句鉴赏的主观判断，分为"有顿悟"和"无顿悟"两种条件。研究发现，"有顿悟"诗句较"无顿悟"诗句的加工反应时更短。反应时是认知心理学实验的重要指标之一，直接反映了认知加工过程所需要的时间，这一结果符合诗歌顿悟"突发性"的特点。关于顿悟，"从本质上看，是潜意识中酝酿的东西向意识领域的突然涌现。因此，不论顿悟之前主体对作品观照的时间长短，一旦顿悟，就呈突发状态"[①]。诗歌顿悟条件下更短的反应时也可能和直觉式的加工方式有关。在现象上，直觉加工常被描述为某种预感，或知道某事却不知道自己是如何知道的；在操作上，是指尚未形成有意识的表征之前，对认知对象的意义和结构等已产生了一种预知，即不经过逻辑推理的认识事物的方式（周治金等，2005）。Bowers等（1990）在远距离联想测验（RAT）任务的基础上，创设了"三词一组测验任务"（the dyads of triads task）来研究问题解决过程中的直觉现象。实验中呈现两组由三个词组成的测验任务，其中只有一组题目具有语义连贯性，即可以被解决，另一组任务不具有语义连贯性。被试被要求首先报告任务的答案，如果被试无法报告答案，则继续判断哪一个任务具有连贯性，之后进行信心评定。在不能作答的情况下，这一判断代表了被试的直觉与预感。结果发现，对于不能给出答案的测验题目，被试仍能区分出哪个任务具有连贯性，且回答的正确率与信心评定等级的高低一致。也就是说，在被试正确解决问题的过程中，直觉思维起了重要的作用，并且伴随着更高的信心。张晶等（2015）的研究发现，在"有顿悟"条件下，反应时更短，可能也在于被试进行顿悟判断时，伴随着直觉思维的更高水平的确信感。虽然在"有顿悟"和"无顿悟"条件下被试都能通过诗眼答案理解诗句，但在"有顿悟"条件下，豁然开朗的直觉加工让被试更快地完成了诗句的整合，也更确定诗眼答案的正确性与适切性，因此按键反应更快。部分关于问题解决顿悟的研究也报告了类似的实验结果，即顿悟式加工的反应时更短（Aziz-Zadeh et al., 2009; Zhao et al., 2013），这似乎说明诗歌顿悟和问题解决顿悟都可能是以直觉的方式实现的。

　　直觉是西方美学中的一个普遍性概念，是克罗齐美学思想的核心范畴。克罗

[①] 吴思敬. 1987. 诗歌鉴赏心理. 沈阳：辽宁人民出版社，175

齐认为"艺术即幻象或直觉"[①]，其主张艺术中的直觉最为突出的性质就是它的整一性，即直觉是作为一个整体出现的，故每部处于被欣赏中的艺术作品也应是一个整体。这与格式塔理论的完形过程极其相似，格式塔心理学最基本的理论是整体论，而对诗歌的鉴赏正符合整体论的原则。它不是对意象的简单相加，而是各个意象的相互交融、相互渗透，并融入了读者的情感，从而成为一个整体的格式塔式意象。格式塔心理学派认为，外界事物与人的心理活动之所以能够和谐，是由于外界事物与人的内在心理模式之间有一种结构相同的力的作用模式。外在事物与人的内在心理本质上不同，但力的作用模式有着某种程度的一致性。主体与外物之间因同型而产生共鸣，就叫作异质同构。在异质同构的作用下，诗歌意象在读者的头脑中得以重组，并形成层次分明的整体意象，而这一过程的发生往往无法经过严密的逻辑推理实现，而是以直觉的、顿悟的方式产生的，即在鉴赏诗歌时，同时、完整地把握诗歌的形与神、景与情。从心理过程来看，即感知与领悟、观察与体验在瞬间以直觉的方式实现。

（二）深层意蕴的理解

张晶等（2015）的研究发现，"有顿悟"较"无顿悟"条件下的诗句在诗眼呈现之后的 600ms 左右诱发了一个更加正向的脑电成分，经显著性检验，发现"有顿悟"条件下的平均波幅显著大于"无顿悟"条件。两种条件相减得到的差异波地形图显示，"有顿悟"比"无顿悟"条件下的诗句更广泛地激活了顶枕部脑区。实验中诱发的正成分可能是一个语义 P600 成分（即潜伏期通常在刺激呈现后的 600ms 左右，最大波幅位于中央顶区的脑电正成分），该成分常发生在句法正常，但存在语义错误的句子加工中，被视为语义整合的重要指标，反映了语义表征的重组与更新过程（Brouwer et al., 2012）。在鉴赏过程中，诗歌一方面提供给读者可供生成的意象，另一方面也呈现了意象与意象之间的关系。其提供的意象都是间接的、不明确的，因不同读者的鉴赏心理和认知过程有所差别，有赖于读者的再造甚至创造；而意象与意象之间的关系则是直接的、明确的，这对于读者从看似叠加的意象之中超越其表面特征，领悟其真正内涵是非常重要的。如果单纯感知每个个体意象，只能得到一些松散的画面碎片，但当读者感知到各个意象之间的关系时，意象发生了知觉重组，构建出了一个具有无穷意蕴的整体意象。在张晶等（2015）的研究中，诗眼答案作为意象之间的重要联结，它的呈现使意象词语的含义固定了下来，并催化了意象的重组与完形。当意象词语完成重组并更新

[①] ［意］克罗齐.1983. 美学原理·美学纲要. 朱光潜，韩邦凯，罗芃译. 北京：外国文学出版社，209

为一个更深层次的语义表征时，深层意蕴便被以顿悟的方式获得了。研究中"有顿悟"条件下顶部脑区更大的激活可能也与这一整合过程有关。以往研究发现，顶部脑区的活动与词语的整合加工有关（Obert et al., 2014），相较加工字面语义句，当被试加工含有隐喻意义的句子时，引起了更强的顶部激活（Desai et al., 2011）。这些证据说明，顿悟式加工使诗句表征获得了迅速的重组与整合，实现了对诗句深层意蕴的理解。

（三）审美体验的获得

诗歌顿悟是一种类似于审美体验的正性情绪体验，即鉴赏过程中鉴赏者对诗歌的主观感受。Perlovsky（2010）提出，人具有认知本能，任何能够满足人的求知欲的认知过程都可以诱发审美体验，与认知相关的情绪即可被称为审美情绪。Vartanian 和 Goel（2004）发现，审美偏好判断引起了多个负责情绪及奖赏相关脑区的激活，这似乎说明对于非艺术专业个体而言，审美判断是一种基于情绪系统的主观体验，同时，这种审美体验带有奖赏的特征，其产生的审美愉悦是个体继续做出审美和其他认知行为的内部动力。在审美加工过程中，审美体验也在不断发生着变化。在诗句鉴赏开始之前，虚静的平和状态有助于注意的保持，而随着鉴赏过程的深入，当顿悟瞬间发生后，引发了强烈的正性情绪体验，这是一种豁然开朗的审美快感。诗歌顿悟所达到的审美至境，是学诗者和读诗者体验到的一种了然于心和顿见天光的鉴赏或创作境界。在关于问题解决顿悟的研究中，很早就有对顿悟获得的强烈的正性情绪体验的描述，如阿基米德发现浮力定律时瞬间的狂喜。这一伴随问题解决过程的情绪体验被称为"啊哈体验"（Jung-Beeman et al., 2004），并表现为持续一定时间的惊喜与兴奋状态（Gick, Lockhart, 1995）。Danek 等（2013）发现，成功诱发"啊哈体验"的问题较无法诱发"啊哈体验"的问题，在解题后有着更高的回忆正确率，这似乎说明"啊哈体验"与对问题更大的加工深度有关。Jarman（2014）认为，重构体验是顿悟体验的重要组成部分，反映了问题解决者沉浸于问题表征的重构程度。在诗歌鉴赏过程中，顿悟式加工伴随着更深层次的意象重组，这是一种和问题表征重组相似的心理过程，这一深层理解过程可能与更强的顿悟体验有关。

四、结语

通过对关于诗歌顿悟的中国古代心理学思想和现代认知科学研究进行解读，

我们发现诗歌顿悟在加工过程、方式和结果上都有别于一般的诗歌鉴赏或创作过程。我们在诗歌顿悟的实证研究的基础上，发现诗歌顿悟式加工较非顿悟式加工存在着行为指标和脑电指标的差异，证明了诗歌顿悟的确是一个特异性的诗歌鉴赏过程，这也为中国古代诗论家和现代文艺理论家强调读诗和作诗"一味妙悟""非悟不进"的观点提供了证据。至此，我们尝试给诗歌顿悟下一个完整的定义：诗歌顿悟是一种直觉式的加工方式，是超越理性与逻辑性，以异质同构的方式获得诗歌整体意象的完形并把握诗歌深层意蕴的心理过程。同时，诗歌顿悟也是一种心理状态与情绪体验，是主体与客体达到蓦然契合后，伴随诗歌"完形"产生的豁然开朗的发现的喜悦与审美的快感。

总之，诗歌顿悟具有不同于一般鉴赏过程的特点。诗歌顿悟不仅是一种认知过程，也是一种审美体验，作为伴随诗歌鉴赏或创作全程的心理体验，诗歌顿悟体验的内涵可能远不止于此，关于诗歌顿悟体验的研究还有待深入。

第三章

创造性与道德

在人类社会文明进步的每一阶段，都贯穿着对道德、知识和智慧的追求。除了自甘停滞的社会，对创造性的呼唤几乎成为每个时代的最强音。创造性（创新）本为人之天性，即人人皆有为社会提供创造性产品的可能性。世界上不同国家、不同民族的人不存在根本的智力差异，然而，其彼此之间的创造性却表现出巨大的差别，其根本原因究竟是什么？任何一个社会的发展都需要发挥人的创造性，然而创造性的匮乏在某些社会已经成为顽疾，其中的内在机制如何？与社会道德水平相关吗？为什么富有科学和文化生机活力的社会，其成员大都拥有强烈的社会责任感？反过来，我们也可以问，一个道德水平低下的社会具有科学和文化的创造活力吗？

创造性与道德的关系问题早在古代就成为儒家探讨的话题，孟子提出了"仁且智"的命题，这是儒家的一种理想人格。这一理想人格为现代社会提供了榜样。

借用 ERP 技术对创造性与道德的关系问题进行的实证研究表明，高道德组被试在完成创造性思维任务时表现出更高的创造性，也就是说，创造性与道德存在一定的正向关联。这种基于群体的统计分析结果可能意味着某种社会层面的深层作用机制，即创造性和道德都是自由的必然结果。从理论上而言，自由促成了"社会脑风暴"，进而促成创造性的社会产生。自由的社会也一定是一个公正的社会，一个充满了信任的社会，最终必然会提升社会的道德水准。因此，儒家心中的理想人格——"仁且智"，只有在自由的前提下才有可能最大限度地达成。

第一节　创造性与道德的正向关联[①]

创造性是指人们根据一定的目的，应用新颖的方式解决问题，并能产生新的、有社会价值的心理品质和能力（Sternberg，Lubart，1996）。作为人们行为的准则与规范，道德往往代表着社会的正面价值取向，它通过社会舆论、习俗和内心信念的力量，以"应当"如何的方式调节人的行为。心理学对道德的探讨主要涉及人们对道德规范的认知、情感态度以及相应的行为和意志等方面，亦即道德认知、道德情感、道德行为、道德意志以及道德品格（简称品德），其中，品德是人类社会道德原则和规范在个体身上的典型体现。

从以往的某些研究观点来看，创造性和道德可能存在正相关。早期有关"美德即知识"的论述也支持该观点（Fries，1941）。苏格拉底认为，从伦理道德本身来说，"无人故意为恶"，人们之所以为"恶"，是由于其不具备"善"的知识。该观点认为人的行为之善恶，主要取决于其是否具有相关的知识。虽然人们知道什么是"善"，但不一定会行"善"，只有人们知道什么是善与什么是恶，才能趋善避恶。弗洛伊德的某些理论观点支持个体品德对创造性的促进作用。弗洛伊德认为人类的人格结构是由本我、自我和超我组成的，本我遵从快乐原则，超我遵循至善原则（以致有学者将"超我"视为所谓的"良心"）。在现实生活中，虽然存在许多无法满足本我的情况，但这时超我会借助自我防御机制促使本我无法发泄的本能经过升华后产生创造性的产品。就此而言，个体品德及道德管理机制有助于其创造性的发展或发挥。

早期许多关于伟人的个案研究和传记分析显示，个体品德与创造性有着显著的正相关。其中，最典型的就是对爱因斯坦和甘地的分析（Runco，Nemiro，2003；Gardner，1993）。在现实生活中有着形形色色的与社会道德规范相悖的诱惑。面对各种诱惑时，个体能否很好地按照已有的道德规范行事，自古以来就是评价个体品德高尚与否的一个重要标准。当人们能像甘地和爱因斯坦一样充分秉承内心道德规范和抑制外在诱惑行事时，长此以往，就具备了高尚的道德品质。高尚的个体至少需要具有足够的抑制力，使得他们可以很好地抵制外界的各种干扰和诱惑，保障其按照自己一贯遵守的道德规范行事。就此而言，个体的品德越高尚，其抑

[①] 本节内容基于如下研究改写而成：刘昌，沈汪兵，罗劲. 2014. 创造性与道德的正向关联：来自认知神经科学的研究证据. 南京师大学报（社会科学版），(4)：104-115.

制能力可能就越强。研究显示（Runco，2004；Benedek et al.，2012；刘昌，李植霖，2007），创造性过程主要是个体抑制旧的联结保证新的联结接通的过程，且高创造性的人为保证创造性产品的顺利生成，需要具有更强的对干扰物的抑制能力。这意味着个体的品德越高，其创造性也可能更高。

从道德情感层面而言，个体品德也能促进个体创造性的发展和发挥。现实生活中的道德或者个体的品德可以在一定程度上被视为一种积极情感或正性情绪。有关情绪或情感对创造性影响的研究显示，积极情绪和情感会促进认知和创造性的发展（Subramaniam et al.，2009；Baas et al.，2008）。由此可以推知，个体品德可能会促进创造性的表达或发挥，意味着个体品德与创造性之间可能存在正向关联。Silverman（1994）对天才儿童道德品质的调查就曾发现，天才儿童比一般儿童有更多道德行为或亲社会行为（如更愿意帮助和保护残疾儿童）。我国心理学家查子秀认为，"培养良好的品德是培养创造性的一种重要条件"①。Paul 和 Elder（2008）发现，个体良好的道德推理能力有助于促进其创造性的发展。

然而，也存在另外两种观点，认为创造性与道德没有任何关联，或认为创造性与道德存在负相关。主张创造性与道德无关的研究者认为，道德是价值负载的系统，属于"应当"的内容，而创造性与作为其核心要素的知识则属于事实知识系统（Weisberg，1999），表征"是"的内容。故两者属于不同的类别，即个体的品德高尚与否与其创造性高低无关（Andreani，Pagnin，1993；Greene，2003）。这集中体现在休谟的"'是'不能推出'应当'"的命题上。该观点的问题在于，强调道德的伦理价值时脱离了现实生活中具体的人。有研究表明（Valdesolo，De Steno，2007），当个体在对自己和他人行为做道德评价时，若个体只是专心致力于该活动，则其倾向对自己的行为做道德上宽容的评价，对他人行为做更苛责的道德评价；若个体在进行行为评价的同时完成一项简单的记忆活动，个体对自己和他人同样的行为做出的道德评价并无差异。这说明个体的道德评价标准在一定程度上会受到记忆等认知活动的影响。创造性作为认知活动，自然也可能会影响个体的道德评价标准以及以此为依据的道德评价或行为。显然，个体品德与创造性并非全无联系。

主张创造性与道德存在负相关的研究者认为，个体的品德越高尚，其创造性会越低。目前，相当多的人认为品德会阻碍个体创造性的发展和发挥。他们认为，道德的本质在于要求个体遵从已有规范，按照习俗或规范来约束自己的行为，但

---

① 查子秀.1994.超常儿童心理与教育研究15年.心理学报，26（4）：336-346

创造性则需要个体突破已有规范，利用已有知识产生新颖、独特的联结，进而产生新颖、独特的观点和产品。因此，作为"遵守规范或规则"的道德与"打破规则或规范"的创造性自然是呈负向关联的。例如，Dollinger 等（2007）发现，个体创造性与"传统"（tradition）、"从众"（conformity）的相关系数分别为 −0.15 和 −0.12，且当按产品取向对创造性进行评定时，创造性与"传统"的相关度更高（相关系数约为 −0.26）。但应该注意的是，一方面，习俗规范并非都是道德。尽管个体可能需要遵守某些习俗规范，但它不一定与创造过程冲突，因为创造性的实现和发挥需要符合社会价值标准（Niu, Sternberg, 2006）。社会价值标准自然包含道德的考量，品德高尚的人并不一定会因遵守道德规范而表现出较低的创造性。另一方面，作为打破规则的创造性并不一定要打破道德规则，科学创造性或艺术创造性相对较少会涉及打破道德规则，虽然道德难题的破解所需的创造性（ethical creativity）可能会涉及更多道德规范的打破过程（Runco, Nemiro, 2003）。因此，作为打破规则的所有创造性活动并非都与品德呈负相关。

综上所述，关于创造性与道德关系的一些争论显然需要给出明确的实证检验，但实证检验所面临的一个主要难题是如何评估个体的品德。考虑到道德在现实中多是知情交互的综合体，而非单纯的道德认知或道德情感，因此不管是着眼现实还是保证研究的信效度，都应从知情交互层面来探讨道德与创造性的关联性。

近年来，迅速兴起的道德人格研究巧妙地解决了先前研究中知情统合的难题，成功克服了道德的评估过分屈从道德认知取向或道德情感取向的弊端（王云强，郭本禹，2009；沈汪兵，2009）。更重要的是，这种知情交互的品德评估方式不仅提升了品德评估的有效性和生态性，而且在一定程度上保证了研究结论的可靠性。我们在充分吸收当代道德人格研究成果的基础上，积极借鉴人格和个体差异心理学中的心理词汇学评估法，设计了基于道德词汇分类的个体品德评估方法。所谓心理词汇学评估，又称人格形容词评定法，它是基于心理词汇学假设（psycholexical hypothesis）而发展出来的一种人格评估方法。该评估方法是以人们对特定事物进行评价所用的词汇为研究对象，通过归纳概括出看似纷乱复杂的心理词汇的内在规律为主要任务的人格测评方法。它最早由奥尔波特引入人格心理学，后来经过卡特尔和诺曼的发展，现已与因素分析等统计技术一起被广泛应用于人格评估。Cawley III 等最先将该方法引入道德品格和道德人格研究中（Cawley III et al., 2000）。这种测评方法在人格测量中应用广泛，而且操作性强。因此我们可以借鉴和改进该方法以便评估个体的品德。

对于创造性的考察，考虑到目前在行为领域缺乏相对成熟且大家普遍认同的行为实验测评任务，可借助近年来认知神经科学领域关于顿悟的研究中发展起来的能够较好地表征创造性的顿悟字谜来测评。之所以认为该任务能够表征研究所测的创造性，一方面，是由于以往研究证实该任务可以在一定程度上表征顿悟过程。顿悟不仅是创造性最关键的心理过程和认知环节之一，还是创造性思维的一个重要的心理基础（罗劲，2004；Luo，Niki，2003）。另一方面，是由于确实很难寻找到相对客观的创造性评估任务。该任务不但要能在一定程度上解决创造性评估的难题，还要能够通过认知神经科学技术满足创造性评估的客观性标准。

考虑到品德发展的阶段性，为了控制诸如年龄和道德标准等诸多变量的交互影响，我们主要探讨品德发展相对成熟的成年个体的品德与创造性的关联性。研究借助高密度的脑电技术记录道德水平高低两组被试在完成顿悟字谜任务过程中的脑电，以便通过两组被试在表征创造性的顿悟任务中的电生理活动差异来考察道德与创造性的关系。以电生理活动差异来考察道德与创造性的关系，主要是基于创造性的前额叶低激活理论（low arousal theory of creativity）（Martindale，1999；罗良，2010）。该理论认为，个体创造性可通过前额叶的激活程度来表征，个体的创造性越高，在完成创造性任务时，其额叶激活程度相对越低；个体的创造性越低，那么在完成创造性任务时，其额叶激活程度相对越高。据此可以推测，若高道德组被试较之对照组被试在完成创造性任务时前额叶的脑电波幅相对较小，即可以认为创造性与道德是正向关联的；相反，若研究观察到高道德组被试较之对照组被试前额叶的脑电波幅相对较大，即可以认为创造性与道德是负向关联的。

一、研究方法

（一）被试

某高校 61 名本科生和研究生参加了实验，选取高道德组和低道德组被试各 12 名，要求 24 名被试完成顿悟字谜任务，并同时记录其脑电活动。在脑电分析中，由于可叠加试次较少以及脑电伪迹过多等原因剔除了 4 名被试的数据，保留 20 名被试（4 男，16 女，平均年龄为 24.50±1.61 岁，每组 10 人）的数据，纳入正式的脑电分析。所有被试皆为右利手，视力或矫正视力正常，无神经系统疾病，且精神状态良好，并在实验后给予其适量报酬。

（二）实验任务设计

1. 道德词汇分类（品德评估）

从以往道德人格的研究和文献（王云强，郭本禹，2009；Cawley Ⅲ et al.，2000；Lapsley，Lasky，2001）中选取 50 个与大学生道德人格或品德有关的词汇，然后邀请 6 名未参加正式实验的被试（德育学、伦理学、教育学和心理学专业研究生）对所选择的这些道德词汇进行等级评定，以剔除其中不符合研究目的的词汇。研究将最终选取的 25 个道德形容词（含 3 个侦测词）呈现给被试，要求被试对这些形容词做"适合描述自己"或"适合描述别人"的分类。在该任务中，为了避免社会赞许性的干扰，实验前告知被试此任务只是一项"词汇分类任务"。根据"自利人"假说（self-interested man hypothesis），可以认为个体的品德越低，其应越倾向将消极词汇归到"他人"类别中，而将积极词汇归到"自己"类别中；相反，个体的品德越高，其应越倾向将积极词汇归到"他人"类别中，而将消极词汇归到"自己"类别中。实验将所有消极形容词归到"他人"类别中且将所有积极形容词归到"自己"类别情形下的正确率预设为 100%，而将把所有积极形容词归到"他人"类别而把所有消极形容词归到"自己"类别情形下的正确率预设为 0。对于后一种情况，主要会有两类人做如此判断：一类是"沽名钓誉者"，他们也许知道实验目的，得知该任务是对个体的品德进行评估，因而在受到社会赞许性因素的影响下做掩饰性回答；另一类则是过于自谦者，这些人倾向使用贬斥性词语来描述自己，而倾向使用褒扬性词语来描述他人。为了排除这种可能，在实验操作过程中，实验结束后，实验者对各被试都会进行一个约 5 分钟的访谈，主要测查被试是否清楚实验目的，排查掩饰性的作答。

另外，为了避免社会赞许性以及过分自谦倾向，剔除正确率低于 40% 的被试（即过分自谦被试）数据，而选择正确率接近 50%（即将一半"好"的形容词和一半"坏"的形容词用来描述自己，并相应地将另一半"好"的形容词和一半"坏"的形容词用来描述他人）的被试作为高品德组被试。这样与低品德组被试（正确率更接近 100%）构成高品德组和低品德组两组被试。此外，为了避免被试作答的随机性，研究在实验过程中设置了不纳入成绩的侦测词汇。侦测词汇带有强烈和鲜明的褒贬感情色彩（如"虚伪"），被试需要将其归到合理的类别中（"虚伪"需要归到"他人"类别中）。最终从 61 名测试对象中选出了高、低道德组被试各 12 人。

2. 记忆测验

为避免个体记忆能力的干扰，保证所选被试认知加工能力的同质性，研究对被试进行了记忆测验。记忆测验主要是由道德人格形容词分类任务和随后的再认任务构成的，着重考察了被试道德人格词汇的加工偏好和外显再认能力。再认任务材料主要由部分道德人格形容词分类任务材料和部分新选取的道德人格形容词组成。其中，道德人格形容词分类任务的 25 个词作为再认任务的旧刺激，新增的 25 个词作为再认任务的新刺激（如"虚伪""好色""狡诈"等，新旧词各有 5 个用作练习词）。为避免词汇的范畴差异及其干扰效应，再认记忆测验的新词与前述的道德人格形容词一样，也是来自关于道德词汇分类任务的文献。

3. 内隐自尊测验

以往研究显示，个体自尊与道德（Meriwether, 2003）以及创造性（Rank et al., 2009）均有着较密切的关系。为保证选取正式测验被试的同质性以及研究结果的有效性，研究采用具有较高信效度且在一定程度上能避免社会赞许性的内隐自尊测验对被试的自尊水平进行了测量。内隐自尊测验考察了高、低道德组被试的自尊效应。该程序中设置了 8 个分别指向自己和他人的人称代词（各 4 个）以及 20 个从以往同类研究中选取的自尊形容词（正负性词各 10 个）。通过自判和他判的反应时与正确率等多个指标来对内隐自尊进行评估。根据以往内隐联想测验的分析策略，研究进一步将自判与他判反应时之差作为自尊联结强度，而将两者正确率之差作为测量自尊的指标。

4. 智力测验

由于创造性和智力也存在一定关系（Benedek et al., 2012），为保证高道德组被试和低道德组被试的同质性，研究者对被试的智力水平进行了测量，主要采用张厚粲和王晓平主修的瑞文标准推理测验（Raven's Standard Progressive Matrices, SPM）来测量个体智力。该测验是英国心理学家瑞文在 1938 年设计的一种非文字智力测验，具有良好的信效度，为智力测量中最常用的文化公平测验。测验主要由 60 个矩阵组成，被试需要从预选答案中选出一个备选项作为答案。整个测试由研究者依照测验指导语和手册组织实施，时间约为 25 分钟。

5. 创造性思维测验

这一测验采用以往的研究广泛使用的顿悟字谜任务来检测创造性。顿悟字谜任务的设计与测验过程可以参见以往的研究（沈汪兵等，2011）。选取一半难度较高、一半难度较低的 130 条字谜作为实验材料。选取较难的材料主要是为了让被试不容易想出问题的答案，以便其看到屏幕呈现的可能谜底（正确匹配的谜底或错误匹配的谜底）时能产生瞬时的顿悟。例如，谜面"孙尚香"，谜底是"娱"。对于较容易的字谜，被试更易猜到正确答案。当呈现答案时，其发现自己所猜出的谜底与所给谜底一致时就不会产生顿悟，例如，"三石头"，谜底是"磊"。实验所用字谜的谜面和谜底长度均是固定的，谜面长度为三个汉字，谜底长度为一个汉字，谜面和谜底汉字均为高频字。

（三）实验程序

除智力测量任务外的其他所有任务均在计算机上进行，其中道德词汇分类（品德评估）、再认记忆任务和自尊测量同时进行，三类任务的测试顺序相对固定，各任务内的项目完全随机，以组间方式平衡顺序效应，共持续约20分钟。计算机上操作的实验任务都是借助Eprime1.1程序将刺激呈现在CRT（cathode ray tube，阴极射线管）显示屏上，然后要求被试根据相应的指导语完成操作。所有刺激字体均为宋体，字号为28号，均以白色背景黑色字体的模式呈现。另外，智力测量（瑞文标准推理测验）和创造性思维测验（顿悟字谜任务）均单独施测。

顿悟字谜任务在施测的同时还记录被试完成该任务时的脑电活动，脑电记录过程与以往的研究相同（沈汪兵等，2011）。脑电分析主要针对创造性顿悟试次的脑电波，且分析的时程为"催化解"呈现后的-100～900ms，以-100～0ms为基线。参照同类研究，并结合ERP总平均图主要选定前后左右4个位置的14个电极点进行分析：前部或额叶（Fz、FC3、FC4和Cz）、左侧（FT7、TP7和C3）、右侧（FT8、TP8和C4）以及后部或顶枕部（Pz、PO5、PO6和Oz）。采用4（电极位置：前部，左侧，右侧，后部）×2（组别：高道德组，低道德组）的两因素混合实验设计的重复测量方法分析来进行差异检验，并在此基础上着重观测额叶电极点的波幅变化情况。p皆经Greenhouse-Geisser法校正，地形图则由64导总平均图给出。

二、结果

（一）行为实验结果

为控制个体差异，被试除完成了品德评估任务外，还参与了多项控制任务。对两组被试各项任务成绩的分析显示，两组被试除了品德水平（道德词汇分类的正确率；$M_{高道德组} \pm SD_{高道德组}$，$M_{低道德组} \pm SD_{低道德组}$）有差异（86.40%±7.94%，95.50%±9.08%），t（18）=-2.39，$p<0.05$，其他方面均无显著差异。两组被试（$M_{高道德组} \pm SD_{高道德组}$，$M_{低道德组} \pm SD_{低道德组}$）的年龄相当（24.2±2.04岁，24.80±1.03

岁），道德词汇分类反应时无显著差异（855.37±190.81ms，818.53±200.09ms），记忆正确率无显著差异（80.00%±8.22%，82.22%±6.76%），记忆反应时无显著差异（920.28±107.18ms，944.25±152.22ms），自尊联结强度无显著差异（248.66±344.70ms，247.63±274.64 ms），自尊效应无显著差异（-0.04±0.11，-0.02±0.05），智力无显著差异（54.80±2.97，55.80±3.01），ps>0.05。综上所述，两组被试除道德水平有显著差异外，其他方面均具有较高的同质性。

行为记录显示，在所有正确匹配的字谜中，高道德组的无顿悟和有顿悟评定的可叠加试次分别为（31±11）和（46±8），而低道德组的无顿悟和有顿悟评定的可叠加试次分别为（33±12）和（40±9）。2（组别：高道德组，低道德组）×2（创造性类型：无，有）的二因素混合设计的重复测量方差分析结果显示，创造性评定的类型主效应显著，$F(1, 18)$=9.77，p<0.01，有顿悟字谜的数量显著多于无顿悟字谜，这表明该材料可以激发足够的顿悟反应，也就是说该材料适用于开展创造性研究。组别主效应不显著，$F(1, 18)$=0.77，p>0.05，且组别与字谜类型的交互效应也不显著，$F(1, 18)$=1.43，p>0.05，这表明两组被试评定的两类字谜的数量无显著差异。此外，对高、低道德组被试的两类字谜解题时间的方差分析显示，字谜类型主效应极其显著，$F(1, 18)$=210.24，p<0.001。高道德组无顿悟与有顿悟字谜的解题时间分别为1311.30±445.13ms和2334.27±393.80ms，低道德组无顿悟与有顿悟字谜的解题时间分别为1220.13±348.57ms和2366.02±304.20ms。但组别主效应[$F(1, 18)$=0.04，p>0.05]以及组别与字谜类型的交互效应[$F(1, 18)$=0.68，p>0.05]均不显著，这意味着两组被试解决有顿悟和无顿悟字谜问题的认知过程总体相似，但在准确猜出简单字谜答案时能较快反应，而较难的有顿悟字谜的解决则耗时较长。这可能是由于有顿悟字谜包含了思维僵局，被试需要突破僵局后才能顺利解决问题。

（二）ERP结果

先前的研究表明，采用三字字谜不仅可以较好地避免工作记忆负荷对顿悟问题解决的干扰效应，而且基于猜谜范式（Luo，Niki，2003；Mai et al.，2004）改进而来的三字字谜任务能有效地表征创造性思维过程。因此，本研究在此基础上将着重分析两组被试在创造性顿悟过程中的脑电效应，以便深入考察两组被试创造性地解决问题时的认知神经差异。

由图3-1可知，高、低道德组被试在使用创造性策略解决三字字谜时诱发了相似的脑电波形。额区主要诱发了N1（60～120ms），而在顶枕部则主要诱发了 P1（60～120ms）。对早期成分波幅进行显著性检验，发现电极位置主效应显著，$F(3, 54)=9.15$，$p<0.01$。多重比较结果显示，顶枕部电压与其他三个区域有显著差异，$ps<0.05$；但其他三个区域之间的平均波幅无差异，$ps>0.05$。结合总平均图可知，上述结果表明顶枕部诱发了较其他三个区域不一致的早期 P1 成分，而其他位置则主要诱发了早期 N1 成分。方差分析结果显示，组别主效应不显著，$F(1, 18)=0.18$，$p>0.05$；组别与电极位置的交互效应接近边缘显著，$F(3, 54)=2.60$，$p=0.09$。根据平均电压值以及总平均图可知，虽然高道德组被试较低道德组被试在额叶电极点诱发的 N1 更负，在顶枕部诱发的 P1 有更正趋势，但简单效应分析显示这些差异均不显著。

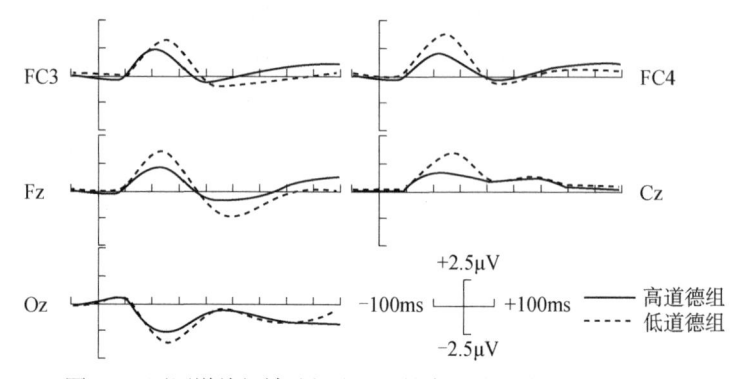

图 3-1　不同道德组被试解决创造性字谜问题的 ERP 总平均图

潜伏期分析显示，两组被试总体解题进程无显著差异，但中期正成分（120～360ms）的潜伏期存在组别差异。由于该成分主要见于前部脑区，故选取 Cz 和 Fz 两个电极点的波幅峰值的时间点来计算该成分的潜伏期。结果显示，高道德组该成分的潜伏期为 218 ± 44.50ms，而低道德组该成分的潜伏期为 263.1 ± 41.70ms，两组差异显著，$t(18)=-2.33$，$p<0.05$，表明高道德组该时程内脑电成分的潜伏期显著早于短道德组。总平均图（图 3-1）同时显示，在中晚期，额叶电极点和顶枕部电极点（图 3-2）的 ERP 波形仍呈现出大体相反的趋势。更重要的是，从图 3-1 可知，在 200～360ms，低道德组较高道德组诱发了一个更正的偏移。采用差异波分析策略对该时程内的脑电平均波幅做进一步分析，将高道德组的 ERP 波形减去低道德组的 ERP 波形得到了一个差异波（图 3-3）。在差异波中，这个负成分的峰潜伏期约为 270 ms（N270，峰值为$-1.94\mu V$）。此外，从总平均图似乎还可以观察到，不同道德组在不同电极点还诱发了并非全然一致的 ERP 波形，为了进一步检测他们究竟是否存在组别主效应和电极位置主效应，本

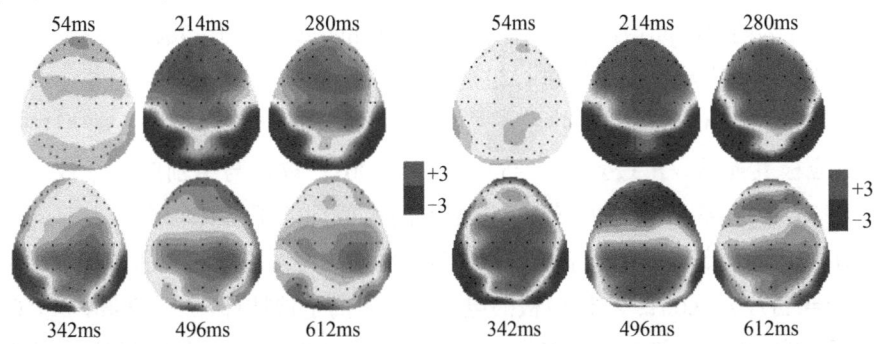

研究采用平均波幅法对各时程的 ERP 成分进行了显著性分析。

图 3-2　高道德组（左）和低道德组（右）被试解决创造性字谜问题的动态 2D 地形图

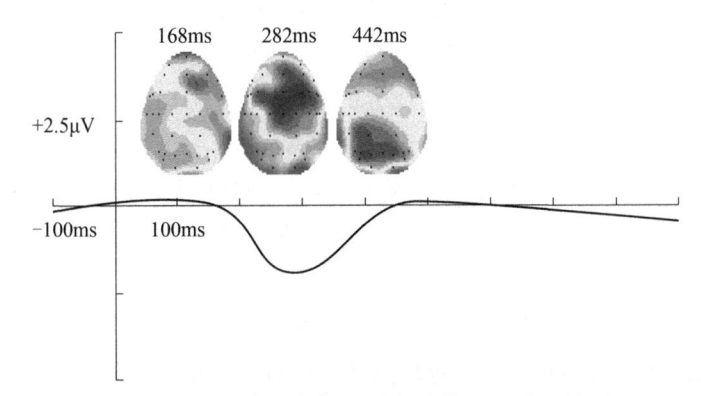

图 3-3　N270 差异波在 Cz 电极点的 ERP 总平均图

早期脑电（120～200ms）平均波幅的二因素重复测量方差分析显示，电极位置主效应极其显著，$F(3, 54)=7.29$，$p<0.001$；其他效应均不显著，$ps>0.05$。电极位置的多重比较结果显示，前部各电极点的平均电压显著高于其他位置的各电极点，$ps<0.01$；而其他位置各电极点间的平均电压无显著差异，$ps>0.05$。以 200～360 ms 时间窗的平均波幅作为测量指标，进行组别（高道德组，低道德组）与电极位置（前部，左侧，右侧，后部）的二因素重复测量方差分析，电极位置主效应极其显著，$F(3, 54)=44.67$，$p<0.001$；组别主效应仍不显著，$F(1, 18)=2.32$，$p>0.05$；但组别与电极位置的交互效应显著，$F(3, 54)=4.43$，$p<0.05$。多重比较结果显示，前部的额区电极的脑电平均波幅显著高于其他位置的电极，$ps<0.01$；左侧电极的平均电压值显著高于后部的顶枕区电极，$MD=1.70$，$p<0.01$；右侧电极的平均波幅也显著高于后部电极，$MD=2.23$，$p<0.001$；但左右两侧电极点诱发的脑电的平均波幅并无显著差异，$MD=-0.53$，$p>0.05$。

为了探讨是否存在组别主效应，本研究在上述分析的基础上进一步将 200～360ms 细分为两个时间窗，并分别以 200～280 ms 以及 280～360 ms 这两个时间窗的平均波幅作为测量指标来进行组别与电极位置的重复测量方差分析。结果显示，在 200～280ms，组别主效应不显著，$F(1, 18)=2.49$，$p>0.05$；但电极位置主效应极其显著，$F(3, 54)=53.53$，$p<0.001$；位置与组别的交互效应也显著，$F(3, 54)=3.49$，$p<0.05$。电极位置的主效应的多重比较显示，前部电极的平均电压显著高于其他位置，$ps<0.001$。同时，左侧电极的电压显著高于顶枕部，$MD=2.37$，$p<0.001$；右侧电极的电压也显著高于顶枕部，$MD=2.40$，$p<0.001$；但左右两侧各电极间的电压无差异，$MD=-0.04$，$p>0.05$。电极位置与组别交互效应的简单效应分析揭示，高道德组前部电极点诱发的脑电成分的平均值（$M±SD$，$2.31±1.48\mu V$）显著低于低道德组（$M±SD$，$3.99±1.66\mu V$），$F(1, 18)=5.73$，$p<0.05$；高道德组右侧电极点诱发成分的平均电压（$M±SD$，$-0.64±0.72\mu V$）显著低于低道德组（$M±SD$，$0.44±1.12\mu V$），$F(1, 18)=6.55$，$p<0.05$；两组被试在解决三字字谜问题时，其左侧电极点与顶枕电极并未诱发不同波幅的脑电成分，$ps>0.05$。类似地，在 280～360ms，组别主效应不显著，$F(1, 18)=1.46$，$p>0.05$；但电极位置的主效应极其显著，$F(3, 54)=21.05$，$p<0.001$；电极位置与组别的交互效应显著，$F(3, 54)=3.61$，$p<0.05$。不同位置电极点平均电压值的多重比较结果显示，前部电极点诱发成分的平均电压显著高于其他位置，$ps<0.001$；右侧电压显著高于左侧，$MD=1.02$，$p<0.05$；右侧电压也显著高于后侧顶枕区，$MD=2.06$，$p<0.01$；左侧电压稍高于顶枕部，差异呈边缘显著，$MD=1.04$，$p=0.05$。重要的是，研究观察到，低道德组被试（$M±SD$，$2.71±1.28\mu V$）较之高道德组被试（$M±SD$，$0.91±0.64\mu V$）在解决三字字谜问题时，其前额电极仍诱发了更明显的正成分，$F(1, 18)=15.92$，$p<0.001$；两组被试在解决顿悟字谜问题时，其他各位置的电极点诱发了相似的电生理效应，$ps>0.05$。

以中晚期（360～900ms）脑电成分的平均波幅为测量指标，进一步借助组别与电极位置的两因素重复测量方差分析分别对相关时间窗（360～440ms，440～560ms，560～730ms 以及 730～900ms）的脑电波幅值进行差异检验。方差分析结果显示，在 360～440ms 的时间窗，电极位置主效应不显著，$F(3, 54)=1.56$，$p>0.05$；组别主效应不显著，$F(1, 18)=0.03$，$p>0.05$；电极位置与组别的交互效应也不显著，$F(3, 54)=0.54$，$p>0.05$；在 440～560ms 的时间窗，电极位置主效应不显著，$F(3, 54)=2.33$，$p>0.05$；组别主效应不显著，$F(1, 18)=0.31$，$p>0.05$；电极位置与组别的交互效应也不显著，$F(3, 54)=1.34$，$p>0.05$；在 560～

730ms 的时间窗，电极位置主效应呈边缘显著，$F(3, 54)=3.33$，$p=0.054$。多重比较结果显示，左侧电极点的平均电压显著大于后部顶枕区，$MD=0.86$，$p<0.05$；右侧电极点的平均电压也显著大于后部顶枕区，$MD=0.97$，$p<0.05$；其他各位置的电极点所诱发的电压并无显著差异，$ps>0.05$。此外，组别主效应 $[F(1, 18)=0.81, p>0.05]$ 以及电极位置与组别的交互效应 $[F(3, 54)=0.18, p>0.05]$ 均不显著。

另外，对 730～900 ms 晚期成分的平均波幅进行组别与电极位置的二因素重复测量方差分析，发现电极位置主效应显著，$F(3, 54)=4.69$，$p<0.05$；电极位置与组别的交互效应 $[F(3, 54)=0.42, p>0.05]$ 和组别主效应 $[F(1, 18)=0.02, p>0.05]$ 均不显著；电极位置主效应的多重比较显示，除左右两侧电极的平均电压差异不显著 $[MD=-0.34, p>0.05]$，其他各位置的激活均有显著差异，$ps<0.05$。

三、对结果的讨论

研究显示，高道德组和低道德组被试在解决顿悟字谜问题时诱发了总体类似的脑电效应，两组被试均诱发了散布在额区的 N1 以及顶枕区的 P1。以往研究发现，N1 和 P1 主要负责刺激早期的物理和感知加工。研究呈现的是一个常见高频字，故其所引发的视觉加工基本一致，体现为表征视觉加工的 N1 和 P1 等早期成分无差异。早期加工结束，个体将进一步对"催化"解进行高水平和更精细的加工。我们可以从脑电图上观察到 120ms 以后产生了较明显的 ERP 成分。如图 3-1 和图 3-3 所示，高道德组较之低道德组在 120～440ms 诱发了一个更负的偏移。在差异波中（高道德–低道德），该负成分的峰潜伏期约为 270ms，广泛分布在头皮的中前部。这表明不同道德组被试采用顿悟策略解决三字字谜问题的认知过程并不相同。然而，两组被试在解决顿悟字谜问题过程中诱发的晚期脑电成分并无显著差异，这意味着两组被试解决顿悟问题的晚期心理过程逐渐趋同。

对两组被试在 120～440ms 时间窗内的平均波幅进行方差分析的结果显示，被试在该时程内的脑电活动均无显著的组间差异，也就是高、低道德组被试在解决创造性字谜问题过程中并未在大脑头皮产生分离的电生理效应。电极位置主效应显著表明，被试不同的大脑头皮区参与了顿悟字谜不同时间进程以及认知阶段的心理加工过程。在 200～360ms 时程，电极位置与组别呈现出显著的交互效应，且简单效应分析显示，高、低道德组被试借助创造性思维解决字谜问题时，其前额区脑电成分的平均波幅有显著差异。然而，研究对借助非顿悟策略解决三字字谜问题过程中脑电成分的考察表明，高、低道德组被试在使用常规思维或其他非创造性思维策略解决字谜问题时，他们的心理过程和脑活动状况都十分相似。这意味着额叶在创造性思维活动中具有独特的作用。高、低道德组被试借助创造性思维策略解决顿悟字谜问题过程中在额区出现的分离效应表明，他们解决创造性思维问题的过程不同或者说是他们的创造性水平存在差异。

截至目前，已有许多研究者借助包括行为实验、电生理记录以及脑成像技术在内的众多研究技术对额叶在创造性思维活动中的作用进行了探讨（Goel，Vartanian，2005；Anderson et al.，2009；沈汪兵等，2012）。这些研究较一致地显示，额叶（尤其是前额叶）在创造性思维活动中具有重要作用。一般地，前额叶的激活越低，其创造性相对越高。前额叶的激活可以直接用脑电图（electroencephalogram，EEG）的频率和波幅来测量。频率越低，其激活水平就越低；或者波幅绝对值越低，其激活水平相对就越低（罗良，2010；Martindale，1999；Fink，Benedek，2014）。Martindale 和 Mines（1975）利用 EEG 技术记录了被试完成操作转换测验（一种专门测量创造性的任务）、远距离联想测验（兼具创造性和智力双重评估效用的任务）和智力测验时的 α 波。他们将 α 波的变化作为测量大脑皮层激活水平的一个指标，当 α 波活动增多时，表明大脑皮层激活水平在降低。研究发现，高创造性被试在转化操作任务上的激活水平最低，在远距离联想测验任务中的激活水平次低，而在智力测验中的激活水平最高。然而，中等创造性和低创造性被试并未出现这种任务间的差异。Barrett 和 Eysenck（1994）则进一步发现，被试在刺激呈现后 250～500ms 的 ERP 波幅与创造性指标之间有约 0.5 的负相关。研究者基于这些研究逐步形成和建构起了一个经典且颇具影响的创造性思维的低唤醒度理论。该理论主张个体创造性的高低可以通过额叶激活程度的高低来表征，创造性越高，被试在完成创造性思维任务时，其额叶激活程度越低。研究发现，高、低道德组被试完成创造性思维任务时在 200～360ms 时程内于前部额叶广泛区域产生了电生理效应的分离——高道德组被试的脑电平均波幅显著低于低道德组。更重要的是，在非创造性思维任务（"无顿悟"字谜任务）的比较中，高、低道德组被试并未表现出这种差异。因此，依据该理论，本结果证实了创造性与道德的正向关联。

针对高、低道德组被试在完成创造性思维任务中产生的电生理效应的分离，至少可以从原始波形和差异波两个方面来解释。从平均 ERP 原始波形来看，高、低道德组发生分离的电生理效应主要是 P2 成分。P2 多被视为负责刺激知觉加工的成分，但也有研究显示 P2（尤其是波幅）对情绪信息敏感（Vandoolaeghe et al.，1998；Paulmann，Kotz，2006）。针对于此，我们认为本研究的 P2 主要反映的是催化解的有关情绪信息或所诱发情绪体验的加工。本研究向被试呈现的是只有一个常见汉字的催化解。若 P2 反映的是对催化解的知觉加工的话，其峰潜伏期相对较早（一般为 100~200ms），同时其峰振幅相对较小。然而，本研究所观察到的 P2 的峰潜伏期不但很晚（约在 200ms 后），而且峰振幅也很大。因此，我们认为此处的 P2 可能反映的并不是视觉刺激的知觉加工，而更倾向反映的是情绪信息的加工。大量的情绪电生理研究（Vandoolaeghe et al.，1998；Olofsson，Polich，2007）揭示，P2 在情绪信息加工过程中主要与情绪唤醒有关。也就是说，此处的 P2 可能反映的是被试在解决三字字谜问题过程中大脑皮层的激活度。这一解释恰好与上述创造性低唤醒度理论的观点吻合。其实，激活度多是指情绪唤醒，尤其是指对所欲操作任务相关动机的唤醒程度（Stewart et al.，2010）。情绪心理学的大量研究，尤其是 Yerks 和 Dodson 的经典研究表明，情绪或动机唤醒在一定范围内逐渐升高可以提升任务成绩，但若是超过该范围且继续增强，则会降低任务的成绩。当然，这一范围会因任务性质和任务难度而变化。然而，正如许多顿悟的认知神经科学研究和本研究的研究方法部分所交代的，解决顿悟问题相对较难。换言之，最佳唤醒限度相对偏低，很容易就超过该范围。因此，低唤醒的高道德组被试完成创造性任务的成绩更好。

从差异波角度来看，高、低道德组分离的电生理效应的最大峰潜伏期约为 270ms，且主要锁定于 Cz 电极点，分布在额区和中央区（图 3-3）。据此，有研究认为该差异波可能是 N2。N2 主要是指刺激呈现 200ms 以后出现在额-中央区的负成分。已有研究发现，许多认知任务（如 Stroop 任务和 Flanker 任务等）都会激活 N2，且它们还比较一致地揭示 N2 主要与认知控制（cognitive control）和抑制加工（inhibitory process）有关（Liu et al.，2011；Kropotov et al.，2011；Goel，Vartanian，2005）。基于这些研究，我们认为 N2 可能主要是表征了个体的抑制能力。如前所述，在现实生活中，社会上充斥着各种与社会道德规范相悖的诱惑，要在如此多的诱惑下表现出一贯而稳定的高尚道德品质和情操，就需要个体充分地利用自己的抑制能力来屏蔽外在干扰，极力地创设和营造内心的纯净。这促使高道德个体发展出比普通人更强的抵制或抑制外在或潜在诱惑的能力。因此，本研究中高道德个体在完成创造性思维任务过程中伴随着明显的抑制加工。何况，先前的行为研究也显示，个体的创造性越高，抑制能力越强（刘昌，李植霖，2007；Benedek et al.，2012；沈汪兵等，2012），这就使得在完成创造性思维任务过程中，高创造性个体较之低创造性个体表现出更强的抑制——产生了标记认知控制和抑制加工的 N2。关于抑制能力在创造性中的作用，我们认为至少体现在以下两方面：一是个体可以主动利用抑制能力来抵制和克服外在的无关刺激或克服外在环境中的各种诱惑，保证在社会道德规范的框架中顺利地实施和执行任务；二是个体在完成创造性思维任务时，不仅需要散焦注意的参与，而且需要聚焦注意的参与，但这两种注意合理而恰当的征调则需要个体执行功能和抑制能力的充分协作。一般而言，在个体创造性思维的初级加工环节需要更多的散焦注意，也就是研究中关于字谜任务的顿悟过程，而在创造性思维的刺激加工过程中则需要更多的聚焦注意（Vartanian，2009）。注意资源调节以及注意的有效切换则都需要个体抑制能力的积极参与。

我们借鉴人格和个体差异心理学中的心理词汇学评估法，设计了基于道德词汇分类的个体品德评估方法。但由于道德或品德的复杂性，加之本研究所用方法具有一定的探索性和开创性，此方法的效度仍将是今后研究需要深入探讨的问题。就品德评估而言，当前研究只采用了一种量化的评估方法，未来的研究可在此基础上使用多种方法来进行综合验证。另外，对创造性的测量还可以设计多个不同任务进行综合评估，这有待于今后进一步完善。总体上而言，借用 ERP 技术对创造性与道德的关系问题进行的实证研究表明，高道德组在完成创造性思维任务时表现出更高的创造性，也就是说创造性与道德存在正向关联。

第二节 为什么创造性与道德存在正向关联？[①]

创造性与道德的正向关联是基于群体的统计分析得出的。这一正向关联意味着什么？如何从理论上解释这一点呢？在此，笔者试图从心理、社会和历史的综合视野探讨这一问题，并提出一个有关创造性的社会发生机制理论，以解释创造性与道德的正向关联。

一、创造性是人类的本性

创造性的表现多种多样，既表现在物质领域，也表现在精神领域。物质领域的新器物和新技术的产生是一种创造（人们通常所说的"创新"主要指这方面）；在精神领域，理论、思想、文学和艺术作品的出现也是一种创造。但如果将创造

[①] 本章第二节和第三节的内容基于如下研究改写而成：刘昌. 2017. 创造性的社会发生：兼论"仁且智"何以可能. 南京师大学报（社会科学版），(5)：88-94

性的领域仅仅局限于此，无疑会将世界上绝大多数人排除在外，从而把创造仅视为极少数人的活动。事实上，没有同时代普通大众的创造性活动，少数青史留名的创造者要在其所处时代脱颖而出也是困难的。创造性活动不仅仅体现在科学发现、技术发明和艺术创作中，也同样体现在普通大众的日常生活中。普通大众在日常生活中的小创意、对一种新的生活方式的发现、对日常生活意义和价值的发现，毫无疑问也是一种创造，因为生活本身就是一种创造。

创造性活动过程通常伴随一系列复杂的情绪体验。有关顿悟问题解决的心理研究发现（Shen et al.，2016b），起初问题不能解决时被试表现为焦虑和失落，但最终问题解决时表现为一种兴奋和愉悦的体验。对于更复杂的科学发现和技术发明，其情绪体验更强烈，如同古希腊学者阿基米德说"我找到了"时的心理状态，后世的心理学家卡尔·彪勒（K. Bühler）将这种状态称为"啊哈体验"。心理学家米哈伊·奇凯岑特米哈伊（M. Csikszentmihalyi）曾采访了在科学、艺术、商业等领域有所创新的近90名西方杰出人士（其中有14位诺贝尔奖获得者），他们之中有科学家、企业家、发明家、哲学家、历史学家、作曲家、作家、艺术家等，其基于访谈和观察发现，这些人物经常会经历一种愉悦的体验，奇凯岑特米哈伊将其称为创造性的"涌流"（flow）。这种创造性的涌流状态，相比其他心理活动而言具有一些与众不同的特点："（1）每一步都有明确的目标；（2）摒弃杂念；（3）想不到失败；（4）自我意识消失，觉得自己与周围融为一体；（5）忘记时间的存在，或者时间感被歪曲"①，等等。

总体而言，创造性的涌流状态的最大特点就是忘我，这是一种心灵在高度专注下的自由探索。在这种忘我、专注且自由的状态下，心灵的创造性自然如泉水般涌现出来。

历史上的创造性人物的创造性活动大都经历过这种忘我、专注且自由的心灵涌流状态。不独如此，几乎每一个普通人在日常生活中也同样经历过类似的心灵涌流状态，这种状态恰如每个人在儿童时期进行游戏活动所体验到的。

儿童的游戏活动是儿童对世界的一种自由探索和求知，是儿童精神世界的生动展现。在这里，天然的好奇心驱使着儿童进行游戏活动，同时也强化了儿童的好奇心，丰富了儿童的想象力。游戏给儿童提供了精神的滋养，成为其成年后有关童年记忆中最难忘怀的一幕。儿童的游戏令人信服地证明，"求知是人类的本性"②，并

---

① ［美］米哈伊·奇凯岑特米哈伊.2001.创造性：发现和发明的心理学.夏镇平译.上海：上海译文出版社，106-125
② ［古希腊］亚里士多德.1959.形而上学.吴寿彭译.北京：商务印书馆，1

且自由也同样是人类的本性。"人本自由"①，在自由的求知状态下，创造性的涌流自然就会出现。如果说自由和求知皆为人类的本性，那么创造性理所当然也是人类的本性。

二、社会脑风暴

说创造性是人类的本性，指的是人人皆有为社会提供创造性产品的可能性。如果某种创造性的产品能为社会所认可和共享，并产生社会生产力，这就是创造性的社会发生。创造性作为人之本性，为创造性的社会发生提供了源源不断的"种子"。然而，创造性的"种子"只有在适宜的"土壤"中才能生根、发芽。社会环境的不同，必然导致创造性的社会发生效果不同。良好的社会环境必然会源源不断地产生有社会价值的创造性产品；不良的社会环境使创造性的"种子"难以生根、发芽，自然难以产生有社会价值的创造性产品，甚至会扼杀创造性的"种子"，无法产生有社会价值的创造性产品，使创造性的社会发生无法实现。

因此，创造性的社会发生的关键在于有良好的社会环境。那么，良好的社会环境有助于创造性的社会发生的作用机制是什么？在这里，笔者提出"社会脑风暴"一词，试图解释创造性的社会发生的作用机制。

在组织群体决策中，有所谓的"脑风暴"（brainstorming），系美国创造学家亚历克斯·奥斯本（A. F. Osborn）在20世纪30年代提出的。它指的是在一个一般不超过10人的群体中，针对某个问题，鼓励群体成员自由思考，提出自己的解决方案，且不急于评判他人，待头脑风暴结束后再评估群体各成员提出的想法。这是一种相互之间的脑力激荡，目的是保证群体决策的创造性，提高决策质量。

"社会脑风暴"一词只是借用了"脑风暴"概念，其所指和内涵与"脑风暴"完全不同。"社会脑风暴"是指在一个国家层面的社会环境中，人们可以自由地从事自己感兴趣的研究，并能自由地开展对话、批评和交流，在此情况下社会个体彼此之间进行充分的脑力激荡，从而最大程度地激发整个社会的创造性活力。历史上，公元前800—前200年，在地球的东西方不同地方分别出现过各自的"社会脑风暴"，其在中国发生在春秋战国时代，在西方则发生在古希腊时代。这一时代被德国思想家卡尔·雅斯贝尔斯称为轴心时代。

具体而言，中国从公元前770年周平王迁都洛邑至公元前221年秦始皇建立秦朝为止的春秋战国时期，涌现了一大批思想家和学者，围绕人性、天道、家国

---

① [古希腊]亚里士多德. 1959. 形而上学. 吴寿彭译. 北京：商务印书馆，5

等方面的问题形成了不同的学派，如儒家（代表人物有孔子及其弟子颜回、子贡、子游、子夏等，孟子、荀子等）、墨家（代表人物有墨子、禽滑釐、孟胜等）、道家（代表人物有老子、庄子、文子、列子、杨朱、环渊等）、法家（代表人物有商鞅、慎到、田骈、韩非、申不害、李斯等）、名家（代表人物有邓析、尹文、公孙龙、惠施等）、兵家（代表人物有孙武、司马穰苴、孙膑、吴起、尉缭等）、医家（代表人物有扁鹊）、农家（代表人物有许行）、纵横家（代表人物有鬼谷子及其弟子苏秦、张仪）、阴阳家（代表人物有邹衍、邹奭）、杂家（代表人物有吕不韦）等。发生在这一时期的诸子百家争鸣，从心理学的角度来看，究其实质则是一场时间长达500多年的"社会脑风暴"。这场"社会脑风暴"激发了当时社会的创造性活力，为后世提供了源源不断的思想资源（即创造性产品），且影响持续至今。

差不多与中国春秋战国同一时期，在地中海的希腊半岛、爱琴海诸岛屿及东岸的小亚细亚西部沿海一带，公元前6—前4世纪陆续涌现了一大批哲学家，其中杰出的代表人物有泰勒斯、毕达哥拉斯、赫拉克利特、巴门尼德、阿那克萨戈拉、德谟克利特、苏格拉底、柏拉图、亚里士多德等，他们怀着对学术的迷恋，兴办学园或学院（如柏拉图建立了柏拉图学园、亚里士多德建立了吕克昂学院），运用理性的抽象思维探讨万物的本原、宇宙演化、逻各斯、努斯（灵魂）以及国家治理等问题，其"社会脑风暴"的产品——古希腊哲学——成了现代西方文化的理性智慧之源。

同一时代分别在东西方进行的"社会脑风暴"，因表面上不同的原因最后都终止了。春秋战国时期的百家争鸣之所以能出现，源于周室王权的衰落以及与此同时各诸侯国之间的激烈竞争。当时，周室王官流落民间，私学勃兴，"士"（读书人）阶层开始活跃，各诸侯国竞相罗致人才，甚至建立学宫（如齐国建立了官办的稷下学宫），社会养士之风盛行，"士"可以在各诸侯国之间自由流动，著书立说，儒、道、墨、法等各家相继并行。作为"社会脑风暴"的产物，法家思想却要求禁止言论自由，其强国主张被秦国采纳后，在经济上速见成效地奠定了秦国统一天下的基础。当秦始皇灭六国完成了制度大一统（公元前221年）后，继续以法术治国，期传万世，孰料立朝仅十五载而亡。汉继秦而兴，初期一度倡导道家的黄老之术，但儒家、法家、阴阳家等依旧承春秋战国时余波（墨家在战国后期已受重创），后董仲舒援法入儒，将儒学法家化（余英时，2004），向汉武帝上书建议"罢黜百家，独尊儒术"，被汉武帝采纳（公元前134年），完成了学术大一统（李零，2016），至此，始于春秋时期的"社会脑风暴"落下帷幕。

作为世界思想宝库中最伟大的创造性产品之一，古希腊哲学产生于自由和闲暇，自由和闲暇为"社会脑风暴"提供了保证。在其1000多年的演变历程中，从初期追问"是什么"到中期追问"为什么"，再到晚期追问"为了什么"，体现的是哲学思考从求真转向求善，最后走向宗教信仰的过程。这种演变与古希腊所处的时代环境的变化有关。

古希腊哲学自泰勒斯开始，最初对外在的自然感兴趣（自然哲学），其关注的中心主要在万物的本原（"是什么"）。随后经过100多年的发展，以希波战争的胜利为标志，古希腊哲学进入繁荣期。苏格拉底、柏拉图和亚里士多德的先后出现，意味着古希腊哲学渐臻于极致。此间古希腊哲学探讨的问题已经转向"灵魂""美德"等诸问题（"为什么"），最终以亚里士多德建立的具有完备理论形态的哲学体系为标志。在亚里士多德之后，伴随着马其顿对希腊的控制（公元前338年），以及罗马对希腊的控制（公元前146年），古希腊哲学进入了希腊化时期和罗马帝国时期。希腊城邦公民主体性丧失，在古希腊人的生活中，恐惧代替了希望。在其后漫长的800多年中，古希腊哲学关注的是如何拯救自己（"为了什么"），试图解决人生追求问题、幸福和快乐问题、个体灵魂的平静和升华问题等。这种以伦理学为核心的处世哲学预示着古希腊哲学走向宗教的必然性。到了公元529年，东罗马皇帝查士丁尼下令解散雅典学园，基督教最终取代希腊哲学（汪子嵩等，2010）。

从以上分析可见，无论是东方还是西方，自由都是"社会脑风暴"得以存在和延续的前提。当自由不再存在时，"社会脑风暴"将随时面临终止。这里所说的自由是指法律保障下的现实中的有序自由（刘军宁，2014）。所谓法律保障下的自由，就是这种自由是受法律保障的，而不是来自口头上的；所谓现实的自由，就是这种自由是表现在当下日常生活中的，而不仅仅是写在法律条文中的；所谓有序自由，就是行使自由的公民必须具备相应的内在道德修养，即公民应具有自我约束的美德，自由也同样与秩序和美德紧密相连。

自由之所以能够促进创造性的社会发生，首先在于自由保证了社会中的个体能心无旁骛地从事创造性活动。正常情况下，人的心理资源总是有限的，正如董仲舒在《春秋繁露·天道无二》中所说："反天之道，无成者。是以目不能二视，耳不能二听，手不能二事。一手画方，一手画圆，莫能成。"[①]自由意味着免于外部的约束（压力）。当外部约束持续存在，个体由于外部压力的干扰处于分心状态时，有限的心理资源会被大量占用，余下的心理资源通常不足以用于从事创造性活动，或者无暇从事创造性活动。自由个体的不断加入使"社会脑风暴"扩大并

---

① （清）苏舆. 1992. 春秋繁露义证. 钟哲点校. 北京：中华书局，346

持续，没有自由个体的不断加入，"社会脑风暴"将逐渐萎缩并消失。在持续的"社会脑风暴"状态下，创造性的社会发生将不再依赖特定的个体。由此可见，比开发和培养个体创造性的各种教学技能更重要的是如何提供和营造一种创造性的自由环境，因为创造性本为人之天性，只要提供一个自由的环境，在个体具备一定的知识背景和某些相应条件时，创造性的社会发生会自然得以实现。

自由之所以能够促进创造性的社会发生，还在于保障自由的社会制度同时保障了社会公正，从而增进了社会信任。社会信任的增进会简化社会治理的各种复杂性，促进社会个体的交流（也促进和扩大了学术共同体的"社会脑风暴"），极大地降低了社会运行的各种成本，能将有限的社会资源更多地用于社会发展，自然也就能保障社会个体有更多的闲暇用于创造性活动。在这种良性循环的状态下，社会道德水平的提升将是一个自然而然的结果，正义、信任甚至创造性也将成为全社会普遍追求的美德。所谓良好的社会环境，即指保障自由的社会环境，只有在这样的社会环境中，"社会脑风暴"才能产生、壮大并持续，才能出现一个充满创造性的社会，也同时会出现一个拥有较高道德水准的社会。由此可见，一个国家或社会的创造性与其整体的道德水准相联系在逻辑上是十分合理的。

第三节 "仁且智"何以可能？

关于创造性与道德的关系问题，我国古代思想家通常表述为"仁"与"智"的关系问题。在《论语》中，"仁"与"知"（即"智"）常常同时出现，成为孔子心中之追求，如"仁者安仁，知者利仁"[①]，"知者乐水，仁者乐山；知者动，仁者静；知者乐，仁者寿"[②]，"知者不惑，仁者不忧"[③]，等等。孟子借孔子弟子子贡之口将其总结为"仁且智"。《孟子·公孙丑章句上》记载了这段话：

> 昔者子贡问于孔子曰："夫子圣矣乎？"孔子曰："圣则吾不能，我学不厌而教不倦也。"子贡曰："学不厌，智也；教不倦，仁也。仁且智，夫子既圣矣。"[④]

这段话的大意是，子贡问孔子："老师已经是圣人了吗？"孔子说："圣人我做不到，我不过是学而不知足，教而不知倦罢了。"于是，子贡便说："学而不知

---

① 《论语·里仁》
② 《论语·雍也》
③ 《论语·子罕》
④ 《孟子·公孙丑章句上》

足,这是智;教而不知倦,这是仁。既仁且智,老师已经是圣人了。"在这里,子贡对自己的老师给予了高度的赞美。子贡的意思是,之所以说孔子是圣人,依据就是"仁且智"。

关于"仁",著名的论断是"仁者爱人"①。仁,既是人内在的道德情感,又是人之行为的基本准则和道德规范。关于"智",子贡认为"学不厌"是"智"。那么,应该如何理解"学不厌"?《论语·述而》也有同样的话,"子曰:默而识之,学而不厌,诲人不倦,何有于我哉?"对此,李泽厚先生的解释是:"学为什么能'不厌'?因学非手段,乃目的自身,此学即修身也。"②此解甚佳。只有在为学而学之时,学能致乐,才能达到学而不厌的境界。当在学之中突然获得自己的领悟、见解时,快乐必然如泉水般涌出,这正是一种"我找到了"时的"啊哈体验"状态,或者说是一种创造性的涌流状态。因此,"学不厌"是一个创造性的思维活动过程。以孔子、孟子为代表的儒家谈论的"知"或"智",广义而言是一种认识能力(心理学的智力活动范畴),具体而言则是一种洞察能力(即智力活动中的更杰出的表现),体现为创造性活动。

"仁"属于道德实践领域,"智"属于认知活动领域。因此,对于社会中不同的个体,"仁"与"智"两方面的结合必然表现出多种不同。汉代的董仲舒形象地说明了这一点:

> 莫近于仁,莫急于智。不仁而有勇力材能,则狂而操利兵也;不智而辩慧獧给,则迷而乘良马也……仁而不智,则爱而不别也;智而不仁,则知而不为也。故仁者所以爱人类也,智者所以除其害也。③

按照董仲舒的观点,仁与智同等重要。不仁如同"狂而操利兵",不智如同"迷而乘良马",都会产生不同形式的危害。因此,只有"必仁且智",仁智统一,才能使人格臻于完善。

关于"仁且智",当代研究者普遍将其视为儒家的一种理想人格(杨海文,2000),这固然不错,却无助于对问题的深入探讨。问题在于,儒家如此强调"仁且智",其理想代表人物如尧、舜、周公、孔子等在后世被提到圣人的高度而受到顶礼膜拜,为什么后世能达到者却寥寥?《孟子·告子章句下》甚至提出"人皆可以为尧舜",孟子基于其"性善论"肯定了这一命题。然而,孟子之后的几千年

---

① 《孟子·离娄章句下》
② 李泽厚. 2004. 论语今读. 北京:生活·读书·新知三联书店,190
③ (清)苏舆. 1992. 春秋繁露义证. 钟哲点校. 北京:中华书局,257

中国历史并没有证明该命题的成立，仁而不智、智而不仁或不仁不智之人似乎大有人在，这让儒家情何以堪？自古及今，儒家始终未能解决这一问题，只能采用榜样示范的力量昭示后人。

儒家之所以未能使社会上大多数人达到像尧、舜、周公、孔子那样的"仁且智"的人格境界，关键在于儒家建立了一套低效的国家治理方案。儒家总是试图将治国、平天下的目标立足于个人修身的基础上，这完全是儒家的臆想。《大学》中有这样一段话：

> 古之欲明明德于天下者，先治其国；欲治其国者，先齐其家；欲齐其家者，先修其身；欲修其身者，先正其心；欲正其心者，先诚其意；欲诚其意者，先致其知；致知在格物。物格而后知至，知至而后意诚，意诚而后心正，心正而后身修，身修而后家齐，家齐而后国治，国治而后天下平。自天子以至于庶人，壹是皆以修身为本。①

在儒家的这部核心经典著作中，其提出了一套从个人修身到齐家，再到治国和平天下的家国治理路线。

治国、平天下的标志是国家富强，国家富强的根本在于社会有强大的创造性活力。从前文的分析可知，正是自由使创造性（"智"）和道德（"仁"）得以实现，也就是说，创造性（"智"）和道德（"仁"）是自由之树上必然会结出的果实。所以，只有在保障自由的社会制度的前提下，普通的社会个体才有望达到"仁且智"之人格境界。也只有在这样的社会里，"人皆可以为尧舜"才有实现的可能，儒家提出的"仁且智"之理想人物尧、舜、周公、孔子等将不再是可望而不可即的让人崇拜的偶像。

董仲舒之后，北宋司马光通过对春秋末期"三家分晋"之史实的评述，从治国的高度对"德"与"才"的关系做了深刻分析，这实际上是有关"仁"与"智"关系论述的进一步展开：

> 智伯之亡也，才胜德也。夫才与德异，而世俗莫之能辨，通谓之贤，此其所以失人也。夫聪察强毅之谓才，正直中和之谓德。才者，德之资也；德者，才之帅也……是故才德全尽谓之"圣人"，才德兼亡谓之"愚人"；德胜才谓之"君子"，才胜德谓之"小人"。凡取人之术，苟不得圣人、君子而与之，与其得小人，不若得愚人。何则？君子挟才以为善，小人挟才以为恶。

---

① （宋）朱熹.1983. 四书章句集注. 北京：中华书局，3-4

挟才以为善者，善无不至矣；挟才以为恶者，恶亦无不至矣……夫德者人之所严，而才者人之所爱；爱者易亲，严者易疏，是以察者多蔽于才而遗于德。自古昔以来，国之乱臣，家之败子，才有余而德不足，以至于颠覆者多矣，岂特智伯哉！故为国为家者苟能审于才德之分而知所先后，又何失人之足患哉！①

在司马光看来，对于国家治理，如果找不到"德才全尽"的圣人和"德胜才"的君子，那么宁愿使用"德才兼亡"的愚人，也不能使用"才胜德"的小人，因为自古以来导致国家覆亡的多是才有余而德不足的乱臣贼子。也就是说，德才皆备当然好，但在德才不可兼得时，应首先重"德"。这是中国历朝各代用人所把握的一条基本原则。问题在于，要在用人实践中准确观测一个人的"德"却是一件极其困难的事情。而且，即便采用了这条用人原则，中国历朝国祚并未因此更长久，或亡于内乱，或亡于外患，历朝之结局大抵如是。

显然，历代王朝兴亡的根本就不在用人的"德"与"才"之取舍上，其根本仍在于自由。在中国历史上，繁荣中兴的时代，通常有相对较多的自由，如"文景之治""贞观之治"；相反，腐朽衰败的时代，通常缺乏自由。唯有自由之存在，社会才有活力，社会财富才会持续增加，人才方能兴盛，"德才兼备"才有可能成为社会的普遍存在。当此之时，儒家将会发现，困扰治国、平天下的用人之"德"与"才"的取舍问题早已经不成其为问题。

至此，自由作为创造性的基础，已从心理、社会和历史的综合视野得到了充分论证。自由促成了"社会脑风暴"，进而使创造性的社会发生得以实现。自由的社会是一个充满了创造性的社会。而且，自由的社会也一定是一个公正的社会，一个充满了信任的社会，最终必然会提升社会的道德水准。可以说，创造性和道德是自由的必然结果。

当然，建立在自由基础上的"社会脑风暴"有可能会产生终结自由的"种子"。譬如，作为春秋战国时期"社会脑风暴"的产物，法家却要求禁止言论自由，并最终为秦始皇采纳。正如中国春秋战国时期的百家争鸣中脱颖而出的法家，古希腊哲学自身似乎也产生了终结自由的"种子"，这主要是源于柏拉图提出的古典美德观。在柏拉图看来，个人的美德在于要与城邦的整体利益紧密结合，在《理想国》中，柏拉图说：

> 我们建立这个国家的目标并不是为了某一个阶级的单独突出的幸福，而是为了全体公民的最大幸福；因为，我们认为在一个这样的城邦里最有可能

---

① （宋）司马光.1956.资治通鉴（卷一）.（元）胡三省音注.北京：中华书局，14-15

找到正义……①

在这里，正义的原则就是"每个人就各自有的智慧、自制和勇敢为国家做出最好的贡献"②，个人的幸福由他对城邦所承担的责任大小来衡量。这是一种高调的理想主义的美德观，正如刘军宁先生所说："古典美德赋予国家以巨大的道德权威和道德使命，把美德当作是治人的重要工具……毫不奇怪的是，这种美德登峰造极之后，接踵而至的便是中世纪漫长的黑暗时代。"③

因此，自由是建立在相应的政治和法律制度保障基础上的自由。唯有自由，儒家心中的理想人格——"仁且智"，才有可能成为社会的普遍存在。如果说自由是"善"，那么创造性就是"真"，善可致真。在自由的社会，创造性将成为社会上多数人的追求，此时创造性已变成一种社会美德，这样的社会必然是一个充满真善美的社会。

---

① ［古希腊］柏拉图.1986.理想国.郭斌和，张竹明译.北京：商务印书馆，133
② 汪子嵩，范明生，陈村富等.1993.希腊哲学史（第二卷）.北京：人民出版社，777
③ 刘军宁.1998.共和·民主·宪政.上海：上海三联书店，353，358

第四章

知情合一

　　人类的社会认知在不同文化中会表现出一定的差异。中西方文化一直以来都被认为是两种差异较大的文化，这种差异使得中国人和西方人在社会认知观上存在不同。

　　西方文化是知识、科学本位的，其认识论起源于自然哲学，主张主客对立、天人相分，以纯理性的客观态度去解释世界，以求知和思辨为乐，其认知特点是外向型且知情分离的。因此，西方的社会认知研究在研究方法上注重客观性，如客观观察、调查分析和实验研究；在研究对象上重视人之外的世界，通过人的理性思考，获得对外界事物的认识。同样，在对人自身的认识上，西方的社会认知研究中有明确的"自我"与"他人"之分，习惯于把人客体化、对象化。可见，西方是以物理认知的方式研究社会认知，对他人的心理状态、行为动机和意向做出推测与判断，其过程强调价值中立。

　　中国儒家文化则不同，它是伦理本位的，主要探讨人与自然、人与社会、人与人之间的和谐关系，以及为了实现这种和谐关系，个人应该如何修身养性等问题。所以它关注的重点是人们的内省与修行，故其认知特点是内向型且"知情合一"的。同时，其伦理取向又赋予了人与世界的客观关系伦理情感的色彩，即在人与外界之间添加了一层伦理的意义，即所谓推情及物。因此，其认知的主体并非实体性的身体感官与大脑，对象也不是客观的人或世界，即人的伦理之"心"既是认知的主体又是认知的对象。所以儒家的社会认知是在人对人、人对物的伦理关系中，强调以心（伦理情感而非脑神经）相推（情感融合而非推理思维）式的推己及人的情感认知模式，通过彼此积极的伦理共情达成一种情感融合式的认知效果，从而实现人与人、人与外界的沟通与和谐，这可以称为伦理认知。

　　在情感方面，儒家文化把情感作为人之性的显现，并以情感为基础，在自我修养、人际沟通、理想心灵等不同层面构造了修己生德、心心相印、心灵自由的情感智慧。与此同时，情投意合的关系性存在在儒家文化中占据重要位置。情投意合不仅能保障人际互动效率的最大化，而且能同步产生心灵愉悦，从而促进社会心智的持续发展，保障社群的繁荣。这对于深入理解情感心理现象，解决当下主流心理学把情感作为应该通过认知加以控制或消除的心理反应所存在的问题，培育"至善、正义、德性"的社会秩序与促进人的价值化成长，具有重要的作用。

第一节 伦理认知[①]

从中西方文化心理比较的视野看，西方文化下的心理学发展出了物理认知与个人人格等主要研究领域，即重认知轻情意，重人格轻社会；而儒家文化则形成了以伦理认知与社会心理为研究重点的心理学特色（郭斯萍，陈四光，2008）。

伦理认知是在中国儒家文化传统影响下形成的一种社会认知形式，是对西方物理认知式的社会认知形式的跨文化补充。在文化心理学不断得到发展的今天，有关伦理认知的研究不仅能使科学心理学关于社会认知的知识更加全面，也是中国社会认知研究本土化的要求。

一、伦理认知是一种知情合一的社会认知

"人伦"一词最早见于《孟子》："人之有道也。饱食、暖衣、逸居而无教，则近于禽兽。圣人有忧之，使契为司徒，教以人伦：父子有亲，君臣有义，夫妇有别，长幼有序，朋友有信。"[②]可见，孟子认为"父子、君臣、夫妇、长幼、朋友"即为五人伦，"亲、义、别、序、信"则为处理人伦的规则。

"伦理"是指人与人之间长幼尊卑、内外亲疏的道理。儒家的理论是要在人间建立一种和谐的社会秩序，这一社会秩序的基本骨架就是伦理。儒家学说基本假定人是生活在种种关系中的，此种种关系就是种种的伦理。（金耀基，2006）梁漱溟认为，所谓伦理，伦指人际关系的双方，理指人际双方相互感召的情理，他特别强调这种情感是类似于家庭成员间的那种相互关爱的感情（转引自：陈来，

[①] 本节内容基于如下研究改写而成：郭斯萍，柳林. 2017. 儒家伦理认知思想初探. 江苏师范大学学报（哲学社会科学版），(1)：136-142

[②]《孟子·滕文公章句上》

2005)。

儒家的伦理认知是通过培育"仁"这种无私的积极情感，使中国人在既有的伦理"差序格局"（费孝通，2011）关系中追求一种超越差序而与他者万物一体的情感体验，并在此"一体之仁"（王阳明语）的基础上实现个人与宇宙万物的"一体之感"，从而达到彼此沟通、相互融合的社会和谐状态。所以它不同于西方文化中知情分离、冷热分明的物理认知式的社会认知，而是形成了儒家文化特有的"知情合一""冷热相融"的社会认知特点。

（一）孔子的伦理认知观

孔子主要是从人际及社会关系和谐的角度探讨社会认知问题，从而较早并较全面地提出了其伦理认知思想。

1. 关于"闻、见"的伦理认知观

孔子重视闻与见，《论语》中论及"见"字70多次，论及"闻"字50多次。其中代表性的如下："多闻，择其善者而从之，多见而识之，知之次也。"[①]

仔细分析孔子有关闻与见的观点可以发现，其"闻""见"之知，主要是指对人事问题尤其是人际关系问题的认识与解决，即为人处世能力的学习，不是指对自然现象和规律的了解与观察。自然现象与规律是客观的，也是无情无意、无善无恶的，不能挑三拣四。天有阴晴，由不得人愿不愿意。只有人事问题才有好坏善恶之说，才有"选择"。人是复杂的，其善恶好坏是不易一次看清的，于是要反复观察（多闻、多见），慎重判断，去非存是，去伪存真，发现恰当的行为方式，便可以去遵从和追随，所谓"三人行必有我师焉"。

所以，多闻就是指广泛而反复地观察及由此获得的见识，它与正直（直）、宽容（谅）等美德一起被称为是有益于人生的三种美德之一。

友直、友谅、友多闻，益矣。[②]

一个人要在社会上立足，受人敬重，就必须具有相应的品德。要获得这些品德，又没有专门的学习机构指导，就只有靠自己随时随处的主动观察与"学习"。这里的"学习"为什么要打上引号呢？学固然是指学习，但仅仅是这样理解就太表面化了。同样是学习，学体操与学数学的心理过程就不一样。内容决定形

---

① 《论语·述而》
② 《论语·季氏》

式,学什么会影响怎么学。中国文化是在对人际关系问题的思考与解决中形成与发展的,所以其特定的学习内容决定了学习的独特方式。朱熹说:"学之为言效也。人性皆善,而觉有先后,后觉者必效先觉之所为,乃可以明善而复其初也。"①朱熹说得很明确,学是指效仿、模仿,是一种行为模仿学习。这与对概念理论等科学知识的学习不同,相应的心理过程(如思)也就不同。显然,学习指行为的观察乃至模仿。若没有"闻"与"见"等方面的观察能力,行为又怎么能进步呢?所以,孔子重视"闻"与"见"是多么明智。

可见,在这里千万不能把"闻与见"视为物理认知,即不能将其理解为与客观物理现象对应的"感知",否则就难以与其后的"择""善""从"对应了。

从"知之次也"这句话中,更可以看出孔子对判断与选择的强调。闻与见不一定能解决判断与选择的困惑,后者是闻与见的目的。如果见得多,只是博闻强识而不能选择,那也没有什么意义。为何呢?因为见多识广("识"是记得的意思),但不能判断与选择,那还没有解决学习的问题,甚至会更糊涂。那怎么办呢?孔子的经验就是多闻多见,即多了解,保留怀疑,谨慎地表达,就会减少失言;多比较,容忍不适,克制地行动,就会减少后悔。表达不失言,行动不后悔,俸禄就少不了。

> 多闻阙疑,慎言其馀,则寡尤。多见阙殆,慎行其馀,则寡悔。言寡尤,行寡悔,禄在其中矣。②

但是,闻与见不一定能保证选择的正确性,因为它们还只是伦理认知的第一步。要解决这个问题,必须依赖于更高级的认知能力,即思与虑。

2. 关于"思、虑"的伦理认知观

对于思维,可以从能力与方式两方面来认识。思维能力和思维方式是两个不同的概念。思维能力指认识现实的能力。人类大脑的生理构造一样,因而具有共同的思维能力。任何复杂的现象,不同文化中的人都有能力认识它,尽管认识的程度会有差别。思维方式在不同的文化中是不一样的,即思维方式具有文化的差异性。也就是说,不同文化的人有相同的思维能力,不等于他们有共同的思维方式。中西方文化在地域隔绝的不同时空中各自发展成型,西方文化源于人与物关系的突破,中国文化源于人与人关系的突破。即使具有同样的思维能力,面对不

---

① (宋)朱熹.1983.四书章句集注.北京:中华书局,47
② 《论语·为政》

同的认知对象，人的思维方式也必然不同。

中国文化强调对人际关系问题的解决，这在学习方式与相应的心理过程方面也明显地反映出来。学习方式主要是模仿榜样人物的言行举止并时时练习，思考时则要求"切问而近思"。切问与近思，就是说要从自身找问题，从自己做起，即问自己、想自己。具体来说，切问就是问自己所学所习而未悟之事，不乱问；近思就是想自己所学所习而未善之事，不怨天尤人。所以，这里的"思"不是对客观事物与规律的思考，而是对人生的一种反省、判断与选择，这是儒家行为模仿学习中的伦理认知过程。所以，从孔孟到宋儒，对于"近思"都特别重视，将其看作仁的表现。

> 博学而笃志，切问而近思，仁在其中矣。[1]

效仿先进人物，不结合自身问题思考是没有效果的，那会不明是非，无法选择，"则罔"；反过来，天天反省自己，不去寻找榜样学习，"则殆"，即劳而无功。

> 学而不思则罔，思而不学则殆。[2]

难怪孔夫子会感叹："吾尝终日不食，终夜不寝，以思，无益，不如学也。"[3]反省不如效仿，即思不如学，学要"有师"，这应该是孔子的切身体会吧。当然，孔子的原意是要学思结合，不可偏废。

孔子关于学与思的思想也是对其德育实践的总结。孔子的德育过程包括三个方面。首先，是"学"，即效仿。也就是说，德育首先要有榜样，要引导人们去模仿，物理认知是无效的，这也是德育与知识教学的区别。其次，德育强调时刻身体力行，即"时习"，停留在口头、书本、试卷上的德育都是失败的。最后，德育必须要有情感的反馈——"悦"，即必须使受教育者从情感上产生共鸣。孔子的成功与今天德育的困境，证明了"模仿榜样（学）—身体力行（习）—内心满意（悦）"的德育三段论的价值。

> 学而时习之，不亦说乎。[4]

现代心理学的认知观源自偏重人与物关系的西方文化，偏重于物理认知，与情感、意志无关，主要是在探索自然、科学知识学习过程中被应用，其形式与孔

---

[1] 《论语·子张》
[2] 《论语·为政》
[3] 《论语·卫灵公》
[4] 《论语·学而》

子所言的"思"大相异趣。反省之思与物理认知的思维不同，它还包括情感、意志等内容，包括体验、静默等形式。

虑与思的含义相近。朱熹解释说："虑，是思之重复详审者"，"虑是思之周密处"①。可见虑也是思，是更为仔细、全面的对未来的自我反思，而非对自然的反思。人无远虑必有近忧，从伦理认知而言，就是说如果人不顾虑、不在乎自己未来的名声，那么现在就会忽视品行的修养，导致麻烦不断，害人害己。换句话说，计名当计身后名，反省现在才能获誉将来。

> 人无远虑，必有近忧。②

（二）孟子的伦理认知观

最能代表中国古代伦理认知的思想已经在孟子的观点中成型了。孟子认同孔子所说的人际认知是带有价值判断的认知，并且进一步提出这种带有价值判断的认知的主体是心。孟子明确地将认知分为"心的认知"和"感官的认知"两类，心的认知就是孔子所提倡的伦理认知，而感官的认知则是现代心理学研究的物理认知。在《孟子·告子》中，孟子明确地将两者区分开来。

孟子认为，耳目等感觉器官由于不能判断，很容易被外物蒙蔽。没有判断能力的物体之间的交往，只能是相互引诱而已。心的功能则相反，由于它秉承了先天的善，能判断与选择，具有主动性与独立性，故能拒绝引诱。

> 耳目之官不思，而蔽于物。物交物，则引之而已矣。心之官则思，思则得之，不思则不得也。③

君子之所以成为君子，是因为他们听从心的选择（"从大体"），小人之所以变成小人，则是因为他们经受不住感官的引诱（"从小体"）。

> 钧是人也，或为大人，或为小人，何也？④

喜欢比生命更重要的"四端"（仁、义、礼、智），厌恶比死亡更可怕的麻木不仁，不仅仅是贤者有这种本心，普通人也有这种本心，只不过是贤者能够不失本心罢了。或者说，普通人无伦理认知能力，经常丢失这样的本心，而贤者依靠伦理认知能力则能保有这样的本心。

---

① （宋）黎靖德.1986.朱子语类（卷十四）.王星贤点校.北京：中华书局，277-278
② 《论语·卫灵公》
③ 《孟子·告子章句上》
④ 《孟子·告子章句上》

> 凡有四端于我者，知皆扩而充之矣。若火之始然，泉之始达。苟能充之，足以保四海；苟不充之，不足以事父母。①

孟子还用生动的例子加以说明：有一篮子食物和一碗羹，吃了它们就能生存下去，不吃就会死。如果很不礼貌地呼喝别人来吃，路上的人也不会接受；用脚踢着装食物的碗呼叫别人来吃，乞丐也会不屑一顾。

> 一箪食，一豆羹，得之则生，弗得则死。呼尔而与之，行道之人弗受；蹴尔而与之，乞人不屑也。②

可见，孟子认为伦理认知的主体是有价值判断的"心"，伦理认知就是在认知身边的事情时必须进行伦理道德的价值判断与选择。

（三）宋明理学的伦理认知观

孔孟的认知观开启了中国思想家对伦理认知的系统思考。宋代以张载、二程（程颢、程颐）为代表的理学家继承了孟子的伦理认知思想，明代的王阳明又将之发扬光大，使伦理认知成为儒家认知心理思想的主要传统。

宋明理学继承孟子"心之官则思"的思想，认为心与耳目不同，其认识对象不是具体的物理对象，而是"性与天道"，是关于宇宙"天理"即"伦理"的知识。天理是无形无限的，人的耳目所闻见的是有形有限的，故人不能通过"闻见"达到对"性与天道"的认识。

1. 张载的观点

在孟子关于两种认知的区分的基础上，理学先驱张载进一步把人的认知更明确地分为"见闻之知"和"德性之知"。张载认为德性之知是一种不同于也不起源于见闻之知的伦理认知（"不萌于见闻"）。从这一描述来看，张载提出的"见闻之知"相当于孟子提出的耳目之知，"德性之知"相当于孟子提出的心之知。

张载特别强调，感官之知产生于个人欲望与外物相交，不具有道德判断功能，具有道德判断功能的伦理认知并不起源于感官之知。

> 见闻之知，乃物交而知，非德性所知；德性所知，不萌于见闻。③

所以，两者之间没有感性认识与理性认识那样"螺旋上升"的联系，也就不

---

① 《孟子·公孙丑章句上》
② 《孟子·告子章句上》
③ （宋）张载. 1978. 张载集. 张锡琛点校. 北京：中华书局，24

能简单地与感性认识和理性认识等同。

张载认为，心知觉的对象只能是天理良知，感官知觉到的仅是与身体欲望紧密联系的物质刺激。

> 诚明所知乃天德良知，非闻见小知而已。①

人认识天德良知，是通过具有伦理禀赋的心来实现的。所以，人的伦理认知能力是天所赋予、人性特有的，不可能从感官之知"螺旋上升"而来。

2. 二程的观点

在继承孟子提出的耳目之知与心之知观点的同时，宋明理学家还探寻了心之知的具体内核。"仁"是孔子提出的儒家思想的一个核心概念，在孔子、孟子那里，仁主要为仁慈的美德，但是到了程颢、程颐那里，仁的认知意义得到了发展。

二程从仁的本意（仁慈的美德）出发，将仁视为社会认知的情感效应。

> 若仁则固一，一所以为仁。②

二程认为，仁具有与外界沟通和融合的认知效果，即把自己、他人与万物感觉体验为一体，而不是两体。

> 仁则一，不仁则二。③

所以，通过仁心可以体验到情感的融合，从而领悟到万物一体的道理。反之，如果对外界没有大公无私的仁心，就无法体验到情感的融合，就会丧失与万物一体的感觉，就如同肢体麻痹一般。

> 医书言手足痿痹为不仁，此言最善明状。仁者，以天地万物为一体，莫非己也。认得为己，何所不至？若不有诸己，自不与己相干。如手足不仁，气已不贯，皆不属己。④

伦理认知的效果是体验到自己和他人万物是一体的，其途径不是像西方认知心理学那样直接把目光投到外界事物上，对外界事物进行观察和分析，而是把注意点投向自己的内心，在天伦之乐中体验亲人的爱，体验自己对他人和万物的爱。

---

① （宋）张载. 1978. 张载集. 张锡琛点校. 北京：中华书局，20
② （宋）程颢，（宋）程颐. 2000. 二程遗书. 潘富恩导读. 上海：上海古籍出版社，215
③ （宋）程颢，（宋）程颐. 2000. 二程遗书. 潘富恩导读. 上海：上海古籍出版社，115
④ （宋）程颢，（宋）程颐. 2000. 二程遗书. 潘富恩导读. 上海：上海古籍出版社，65

仁的本义是一种积极的伦理美德，具有明确的价值取向。仁的认知功能则体现在当我们具备了这种伦理美德时，同时就具备了体验与他人和万物为一体的伦理认知能力。也就是说，通过对自己"仁心"的修养，间接地达到了"认知"的目的，即发现自己和他人万物是心心相通从而心心相印的。所谓"风声雨声读书声声声入耳，家事国事天下事事事关心"，即谓此种境界！

3. 王阳明的观点

王阳明认同二程"万物一体"的伦理认知观，论述了积极的伦理情感生发出的认知效果。人们若把生民之痛与自身之痛相联系，把自身置于天地这个大环境之中，就能感受天地万物这个"大身体"的"痛"。同时，通过"良知"的融合效应，达到推己及人、及物，并使自身与他人、万物相连相通的效果。

> 天地万物，本吾一体者也，生民之困苦荼毒，孰非疾痛之切于吾身者乎？不知吾身之疾痛，无是非之心者也。是非之心，不虑而知，不学而能，所谓良知也……世之君子惟务致其良知，则自能公是非，同好恶，视人犹己，视国犹家，而以天地万物为一体，求天下无治，不可得矣。①

王阳明进一步说明了恻隐之心或积极伦理情感的认知功能，即通过"恻隐之心"唤起"一体之仁"。陈立胜（2006）认为，恻隐之心本身就是一种身体反应。也就是说，这是一种真正意义上的"体知"，即情绪情感体验的感知、理解和表达过程都是基于身体的，情绪情感的体验会唤起曾经的相关身体感知体验与心理认知的加工过程，从而通过万物一体的情感融合效应实现以此知彼。

> 是故见孺子之入井，而必有怵惕恻隐之心焉，是其仁之与孺子而为一体也；孺子犹同类者也，见鸟兽之哀鸣觳觫，而必有不忍之心焉，是其仁之与鸟兽而为一体也；鸟兽犹有知觉者也，见草木之摧折而必有悯恤之心焉，是其仁之与草木而为一体也；草木犹有生意者也，见瓦石之毁坏而必有顾惜之心焉，是其仁之与瓦石而为一体也；是其一体之仁也，虽小人之心亦必有之。是乃根于天命之性，而自然灵昭不昧者也，是故谓之"明德"。②

综合上述，可以发现，与现代心理学的社会认知概念相比，儒家的伦理认知观念至少表现出以下三个特点：一是认知目标不是探索外部世界，而是指向每个人内心积极情感的培养；二是认知内容是积极的伦理情感与行为，即具有强

---

① （明）王守仁. 1992. 王阳明全集（上）. 吴光，钱明，董平等编校. 上海：上海古籍出版社，79
② （明）王守仁. 1992. 王阳明全集（下）. 吴光，钱明，董平等编校. 上海：上海古籍出版社，968

烈的价值判断要求；三是认知的形式为知情合一，完全不同于物理认知式的知情分离。

二、伦理认知是一种精神性的社会认知

不同于西方知情分离的认知观，儒家文化影响下的社会认知是伦理本位且知情合一的，即从内容到形式，它都不是感官之知、理性思维式的物理认知，而是一种"心之官则思""德性之知"，是从体验到直觉，从一体之仁到万物一体，即通过对自己伦理之仁的体验达到与天地万物的一体之感，从而实现对他人与万物的沟通或把握，故称之为伦理认知。

伦理认知是基于积极的伦理情感（仁）实现对社会伦理化生活的体验、认同与分享，所以说它是一种特殊的社会认知，其特殊性尤其表现在精神性内涵方面。

西方知情分离的科学主义文化发展出与探索、创新相适应的理性化的物理认知，自我的情感体验则完全与认知脱离，皈依到宗教以精神性的方式而存在。

精神性（spirituality）理论起源于西方的宗教心理学，人们目前对它的定义还不统一，如 Meraviglia（2004）认为精神性是一个人独特而具有动态性的精神的体验和表现，它反映了对上帝或一个超级存在的信仰，反映了与自我、他人、自然或上帝的联系，并且与思想、躯体和精神有多维度的整合。Hill 等（2000）认为精神性涉及在寻找神圣物（神的存在、神圣的对象或终极真理）的过程中出现的情感、思想、体验和行为。Boscaglia 等（2005）的定义则强调，精神性是一个信仰和态度体系，它通过与自我、他人、自然环境、一种更高力量或其他超自然力量的联系感来赋予生活意义和目的，并体现在情感、思想、经历和行为中。精神性理论认为，人们通常是通过与"上帝"建立联结来实现情感皈依并建立自己的精神世界。因此，精神性理论强调终极的关注，寻求存在的意义、自我的超越和自己的精神源泉（卢川，郭斯萍，2014；Shah et al.，2011），以及与自我、他人、本性、具有重要意义的事物或神圣（宇宙）的连通性等方面（Gijsberts et al.，2011）。

"作为个体最高层次发展的需要，精神性既是人性本质的发展结果，又受到环境和文化等多方面因素的制约。"[①]从人的认知来看，西方的科学主义文化导致人们的物理认知模式无论是认知的主体、对象还是认知的内容、形式，都有别于儒

[①] 郭斯萍，马娇阳. 2014. 精神性：个体成长的源动力——基于中国传统文化的本土思考. 苏州大学学报（教育科学版），（1）：6-13

家伦理文化中的认知模式。

儒家伦理认知具有明显的精神性特点，表现为"心"既是伦理主体，又是认知主体，还是认知对象。

首先，在认知对象上，作为认知对象的"心"最早来源于孟子所谓的仁义礼智"四端"之心，是使人成长为人的人性潜质，此人性潜质的成长意义或价值追求并非要获得客观规律或真相，而是通过伦理化的人生，使自我与他人及万物连通，从而赋予冷冰冰的客观世界天伦之乐，此即为"天人合一"的境界。西方的物理认知以主客分离为前提，在认知对象上是主体的人对客观世界的探求，尤其是自然界的客观实体的探求，故其社会认知并没有改变物理认知的本质特点。

其次，在认知主体上，西方社会的认知主体依然是人的身体感官与大脑，通过感知与理性思维获得对人与社会的认识。伦理认知的认知主体不是感官或大脑，而是所谓的"心"（心之官则思）或"德性"（德性所知，不萌于见闻）。"仁"成为联结自己与万物的认知路径。由此可见，儒家伦理认知与物理认知不同，其认知主体为精神性的伦理之心。

最后，在认知的形式上，西方物理认知式的社会认知是知情分离、主客分明的，即通过实体性的感官与大脑去认识客观化的社会关系与现象，无论是人我关系还是自我关系，都明显地区分了认识主体与认识对象，并强调采用客观化的方法和手段去观察、研究自我与社会。伦理认知则强调知情合一，通过"仁"这种积极的情感去体验万事万物，推己及人，推情及物，达到情境浑融的境界，成为精神性生活的认知前提。《论语·学而》云："孝弟也者，其为仁之本与？"血缘是孝悌的基础，生物性的血缘可以升华为伦理性的孝悌，孝悌又是仁的基础，仁是要将伦理之情从孝悌的血缘亲情扩展到无血缘的他人乃至万物。在这个过程中，伦理认知就是要人们先体验亲情，然后再推行到他人他物上。

总之，伦理认知是通过心（良知）来体验人与万物的一体之感，实现人的精神性本质。显然，这是物理认知式的社会认知模式无法达到的。

三、结语

由上可以看出，在儒家文化中，中国人的伦理认知具有鲜明的特点，是一种超越身体感官之知（德性所知，不萌于见闻）、以积极伦理情感（仁）为认知主体（心之官则思，仁则一）、以主客融合（万物一体）为目的的知情合一（唯仁者，能好人，能恶人）的社会认知。可见，与西方文化中物理认知式的社会认知相比，伦理认知的心理实质是以精神性的"仁心"为认知主体，在万物一体的积极情感体验的基础上，通过"一体之仁"不断超越自己、理解他人、沟通天地等，最终实现天人合一的精神性人生目标，即是一个推己及人及物（超越差序格局）的精神融合过程。伦理认知对传统社会的中国人产生了根深蒂固的影响，具备伦理认知的人就意味着其具有精神性的存在及生活方式。

第二节 情感为本[①]

儒家文化是中华民族生生不息、绵延传承的文化支柱，在当前中国文化复兴的大潮流中，保持着强盛的文化生命力，是中国人民日用伦常的基本价值体系和最为重要的信仰体系（Hwang，2012），而且越来越获得世界人民的接纳和践行。作为文化信仰体系，儒家文化在整体思维、关系思维的基础上，系统构造了人生意义与践行过程的解释体系，为君子"顺天承命，参天化育"的责任担当提供依据，为"君子固穷，挫折应对"提供心理宽慰，为君子"博厚高明，慎终追远"的人生提供指引。李泽厚（2005）指出，从情感的意义上而言，虽然儒学不是宗教，但它却超越了伦理，达到了与宗教经验相当的最高境界，即所谓"天人合一"，这种境界是对心灵的满足或拯救，是人向天的精神回归。

在近百年来的文化价值反思和中西文化比较研究中，儒家文化的情感特质被众多学者所重视，正如蒙培元先生所言："儒家哲学有一个显著特点，就是重视人的情感……就是把情感放在人的存在问题的中心地位，舍此不能谈论人的存在问题……正是在这个意义上，我们称儒家哲学为情感哲学。"[②]其他学者，如李泽厚（2005）的"情感本体论"、黄玉顺（2014）的"生活儒学"、马育良（2010）的"中国性情论史"、黄意明（2009）的"道始于情"等观点，也从哲学的不同视角分析了儒家文化的情感特质。那么，从心理机制的角度来说，为什么儒家文化从情感出发？从百姓日用伦常的角度来说，这种文化特质又以什么样的路径塑造着文化心理特征呢？之所以探讨这些问题，是因为无论是形式逻辑还是辩证法都只是人类处理事务的方法，而并非事物或对象本身的特质，但是这种思维方法可以成为"延缓反

[①] 本节内容基于如下研究改写而成：孙俊才，石荣. 2016. 儒家文化的情感智慧. 南京师大学报（社会科学版），(5)：101-111

[②] 蒙培元. 2003. 人是情感的存在——儒家哲学再阐释. 社会科学战线，(2)：1-8

应"的心理形式，表现在人的文化心理的存在层面，即人与实践的关系转换为存在的智慧，成为主体的人引导自己认识的理性工具（李泽厚，2005）。本节拟围绕文化情感特质与文化心理特征联结的心理机制这个核心问题进行具体阐释。

一、修己生德

从孔子起，儒学的特征和关键正在于它建立在心理情感原则之上，建构在人际世间的伦常情感之上。特别是孔子以"情"作为人性和人生的基础、实体和来源，强调亲子之情（孝）作为最后实在的伦常关系以建立"人-仁"的根本，并由亲子、君臣、兄弟、夫妇、朋友五伦关系，辐射交织构建各种社会性感情，作为"本体"所在（李泽厚，2005）。《论语》一书中多次出现的基本概念如诚、敬、庄、慈、忠、信、恕等，无一不与具体的情感心理状态有关。孔子身上体现出的主要是愉悦、和乐、恭敬、谦和、端正、舒缓等品质。《论语·述而》中还有"子之燕居，申申如也，夭夭如也"等描述，均表现了孔子和乐、谦恭、舒展之态（徐仪明，2011）。孔子推崇的《周礼》本来是历史上根据宗族血缘关系的亲疏之别、社会及政治关系中的高下之分而制定的一套礼仪和规范，孔子赋予这个等级制度道德内容——仁，从而把儒家文化以家庭、宗族为中心的伦理等级秩序理想化、规范化（金观涛，刘青峰，2015）。

中国文化之所以从情感出发，最重要的原因在于中国文化对终极价值及其实现路径的设定。中国人以追求道德完善为超越个体生命限制的人生意义，从孔孟开始，中国文化就以道德为终极关怀，杜绝了中国人以宗教信仰为终极关怀的可能（金观涛，刘青峰，2015）。在这种超越性追求中，中国文化把道德的可欲性建构在主体的向善意志之上。如孟子主张"夭寿不贰，修身以俟之，所以立命也"[①]，并提出养心、养性、养气等有关修养的概念，阐释了修身理想的实现方式。在儒家文化中，自我是创造性转换的启动点（Dobrin，2001）。通过这种创造性状态，可以实现心灵和精神意义上的永恒与超越的天人合一的价值追求，即"太上有立德，其次有立功，其次有立言。虽久不废，此之谓不朽"[②]。"修己以生德"是原典儒学和孔孟之道的历史秘密（李泽厚，2008）。由此，中国文化走上了"累德积义怀美，行之日久矣……君子之学，非为通也，为穷而不困，忧而意不衰也，知祸福终始而心不惑"[③]的人性至高追求的超越道路。

[①] （宋）朱熹. 1983. 四书章句集注. 北京：中华书局，349
[②] 《左传·襄公二十四年》
[③] 《荀子·宥坐篇》

把向善的道德意志做超越化理解，即"善的意志是人的存在所能够独有的绝对价值，只有与它联系，世界的存在才有一最后目的"①，即实现了儒家文化启迪个体精神，成为生命意义和永恒追求的精神家园。在这里，主体的理想、意向和责任感得到丰厚的文化的滋养。但是，正如金观涛和刘青峰（2015）指出的，讨论儒学，必须区分向善的意志和道德规范从何而来，即个人凭什么判断什么是善，从孟子的心性论到王阳明的良知说，都把判断置于人心的感应性功能上。例如，孟子强调的是四端之心扩而充之的存养，对于王阳明和很多坚信他的话的学生来说，没有"理"或道德规则可以从具体情景中抽象出来。人必须学会让心面对人生中呈现的每一个问题，就像镜子一样完全没有偏见。理想地说，在王阳明称之为良知的自明的道德直觉中，情景中的理正是心对它的反应（倪德卫，2006）。

与当下主流心理学把道德的特征界定为社会规范性道德不同，现有道德研究中存在着"心理学家谬误"，即纯粹根据研究资料的有效性来界定道德，而不是从哲学上关注道德应该真正是什么。也正是从这个意义上来说，原典儒学把"德"的生发点建构在内源性的心理体验，特别是情感上。在这个意义上，才有"乃若其情，则可以为善"的道德判断。更为重要的是，"修己以生德"突出了儒家文化对"德的悖论"的解决之道。汉学家倪德卫把"上德不德，是以有德；下德不失德，是以无德"②命名为"德的悖论"。从整体思维的视角来说，在某一具体情境下，时、势、运、命等多种要素总是表现为某种特定的组合方式，此时此刻、此情此景下什么是最有"德"的行为，往往并不是固有规则完全能够囊括的，甚至有时还需要打破固有规则。从孔子的人生际遇来看也是如此，德并非精致的利己主义，在"惶惶然，如丧家犬"之际，委曲求全是适应社会的最好方式，却不是成就德性的方式。然而，正是这种困境或者说"君子固穷"的现实境遇，凸显了"人能弘道，非道弘人"③的德性终极关怀的价值。

把"修己以生德"的向善意志追求建构在心的感应性功能，即情感体验上，从主体意向性上保障了德在社会实用主义层面上能够保持历久弥新性。以规则为中心的道德体系的根本问题是规则并不能够总是告诉我们应该如何去做。现代心理学研究已经证明，情感是人类意识和记忆的起点，在大脑的认知与思维过程中，情感不仅作为一种心理背景参与其中，还常常是引起意识的首因。认知心理学家巴尔斯（2014）曾把意识比作一盏头脑剧场中的聚光灯，灯光照到的地方就是人

---

① [德] 康德.2011. 判断力批判. 李秋零译注. 北京：中国人民大学出版社，86
② 《道德经·第三十八章》
③ 《论语·卫灵公》

所注意到的意识。情感思维的价值不仅在于能帮助我们实现既定目标,更重要的是能帮助我们确定到底要去追求什么样的目标(魏屹东,周振华,2015)。正如《易传·系辞下》所言:"《易》之兴也,其于中古乎?作《易》者,其有忧患乎?是故,履德之基也;谦,德之柄也;复,德之本也;恒,德之固也;损,德之修也;益,德之裕也;困,德之辨也;井,德之地也;巽,德之制也。"德的践行在现实中总有困、损之处,然而,"汝心安否""于心不忍"成为中国文化的最直接参照。Horberg 等(2011)通过综述论证了"情感是道德放大器"的观点。情感不仅对充分而全面地知觉情境的道德意味来说是必需的"信号源",而且服务于高级的道德信念,成为道德判断和行动的"能量源"。缺乏真正的道德情绪是人们常常不能执行道德行为的核心原因(Batson,2011)。

借此,儒学的道德既作为人的情感欲求而具有权利主张,又作为人的本质体现而有了责任担当,从而成为权利与责任的统一体。同时,儒学又以人的道德欲求为自由意志,以人的道德情志展开为自由追求,以道德情感欲求的满足为自由的实现,由此实现权利与责任的现实统一(华军,2015)。情感将智性生命中的主动性转化到身体上,一方面,在具体认知和实践中,维持和推动感性功能;另一方面,在人类社会和历史发展的维度中,激励和守护有限存在者接近至真和至善的理念(周黄,正蜜,2015)。

从心理加工的路径来看,儒家文化注重天人感应与自我反省等作为修己生德的实现方式。《易传·系辞上》提出了"寂然不动,感而遂通"的感应式情绪加工。Murphy 等(2010)采用实验法探讨了"感"这种加工方式与情绪效价、激活等的差异性。研究结果表明,观看情绪图片时,"感"对注意的影响比激活更显著,更为重要的是,如果在实验过程中控制"感",激活对注意的影响将显著减弱。Sundararajan(2015)结合 Murphy 等(2010)的研究提出了情绪的感应取向,这个理论认为与以认知评价为中心的情绪加工完全不同,虽然后者是当下主流心理学的基本研究范式。评价理论认为,对于良好的情绪适应来说,需要完整地建构关于世界的认知地图,即原因与意向客体之间的对应性关系(Deonna,Scherer,2010)。Sundararajan(2015)认为感应取向的情绪加工(A)与主流心理学认知评价加工(B)在下列维度上有差异。①"怎样"与"什么":A 关注个体获得了怎样的感受,B 询问感受是什么。②效果与原因:A 关注情绪刺激产生的效果,B 关注诱发情绪反应的原因是什么。③外部定向与内部定向:A 关注与感应过程有关联的外部刺激,B 则注意自我内部,比如,人格特质或大脑机制等。④整体直觉与细节分析:A 关注感受发生时的整体直观,B 则采用分析思维的方式讨论情绪的效价、激活程度、类型（比如，恐惧、愤怒）等。⑤非命题表征与命题表征：A优先注重非命题表征，如意象或原型，B则优先考虑命题表征或语义表达。

天人感应取向与评价理论对"评价"的重视程度不同，特别强调在感应过程中需要避免成见或己见（包括评价、预期等），如"坐忘"和"心斋"是中国知识分子追求感应的纯粹性和全面性的重要行为方式，朱熹等也特别强调治学时"半日读书，半日静坐"，以"敬和静"的方式实现最接近本真的觉察。从这个意义上来说，天人感应取向在加工过程中不关注个体的利害攸关性，而是关注境况在心理上的直观映射。这种加工取向在价值取向上在于实现"人顺天命"的参天化育之担当。在评价取向的情绪加工过程中，自我与境遇之间的利害关系是评价的中心点，关于利害得失和压力应对的资源是情绪效价与激活强度的绝对影响因素。认知评价加工倾向可能使得个体处于"患得患失"的鄙夫之忧中，与儒家文化追求的不忧不惧的理想人格相去甚远。

在感应过程中，需要减弱个体的认知控制。Bocanegra和Hommel（2014）指出，认知控制的适应性仅局限于情境条件确实需要的情况下，即智慧不仅在于能够控制认知控制，而且能够在必要的时候通过元认知解除认知控制，使之处于自由状态（Memelink, Hommel, 2013）。例如，研究表明，影响学习的脑区与影响成绩的脑区相互竞争，对成绩有益的加工系统并不能同时促进学习，反之亦然。高水平的认知控制在序列加工过程中具有优势，而低水平的认知控制在自动化的平行加工过程中的作用更明显。更具体地来说，高水平的认知控制最适合外显的、规则主导的语言型任务，这类任务对工作记忆有很强的依赖性。低水平的认知控制最适合内隐的、以自我奖励为基础的非语言任务，这类任务的实现与工作记忆的限制性无关（Bocanegra, Hommel, 2014）。围绕正念觉察进行的研究表明，减弱认知控制的一种最简单的方法是允许所有的信息都进入什么正在发生的觉察中（Ryan et al., 2015）。

以感应体知情境时，其质量取决于"诚"。《中庸》在真情实感的基础上进一步提出一个重要的范畴——"诚"。"诚者物之终始，不诚无物。"[1]从《中庸》的论述来看，诚是心性修养最重要的路径之一，《中庸》以"天命之谓性，率性之谓道，修道之谓教"开篇，后文"自诚明，谓之性；自明诚，谓之教"正好与之呼应，通过"诚"这一心理枢纽实现"诚者不勉而中，不思而得，从容中道，圣人也"的理想人格追求和"唯天下至诚……与天地参矣"的天人合一之道。孟子也

---

[1] （宋）朱熹. 1983. 四书章句集注. 北京：中华书局，34

表达了与《中庸》相似的观点:"诚者,天之道也,思诚者,人之道也。万物皆备于我矣。反身而诚,乐莫大焉。"①就孟子而言,"反身而诚"一语明确肯定诚是一种复归于内心深处的精神活动(胡家祥,2012)。

通过诚心正意的修身,个体可获得自知之明(self-knowledge)这一自古以来东西方文化重视的智慧成分。特别是体知性的真知,更是智慧的必要内容。"认识你自己"作为古老的德尔斐神谕在西方广为人知。然而,自知之明是亚洲哲学、禅宗冥想、深度心理治疗等学科的中心问题之一(Walsh,2015),虽然这些学科的一些具体观点存在差异,但是都把自我理解和领悟作为智慧、价值、健康和成熟的核心。在儒家文化中,自诚明的目标并不仅仅局限于个体自我的实现(如果仅仅关注自我,则被认为是非常局限的,甚至歪曲了自我表征),而是把自我置于更具有超越性的大我的认可和认同之中。从本质上而言,这个超越性的大我与"道"相关,然而正如老子所言"道可道,非常道",道可以感知,但不可以言说。识别并认同内在的超越性自我,而不是仅仅把自我维系于某种实际存在的功名、相貌等层面,不仅具有治疗的功效,而且能够使得个体解放自我,获得开悟,而这恰恰是超越概念层面的智慧的核心(Walsh,2015)。但是,自诚明的自我认知不论从个体体验上还是概念知悉上来说都不容易产生,然而,它又是如此重要,许多先贤大德都以此为生命的中心目标和通往智慧的路径。无论是亚里士多德还是孔子,美德都是其生命繁茂的重要养分。

二、心心相印

从儒家文化来看,情感不仅是自我体知的信息源泉,以此实现德配天地的自我修养,而且由于情感具有进化意义上的类属可通约性,由此出发,借助关系认知的思维方式,构造着心心相印(mind-to-mind)的人际情感联结。从文献检索来看,"亲密、人际沟通"等问题依然是当下心理研究和治疗工作者最关注的社会心理问题。孤独的心灵与知音难求的困厄,有情众生的烦恼,在儒家文化中被创造为点点滴滴总关情的美轮美奂。如苏轼《水龙吟》中的"不恨此花飞尽,恨西园,落红难缀。晓来雨过,遗踪何在?一池萍碎。春色三分,二分尘土,一分流水。细看来,不是杨花,点点是离人泪"。在这里,人与人、人与物之间的关系因"情"而美妙多姿、深刻婉约。下面拟结合"关系认知"研究的相关成果,阐释儒家文化从情出发,在人际层面上积累的心心相印的智慧。

---

① 《孟子·尽心章句上》

在儒家文化中，人与社会、他人之间并不是对立的紧张关系，而是通过人与社会、他人之间的关系性联结，进而通过在这种关系性联结中生成的情感体验获得良好的自我积极体认。儒家文化信仰以修身作为个体人生追求的逻辑起点，进而实现治国、平天下的治世理想，儒家文化最终关心的是通过追求内在的"善"，而不是外在的利益，来达到公正和仁爱（Fan，2010）。需要强调的是，儒家文化体系的逻辑终点并不局限于自我的命运，而是积极地建构人与世界之间的责任关系。从这个意义上来说，修己生德是关系感知的起点，而不是终点。道德世界开始于对关系的情感感知，即人需要通过唤醒对关系的感受成为一个有道德的人，通过适当的自我实现和关系的培养，实现最终的生活目标。也就是说，儒家文化把充分地实现目标作为人的本性追求，但是需要通过社会公认的方式，个人才可能成就并确立道德修养。

Nisbett（2003）问中国学者：为什么东西方各自发展了不同的思维方式？中国学者回答：因为你们有亚里士多德，我们有孔子。Sundararajan（2015）认为，与柏拉图、亚里士多德等优先重视理性和逻辑不同，孔子把情感的教化作为教育的优先目标。但是这种差异性并不意味着中国文化没有希腊走得更远，而仅仅是这两种文化各自在不同的方向上前进。中国学者金观涛和刘青峰（2015）也从文化超越的不同性质，把中国文化特别是儒家文化与西方基督教文化划分为两种不同的类型，儒家文化强调在此世内依靠自我的德性力量实现自我超越的人生价值，基督教文化强调在彼岸（天国）依靠上帝的救赎实现自我拯救。

当前，在心理学研究中，因思维的起点不同，提出了两种相互对应的大脑智慧进化的假设，即认知的与社会的。Bloom（2009）认为，人类大脑在进化过程中发展出了两类相互独立的理性思维系统，分别关注物理与社会两种不同性质的世界。虽然在现实生活中任何社会都需要这两种类型的思维，但是不同的文化却对这两类思维系统各有侧重，对个人主义价值追求的社会来说，优先发展了非关系认知（non-relational cognition），通常更关注智力，而在追求集体主义价值的社会，比如，中国，则优先发展了关系认知（relational cognition）。

这两种类型的理性也可以被理解为两类心理活动的方式，即认识世界（mind-to-world）和认识心灵（mind-to-mind），认识世界的心理活动关注差异性，而认识心灵的心理活动则关注相似性。根据McKeown（2013）的观点，这两种心理活动方式对应三种类型的知识，认识世界的心理活动对应客观的公共知识（a），而认识心灵的心理活动则由于指向对象包括自我和人际，分别对应主观的自我知识（b）和主观的人际的分享知识（c）。因此，人际的沟通服务于三重目标：①交换命题性信息，

②校准心理表征的对等性；③理解沟通对象心理的能力。从目标①到目标②和③的转向，使得心理实现了从认识世界转向认识心灵，这种关系理性的转向为更抽象的心理表征的产生提供了路径。

相比较而言，关系认知与非关系认知各自有不同的侧重点，正如 Forgeard 和 Mecklenburg（2013）指出的，在关系认知中，主体知晓他人的观念、感受和主观经验，旨在增加与他人的沟通和共情，最终实现维系人际亲密情感联结的目标；与之相反，在非关系认知中，主体围绕问题解决而发现、传播和使用知识，知识的终点在于主体自身，这与关系认知中旨在增加他人的情感幸福和亲密感受不同。Thomas 等（2014）指出，社会合作不是动机问题，而是认识论问题，即行为者怎样知晓彼此之间的心理状态。Thomas 等区分了三种类型的知识，即公共知识、人际共享知识、自我私有知识。由于人际觉察的层级不同，人际共享知识又可以进一步分为"我知你知 X"和"我知你知我知 X"两种类型。通过实验研究，Thomas 等认为"我知你知我知 X"是最能够促进社会合作的心理状态，同时，社会合作的最基本方式是互惠互利的，而不是利他的。

从社会脑假设（social brain hypothesis）来看，关系认知具有非常重要的意义。早在 20 世纪 90 年代，Brothers（1990）就根据灵长类社会活动的多样性提出了社会脑假说，认为包括人类在内的灵长类大脑内存在能够认识和理解他人表情的神经机制，在社会交往中，人会通过该中枢迅速理解与他人相互作用的各种信息，比如，目的、意图、信念等，从而达到与他人进行有效沟通和交往。心理学中的传统智慧观认为，人类大脑的进化主要表现在聪明上，即学习、辨别、问题解决等。然而，当前的社会脑假设认为，相对于聪明来说，人类大脑的进化更为重要的表现是社会性（Henrich, Gil-White, 2001）。Tomasello 和 Herrmann（2010）指出，大猩猩与人类认知的最主要的区别在于人类具有意图分享的能力，意图理解是人类心理相互作用的重要方式。人类作为社会性物种，在社会环境中有效地探测到可以建立有意义的心理联结的目标是非常重要的。社会脑假设一方面强调了社会认知能力是脑在进化过程中逐步具备的重要功能；另一方面，从大脑的发展角度来说，通过社会认知的过程，可以不断优化大脑结构，也就是说，群体生活创造了大脑进化的生态环境，即人类智慧进化的关键因素是社会互动，而不是食物采摘、工具使用（Henrich, Gil-White, 2001）。McKeown（2013）指出，意识拓展不仅可以通过理性或认知来实现，而且可以通过心灵与心灵的互动来实现，个体越擅长体知自我的心灵和他人的心灵，也就越能够获得更为精致的情感体验。

Sundararajan（2015）通过分析中国的文化生活，指出中国文化把情感感应能力作为积极的个性品质，并通过情感感应拓展意识。Sundararajan（2015）认为，中国文化优先重视关系认知，特别倾向于高对称性的公共分享情境，并努力使强关系联结的个体之间保持和谐一致；在资源有限的情况下，更注意丰富和加强亲密关系，相对忽略了需要努力管理的陌生人关系。在亲密关系的沟通中，相似的个体之间可以自发地使用模糊的甚至意义不明朗的内隐沟通，而陌生人之间的沟通则需要以规则为基础的逻辑推理，唯有如此才能够进行外显的、清楚而准确的沟通。从情感的角度来说，相似个体之间的共振的快乐在心灵之间的激荡中得到相互增强，这种众乐乐的人际亲密体验远远优于知识和信息的获得本身。

从目标追求的策略选择来说，关系认知更有助于众人福祉的实现。Orehek 和 Vazeou-Nieuwenhuis（2013）指出，有两种目标达成策略：一种是序列的；另一种是并列的。这两种策略之间的差异在于对工具与价值属性的考量。当主导性的利益点是获得即刻而稳定的进步时，序列型的目标追求被偏爱，然而，当主要的利益关注是尽可能地做出最好的选择时，能够保障和谐的并列性的目标将成为追求的对象。有助于实现和谐的并列性目标追求策略优于序列目标追求策略的原因在于，其在性质上是温和的，在道德领域更是如此。Orehek 和 Vazeou-Nieuwenhuis（2013）指出，由于序列目标追求策略往往使得子目标相互竞争，甚至一种目标掩蔽另外一种目标，因而易产生道德性问题。但是，并列目标追求策略因需要尽可能地满足多元目标，因此在保障目标实现的过程中，非常必要以道德的方式限制一些极端的选择。

在心理的相互作用中，正如中国谚语所表达的，"人心隔肚皮"，有很大的不确定性。因此，Sundararajan 认为，Thomas 等（2014）的实验是基于市场经济条件下的弱关系背景的研究，然而在传统强关系社会，如以夫妻、兄弟等为合作伙伴的家族企业，如何做出商业决策呢？在这种境遇下，沟通的有关表征中将可能包含较高比例的社会关系和群体动力的内容，而不仅仅是对物理世界的客观认知。从这个意义上来说，中国从情感出发，通过关系认知的思维方式建构了强关系背景中的社会情感联结网络和社会等级模式，即家国同构的制度模式，保障人际情感沟通的确信度，并通过强关系体的利益一体化降低沟通成本。金观涛和刘青峰（2015）认为，自汉朝家国同构模式建构之后，中国的社会制度就没有再超出这种模式。其他学者也指出，在中国，感情、亲密与信任比规范、权力、角色限制等更重要（Yeh, Bedford, 2003）。

Oyserman 等（2002）指出，集体主义文化的典型特征是相似的个体之间形成持久的关系，而个体主义的文化更注重在复杂的社会中形成暂时的关系。儒家文化以孝亲为情感起点，构造了人际情感交流的互惠伦理，即"君惠臣忠、父慈子孝、兄友弟恭、夫义妇顺、朋友有信"等人际情感交流的价值规范，这些规范对情感互动提出了具体的要求。在这五种人际交流模式中，除了朋友交可以实现对等性外，其他四种人际交往都具有权力不对称性，通过这种方式限制和规范地位不平等双方的情感交流特征，为社会互动的顺畅提供了必要的保障。人际情感最大的特点就是非独立性，它只能产生于关系中，还能够把相互分离的双方定义为新的整体。正如黑格尔所言，"情"恰恰是个体生命从游离状态回到整体、伦理实体中的重要中介环节和根本动力。采用双重规定的方式规范不同类型的人际交流，对于更好地发挥情感的沟通效用有着重要的意义。为了保障人际互惠发生的可能性，儒家文化还基于关系认知提出"忠恕"之道，现代学者更多认同忠恕不仅是德行，更是中国人的思考方式（景怀斌，2005）。汉学家倪德卫（2006）把"己欲立而立人，己欲达而达人；己所不欲勿施于人"作为交往的通行准则。

　　从情感出发的关系认知不仅表现在人与人之间的情感联结上，在中国文化中还表现为人与物的关系转换为心灵的新情态，这种特点典型地表现在各种艺术形式中。例如，苏轼的《赤壁赋》《念奴娇·赤壁怀古》中就具有这种转化的特点。从整体上来说，儒家文化着重强调了诗、礼、乐三种文化载体对情感的转换。孔子评韶乐的"尽善尽美"成为文化载体精致情感的最高境界，被精致转换后的情感成为"人之美也"的新情态，甚至具有"哀亦乐"的审美体验。因为表现形态各有侧重，这三种文化载体在精致情感方面也有差异。从中国文学史来看，"诗"这种载体强调抒情和言志的和谐统一，以志统情，以情立志。"礼"这种载体则凸显了情之隆盛和庄重。"乐"这种载体重在强调情之多样性的转换及调和，使得情感冲突得到完美的解决。同时，诗、礼、乐这三种载体又往往交错辉映，增强了情感的激发和共鸣效果。比如，京剧、昆曲等艺术形式在情感的表现上就融合了这三种载体的特点，使情感在很美的境界中充分地表现，台上台下构成特有的情感联动体，让人回味无穷，流连忘返。孔子"三月不知肉味"的情之沉浸和共鸣就是这种情感共振状态的很好例证。共振是心理分享的结果，这种心理效果的创造在于情境与心理预期相匹配（Siegel，2007）。每个心灵依然在寻觅，从情感出发，实现心心相印，让无所依的孤独消解在分享建构的共享情感里，是儒家文化的重要智慧。

　　从神经机制的角度来看，Kühn等（2011）的研究发现，无论是什么情绪，如果被试的情绪状态与刺激相符，内侧眶额皮层（medial orbitofrontal cortex）和腹内侧前额皮层（ventromedial prefrontal cortex）就会被激活，大脑的这个区域与积极感受和奖励性加工有关。然而，如果被试的情绪状态与刺激不相符，则会激活背外侧前额皮层（dorsolateral prefrontal cortex）以及大脑后侧的颞上回（superior temporal gyrus），这两个区域与冲突加工有关。这个结果可以被解释为大脑的奖惩区域并不仅仅在人们模仿高兴情绪面孔时被激活，在模仿悲伤面孔时也可能被激活。同时，情绪不同步会导致大脑更高级区域的被激活，比如，冲突加工区。从这个意义上来说，同情不仅指一个人对他人的怜悯，而是有着更为广泛的含义，那就是泛指人们对同一种情感的分享或对他人情感的参与。

三、心灵自由

儒家文化从情感出发，不仅通过关系认知构造了人与人、人与世界之间的道德情感联结，更为重要的是，儒家文化通过情感的转换和创造，在心灵层面上构造了超越性的自由状态。目前，积极关注人自身的发展已经成为潮流，在这种时代背景下，更有必要深入理解理想心理状态——心灵自由之境的实现方法与路径。自 20 世纪末以来，西方社会整体上表现出宗教性质的信仰减少，而个体性终极信仰却得以快速发展（Flanagan，Jupp，2007）。当前，个体化信仰已成为宗教神学和社会学科等各个方面关注的热点领域（Rousseau，2014）。无论是宗教的还是个体性的终极观，都具有三个基本特征，即与超越性力量联系、自我意识觉醒确立、构成生命价值和意义感（Dent et al.，2005）。

正如 Bollas（2003）所说，超越是东方文化的特点，英雄主义是西方文化的特点，每一种文化都注重自由心灵的培育。因此，人类不仅注意情境，更为重要的是，人类还积极创造情境，比如，中国文化的艺术作品通过建构理想的心理世界，创造出滋养人的现实生存的新境遇。Bollas（2003）认为，在儒家文化中，诗是心灵的模具，孔子以诗为中心的教学法（不学诗，无以言）的意蕴在于发展意识的结构。

Sundararajan（2015）认为，就心灵自由的自我培育来说，儒家文化发展了情感精致（emotional refinement）的培育路径。情感精致需要两种能力：体验觉察与复杂认知（Frijda，Sundararajan，2007）。体验觉察是复杂认知的基础，个体必须在多水平层次上感知到情绪的微妙变化，品味是这种觉察的典型方式。情感精致过程之所以需要复杂认知这种能力，是因为达成情感和谐需要关注复杂认识涉及的核心要素，如辨别、分化和综合。Sundararajan（2015）认为，通过浪漫精神的转换，中国文化中的情感不再是西方主流心理学所探讨的"有""无"问题，而是成为如何通过精致的感受和自由的精神来表达情感的问题。

在整个儒家文化系统中，基本上无法确定哪些情绪从本质上而言是恶的，需要消除或控制。例如，从《论语》来看，"欲望"并非在本质上是恶的，在孔子看来，欲望的价值依赖于是谁有这种欲望，若君子拥有，则是美好的。由此来看，精致这一情感修养目标超出了调节，这是因为从情绪调节的角度来看，一旦消除了个体不喜欢的情绪，就达成了调节目标；情绪精致除了获得精细复杂的情绪体验外，还包含更多微妙的目标，比如，创造、人格成熟和发展等。儒家文化的情感精致在超越层面上也不同于庄子的"无情"，王弼的"君子有情而不为情所累"，以及魏晋时期的名士"风流"，而是端庄典雅、温馨和煦，如《论语》描述的孔子形象，"子温而厉，威而不猛，恭而安"①。被精致后的情感在艺术表现形态上体现为多种理想的情感状态合为一体，同时具有真实、创造、自发、自由等特征，即最单纯的符号自然而然地自由地表达最深刻的意蕴。

Sundararajan（2010）等认为，中国儒家传统中最重要的精致情感的方式是品味，这是因为品味包含情感精致的两个关键特征——超然和自我反思（Frijda，Sundararajan，2007）。其中，自我反思可以融合意识性加工的两种成分：二次觉察（second-order awareness）与自我指向的注意（self-directed attention）。二次觉察与首次体验（first-order experience）相对应，自我指向的注意与外部指向的注意（outward-directed attention）相对应。通过二次觉察，情感体验被延长，或者被更清晰地区分（Frijda，Sundararajan，2007）。自我反思能够增强意识，是知晓"我知"的独一无二的心智方式。根据 Humphrey（2006）的研究，某种意识状态的质量取决于大脑思维环路的再次激活，即神经活动从对刺激做反应转向对神经活动自身做反应，从而创造出自我共振的状态。

Sundararajan（2010）还进一步指出，品味是以"和"为基础的辨别性加工，"和"的原则不是整齐划一或者维持现状，而是各个成分相互作用，构造出新的"品位"。这个过程恰如高明的厨师使用各种调味料构造出某种新奇美妙的味道。中国文化常用酸、甜、苦、辣、咸等味觉感受描述人们对生活的感受，有时候还习惯用"五味杂陈"来形容感受的复杂性。品味就是仔细、耐心地体会和享受这种美妙，如果在品味性加工过程中获得较为精确的区分，则意味着情感敏锐（emotional acuity）：①能够捕捉到微弱或微妙的情绪反应，而情感不敏锐的人则不会产生这种类型的情感反应；②能够区分微妙情绪反应中包含的多种成分，而

---

① 《论语·述而》

情感不敏锐的人则只能区分出基本的情感。

总之，品味是一种独特的分辨，包含一系列矛盾的融合，并对内外信息保持全面的开放性，是以加工情感为基础的愉快的享受，而不是简单地对刺激对象做好恶评判（Frijda，Sundararajan，2007），这是通过体验进行学习的一种非常独特的技能。比如，怎样在家庭生活中获得和谐？好的建议就是"享受您的妻子和孩子带给您的愉悦"。享受是品味的一种形式，因为此时让个人产生愉快的是自己的体验，而不是刺激本身。通过品味，我们积极地与世界建立联系，而不是受控于刺激的干扰。这也是中国"心学"一再强调的，通过心灵的转换，使外部的刺激成为可以在心理上产生美学距离的对象，在对其进行更为清晰和准确的把握的同时，获得可以观照自我情绪起起落落的自由感。

除了通过品味建立人与物的心理距离和美学欣赏的空间外，儒家文化认为还应该通过创造性转换在不同的心灵境界获得新的自由。正如Averill（2001）所说："情感不仅仅依赖于精致，从更基本的意义上讲，它是一种转换，当这种转换有益时，我们称其为情绪创造。"蒙培元先生指出，"心灵创造的结果，就是建立一个超越的精神世界，也就是精神境界。这既是心灵的创造，又是实现自己的过程"[①]。他还指出，"在中国哲学看来，人生的价值和乐趣，既不是满足感性欲望，也不是获得外在知识，更不是追求彼岸的永恒，而是实现一种心灵境界。这才是安身立命之地，能使心灵有所安顿，人生有所归属"[②]。在中国文化中，人们通过自我反思瓦解了创造者和创造物之间的二分法（Sundararajan，Averill，2007），即创造物融入了创造者自身的灵性和情感。儒家文化以"孔颜之乐"表达了心灵自由的可能性，激励后学"穷而不困，忧而意不衰也"。

从超越的程度上而言，儒家文化提出了各种境界说，如冯友兰先生提出四重境界说，即自然境界、功利境界、道德境界、天地境界。在不同境界中，人们感知和体悟情感的能力是不同的，在自然境界和功利境界中，人们由于自我利害的束缚而"好好之，恶恶臭"，不能以美的方式欣赏情感；在道德境界和天地境界中，人们能够挣脱自我利害的束缚，较为自由地感受情感的自然和自由状态。虽然在短暂的生命历程中，儒家文化倡导不断地追求心灵的超越，提升心灵存在的境界，但是儒家文化的追随者似乎须臾不曾离开生活，无论是周敦颐的窗前草，还是陶渊明的东篱菊，生活永远是情感创造的出发点与皈依，同时因为情感的投入和创造，这种生活成为值得过、具有价值意义的新生活，即中国的文化传统历来强调

[①] 蒙培元. 1998. 心灵超越与境界. 北京：人民出版社，51
[②] 蒙培元. 1998. 心灵超越与境界. 北京：人民出版社，456

生活和艺术的交融（Sundararajan，Averill，2007）——"诗意栖居"。艺术化的生存可以不断激发心灵的创造和创造的物化。通过这种有价值的新生活，生死悲欢、爱恨别离的现实境遇不再让人感到局促不安，而是坦然、自由——不忧不惧，乐以忘忧。

四、结语

1884年，心理学家詹姆斯（William James）就提出了"什么是情绪"这一问题，但是直到现在这个问题都没有得到很好的解决。当前，主流心理学对情绪的定义大多在刺激-反应的框架下进行，即情绪是评估内外环境条件满足个体动机性需要程度的心理系统。但是，正如Sundararajan（2015）指出的，中国文化中以整体思维的方式理解感受和经验，这种思维方式并不主张把情绪还原为恐惧、愤怒等具体的情绪状态，而是人参与世界的高级心智技能，是人类天性的显现，包含反应性、真实性、主动性和创造性等生生不息的强大力量。通过情感的路径，个体才有可能最大限度地接近天道，用学者景怀斌的话来说，就是"个体无论持什么样的终极观，均面对人'性'之体悟，认定与展开……人由此走向德性追寻并获得生命价值与意义的道路"[①]。通过这种方式，我们不仅仅是外部刺激的接收者，还会通过情感期望主动地创造可能际遇，创造道德的生活。

这种思考框架与当下主流心理学把情绪看作情境事件的反应系统存在很大的差异性。在中国文化中，情感反应是人类存在性判断的基础，而不是认知评价情绪理论主张的情绪是由认知内容和思维方式决定的。对某些类型的知识来说，情感是第一位的，并且是评价的基础，比如，在人际亲密关系选择中，个体必须先体验到某种情绪反应，才能够知晓和判断这种关系选择是否正确。这种观点与情绪的认知评价观不同，认知评价观强调认知决定情绪，有认知才有相应的情绪体验。

在这种思考框架下，情感不是外在于主体之外的需要调节的对象。当前的情绪调节观点通常具有情绪调节的客体化倾向，例如，Gross and Barrett（2011）把情绪调节定义为个体影响他们拥有哪些情绪，什么时候拥有这种情绪，以及怎样体验和表达这些情绪。在这种观点的指导下，情绪体验者和情绪调节者相互分离，从而产生冲突性调节，甚至有可能由于调节动机产生趋乐避苦的倾向，导致情绪调节目标的价值正当性（孙俊才等，2014）出现问题。在儒家文化的情感框架下，

[①] 景怀斌．2015．德性认知的心理机制与启示．中国社会科学，（9）：183-203，208

个体通常更像鉴赏家，通过感知、品味、追随情感来领悟和创造人生。

除此之外，当前主流情绪心理研究通常只探究暂时的情绪状态，而不是具有文化共通意义的情感。但是，从情感反应持久精致的视角和创造性视角来看，暂时的情绪状态总是处在起伏波动中，是自然而然的表现，然而只有通过文化精致和创造的情感才更能够体现人的主动性，同时通过人际情感关系的积极培育，创造各种社会人际情感联结，产生情感共鸣，相互激荡生命的愉悦，在超越的层面实现人的心灵自由。正如 Averill（2011）指出的，只有当文化外来者切实体验到文化特色的情感时，真正的文化适应才能够产生。

在长期的历史积淀中，儒家文化蕴含了大量的情感知识和智慧，为我们理解生死、生命的价值提供了参照。文化心理研究的目标是发现隐藏在自我之中的其他真实。儒家文化把情感的生成、调节和创造置于"修身，齐家，治国，平天下"的宏大背景中，围绕"安身和治世"的核心追求，以人类共通的自然之情为切入点，以忧—乐为基本维度，以和谐为基本准则，以生命终极意义的文化探索为基本动力，构造出促进社会价值（止于至善）维系与发展的情感文化和规则体系。由此，儒家文化建构了自然情感的提升规则和路径。这种提升既建立在先天的人之共通性的基础上，又建立在后天对社会生活秩序和理想社会生活的积极追求的基础上，并把这种追求进一步上升为心灵层面的愉悦和恒久期待。当下，也更迫切地需要更为合适的心理学研究框架解释儒家文化一再倡导的"中和"情感，追随先哲的脚步，探索自孔子以来中国文化旨在通过情感建构的"至善、正义、德性"的社会秩序与人的价值化成长。

第三节　情投意合：人际关系的儒家境界[①]

在《中庸》中，恰当聚焦的人类情感被视为宇宙秩序的自然显现——致中和，天地位焉，万物育焉。由于情感定义着人的互动品质，在早期儒家关于人的论述中，对情感的恰当表达就绝对是一个重要的因素（安乐哲，郝大伟，2011）。人与人之间的创造性互动为对方以及周围环境彰显其各自的情感提供了可能性，通过成就"仁"的状态，可以达成尽善尽美的人与社群的持续共同繁荣。此外，"情"对于理解人的共同创造性本身那种非常情境化和远景化的属性是很重要的。人处

[①] 本节内容基于如下研究改写而成：孙俊才. 2018. 情投意合：人际关系的儒家境界. 南京师大学报（社会科学版），(4)：83-91

在种种关系中，当人际互动由弥散的场域化状态转变成聚焦化状态时，这些关系会被赋予相应的价值，此时人们彼此之间的创造性互动借由情感的互相敞开而凸显出来。

一、关系性存在

"情人眼里出西施"，我们能从自己心爱的人身上看到完美、迷人之处，而这些独特的魅力是局外人很难觉察到的。亲密的感情是真实地认识我们所爱之人的关键情境参照。正是由于这份独特的亲密关系，我们可以以最适宜的方式关注对方，使之成为一个造化杰作，天经地义地存在于那些赋他（她）生命空间的情感关系中。从这个意义上来说，人与人之间正在行动和正在经历的那些创造性转化都是彼此之间情感的昭显，从人际关系的角度来说，唯一的创造性是共同创造性。因此，情感的表达特质和主观形式必然会伴随协同创造过程的独一无二的视角。

在通过彼此的感情深入且亲密地了解对方的过程中，人际双方构造了一份独特、唯一、真诚的关系，日益结合为一体并完善彼此。儒家文化恰恰是从情境化的角色与关系中的彼此互动过程来探讨并规范生命的样态，引导我们从自然生发的感情出发，成就为具有创造性意义的关系状态。从这个意义上来讲，经由情感的独特的爱恋而产生的发育完善，既是认知的，又是感性的，既是美学的，又带有强烈的宗教性（安乐哲，郝大伟，2011）。

在儒家思想中，情投意合的关系性存在占有重要的位置。儒家思想从内在生成论视角来讨论善的践行和德性发育，充分讨论了自我如何在德性关系中发育完善。然而，儒家理解的"生成中的人"是一个生成的、开放的概念，即人和叙事乃是同一的、相互蕴含的过程（安乐哲，罗斯文，2013），也就是说"生成中的人"是所有关系的综合，在关系中构成自身，而关系本身是内在的（安乐哲等，2016）。这种定义方式与当下以工具为目标的关系主义有着本质的差异，比如，对于"仁"的理解，郝大伟和安乐哲（1996）指出，"仁"在本质上是具有主体间性的，是按照他和人群共同体交往的情况来定义的，当仁者的人格扩充，成为一个"大人"，进入了一个超出任何"本我－自我"的领域时，才表现出其独特的契合价值追求的境遇意义。从这个意义上来说，"仁"并非某种固定的人格品质或美德，而是人际境遇上的情感意义的彰显，在保障人际关系持续性的同时，自我的自主性也获得同步的发育和完善，即君子品格的塑造。Lim 和 Putnam（2010）的实证研究结果支持"在关系中生成"的观点，这一研究发现社会网络建设是导致有宗教信仰的个体产生更多生活满意性体验的核心因素。

从哲学意蕴上来说，儒家倡导的这种相互成就的关系不是现代哲学讨论的"人与他者"的对立与竞争，而是通过相互成就的关系构造出新境遇下的"善"，并不断推进向前。从关系的视角来理解人，意味着人与物在具体的情境中相依、融合为一，并不断实现这种融合性的创造。这意味着关系的建设与维系具有突出意义，是个体思考的出发点与回归处，并借由关系的成效体现自身的价值性。对关系的这种追求，在中国文化中表现为境遇虽然是多变的，但人生的价值诉求是稳定的，复杂的生活境遇在心灵层面上化繁为简，成为"吾欲仁，斯仁至矣"的内向性价值追求。在关系网络中，每个个体的主体性都表现为"自主与关联"的最佳聚合。

儒家文化还以具有价值方向的"礼"的系统来达成行为上的一致性，并传达某种关系要求的敬重与忠诚。"礼"涉及个人持续的投入，伴随着坚持和努力，这种个人投入的过程净化了公共的社会交往过程，从而具有倾向性和富有成果。在《中庸》中，"情"更具有倾向性。作为构成一种感受性的场域，情感在我们生活的日用伦常之中被聚焦，营造一种持久的和谐（安乐哲，郝大伟，2011）。遵循"礼"的生活是一个持续成长和延伸的过程，在终其一生的达道的过程中保持一种稳固的平衡。"礼"并非只是固定于一种文化传统内部的适切性的标准，其还有助于塑造和管理"礼"的参与者，即礼仪还具有重要的创造性意义。我们可以通过"礼"来富有成效地协调各种角色和关系，在这一过程中产生的不仅是恰如其分的各种举措，最终更是凸显并丰富了社群的深刻的精神感受性（安乐哲，郝大伟，2011）。

正如"仁"始终是"礼"的依托之本，"情意与情义"是儒家关系性存在的内感性的外在标准，表现为既是自我表达，同时又是世界表达，这种标准的终极参照体系是"天"，"天-人"关系的适切度是考量人的创造属性的核心标准。对于这一点，可以从《中庸》对"情感与诚"的论述中看到端倪。《中庸》以"参天化育"为终极关怀，将人类提升到共同创造性的地位，同时，《中庸》还进一步论述了如何通过"自诚"的方式，无限接近这一终极。即"诚"是一个由构成性关系的独特性和持久性决定的过程，这种决定性关系决定了一个特定的事物或人的本来样子如何在关系中生发并充分地完善，即如何经由"天-人"这一基本的范畴之间的共同创造实现"成己成物"。这种终极性的价值关怀在日用伦常中表现为在事物的彼此关联中发现和投入，同所有的事物相容共处。通过这种方式，人的成长和拓展的过程既为意义总体所塑造，同时又对意义总体有所贡献，从而实现"参天化育"的"共同创造性"。在《中庸》看来,"诚"是参天化育的起点与持续的校准参照,"诚"的依托又恰恰是"最具生意"的"情"。从这个意义上而言,就可以理解《中庸》开篇从"情"的"发与未发"提出的基本命题——"致中和"是参天化育的适切状态。

对自我建构的实证研究表明,"关系性存在"的观点具有重要意义。Andersen 和 Chen（2002）提出了关系自我（relational self）,认为与自我有关的认知不仅与重要他人的认知密切关联,而且直接蕴含于对重要他人的认知中。后续的实验研究结果表明,从根本上来说,自我是基于人际关系性质存在的,而且与重要他人的关系在情境线索下会自动激活,并成为自我的情感性体验和表达（Andersen et al.,2016）。Rai 和 Fiske（2011）对道德动机的研究也表明,道德心理是为了均衡、等级、平等的社会秩序的实现而进行关系调节的过程。在道德心理研究中,公正与关怀两种研究视角之间一直无法解决彼此的争论,然而如果从关系调节来看,这两种视角恰恰不是研究者最初设想的对立状态,而应是某种具体情境下的复合状态,即在具体情境中的关系状态的调节中,应该优先选择公正还是关怀,或者是两者之间的某种状态？

总之,儒家文化创造了"关系存在"这种思考人的存在样态的方向,即一个人只有在从他人返回到自我,并说明了自我以后,才能决定什么是适当的,自我与关系持续地相互规约,既通过关系说明自我,又通过关系展现自己的卓越性,或者敬从他人的卓越性。从生命理想的规划来看,儒家认为个体的生命不是维持这种关系的一种手段,而是构造生命的路径,合理而得体地生活于人与人的关系之中,个体的生活才能真正成为人的生活。通过这种方式,自我不仅获得了持续的人际联通性与社会成效,而且保障了自我处于典范参照的现实境遇中,在这种适切的关系中实践善并获得完备的理想人格。从心理机制的运作层面来看,人与人之间这种最优化的关系的实现,表现为"情投意合"的关系状态。从这个意义上来说,关系性存在成为个体性生命转化与修养的归宿,并借此完善主体意志的美与德性,实现最优质的关系调节与维持。

二、同情共感与意图知觉

儒家文化从人际的"感"与"应"的联合创造,建构心灵之间的表征的同构性,并在此基础上产生新的体验和心灵产品。这种联合创造的方式在现象上表现为"心心相印"的状态。"感"是基于相似性的反应,由此而生成的宇宙观是一种有情感的世界。人对这种力量的感知与体悟是体现"天人合一""万物一体为仁"感应理想的方法（Sundararajan，2015）。"感应"则是双向的交流，天人感应、人神感应、心物感应都是认为对方具有主体性的表现。人际双方通过"感而应之"的方式达到"情投意合"的状态，充分地保障互动主体的主动性与时间维度上的共同协调的创造性。

"感而应之"，需要自我积极参与到他人独特的体验之中，并产生自己的理解。Preston 和 De Waal（2002）的研究表明，客体状态知觉会激活知觉主体的对应性表征，进而激活躯体和自动的反应。这些机制的支持能够促进生物繁衍生息的基础性行为（比如，警觉、社会促进、母婴反应等）。在对应性表征的基础上，人们还能够对他人的情绪状态产生领悟或体会，从而对他人的情绪形成类似的情绪体验。在生命的早期，人类就不仅能够从情感上与他人的状态协调一致，而且通过使用社会-认知工具，能够对他人产生真正的共情关注。从生命的早期开始，这种共情关注就表现出对亲社会行为强大的指引力与反社会行为的抑制力。这种基本的能力与我们一同发展，并贯穿生命的全程。在这个过程中，改变与不断完善的是我们的心智化能力，以及儿童不断增长的关于世界的知识，这两个方面都有助于提高儿童在复杂情境下帮助他人的能力（Davidov et al.，2013）。

对于亲社会行为的发生来说，共情性反应是必要的条件，但还不是充分的条件，亲社会行为的发生还需要具备对他人利益真切关注的动机。这是因为仅仅知道他人是如何感受的与真切地关心他人的感受并不完全相同。因此，要培育亲社会行为，还需要积极地关怀他人，即观察者不仅感到他人之所感，而且需要产生强大的动力，关怀对方，给对方之所需，为对方增添福祉，即在"感"的基础上能够做出价值化的"应"。综上所述，人际联盟不仅仅是指交往双方之间的感情状态具有一致性，而且他们的目标与动机也必须具有同步的一致性：交往双方都为对方利益积极投入，并感受到对方的疾苦并努力改善（Vaish，Tomasello，2014）。

从这个意义上来说，同情共感是一个关于"人际与关系的概念"（Main et al.，2017）。通过运用共情对象的反馈，持续地关注共情对象的情绪状态，以获得更适切的理解，是同情共感加工中必不可少的内容。这需要多种认知的和情绪的神经网络的联合激活，而且可区分的加工成分（比如，心理表征与体验共享）是否可以提高共情加工的正确率，还依赖于人际的和其他情境因素（Zaki，Ochsner，2012）。同时，还需要考虑时间、过程等要素，因为情绪在社会互动过程中会持续地发生起伏波动（Butler，2015）。从动态的视角对神经机制进行的研究也表明，对共情产生过程的理解需要超越镜像神经元，需要更进一步地理解小脑与基底神经节在社会适切行为的产生与解释中的作用。

同情共感是联合创造的情感场域基础,然而从人类文明的发展来看,人不仅需要知觉他人的行动,更为重要的是要理解其行动的意图(Blakemore, Decety, 2001),并在同情共感的基础上建构道德理想社会(Cornwell, Higgins, 2015)。Tomasello 等(2005)指出,人类认知与其他物种之间的关键区别在于,人类能够与他人共同参与具有共同目标和意图的协作活动,即有共享意图(shared intentionality)。共享意图的形成不仅需要较强的意图知悉能力和进行文化学习,而且需要一种独特的动机来与他人分享心理状态以及独特的认知表征形式。参与意图共享活动的结果是逐步构造了物种独属的文化认知形式,并不断进化,从而能够使得建构社会组织的一切要素,如创造与运用符号,产生社会规范和个体信念,并使其逐步完善。从文化进化的角度来说,最为显著的特征就是系统发展了宗教和道德,以保障个体的发展与人类社会的发展方向具有一致性(Norenzayan, Shariff, 2008)。

比较心理研究表明,即使与同类共享同一种心理状态,猿类依然缺乏动机与技能。虽然猿类的幼子能够与母猿动态地互动并有行为上的反应,甚至有时还表现出一些充满母爱的凝视与社会性微笑,但是我们依然没有观察到幼子与母猿之间有任何的前语言交流。虽然所有灵长类的母子都能表达类似依恋的社会情绪,然而人类的母子在进行社会交往时会比猿类表现出更多的行为互动,表达更多的、范围更广的情绪(比如,大笑、哭、微笑、咿呀学语),特别是会表现出更多积极的情绪表情,来增强母子之间情绪卷入的动力。总之,基于上述证据,我们似乎可以得出一个一般性的结论:虽然猿类彼此之间能够进行无数非常复杂的互动,但是它们既不具备动机也不具备与人类一样的能力,不能与同类分享情绪、经验、行动等。人类不仅能够把他人理解为具有意图和理性的主动行为者,还具备独特的社会性能力,使得人类能够在动机与认知技能上可感受、体验他人,并可以共同行动。我们可以从发生学的角度把这种独特的能力称为共享(或我们)意图(Vaish, Tomasello, 2014)。

理解意图是最基础的人际认知,可以为人们进行最佳决策提供解释矩阵,即正确地知悉对方此时此刻正在做什么。因此,共享意图有时可以被称为"我们"的意图,用来指代合作型的互动中每个参与者拥有共享目标(或共享承诺),并通过具体的角色合作实现这个共享目标。合作行动本身可能非常复杂(如建筑楼房、演奏交响乐),也可能非常简单(如散步、交谈),然而只要互动的双方以某种具体的方式相互参与,每个互动者就必须知悉目标和意图,特别是目标的内容和他人的意图。当人们在复杂的社会群体中与他人通过持续的互动反复地共享意图时，则产生了习惯化的社会实践与信念，从而创造出社会或组织事实，比如，婚姻、金钱与政府这些社会事实的存在归功于群体共享的社会实践与信念（Weitekamp，Hofmann，2014）。

现已确认了后颞上沟（posterior superior temporal sulcus）脑区在社会行为的甄别、预测与行动意图推理方面的重要作用（Adolphs，2001）。后颞上沟区的激活受到情境条件的限制，即相比普通事件，后颞上沟对难以置信的事件的反应更强烈（Brass et al.，2007），而且如果类似人的物体的运动轨迹与人类行动者的轨迹相似，也能够激活后颞上沟，这说明后颞上沟在甄别和推理社会行动者的意图方面具有重要的作用。Pelphrey 等（2003）的研究发现，非常明显的非人类的事物，例如，以一定的方式排列的球体和圆柱体，如果它们像人类一样在"走路"，也能够强烈地激活后颞上沟，这说明如果非人类物体的行动足以被归因为社会意图性的活动，也可以激活后颞上沟。Shultz 等（2011）也发现，右后颞上沟在编码行动目标方面发挥着作用。他们的研究表明，这个区域对人属与非人属的目标导向行动都会产生反应，并且在激活程度上无差异，这意味着后颞上沟对目标导向行动敏感。Shultz 和 McCarthy（2012）还进一步观察到，无论是拟人化的知觉线索还是目标导向行动都足以激活后颞上沟与梭状回面孔区（fusiform face area，FFA）。

Harris 等（2012）还发现，后颞上沟对面部表情的变化敏感，无论这种变化是不同类型表情的改变，还是同一表情强度的改变。这些结果表明，后颞上沟的激活意味着在面孔表情加工的早期阶段，面孔特征获得了独立表征。Flack 等（2015）的研究表明，后颞上沟作为面孔选择区域，具有分析面孔表情的重要作用，但后颞上沟并不对面孔表情进行整体的编码，右额下回（inferior frontal gyrus，IFG）对面孔的整体模式敏感。综合来看，后颞上沟这一神经结构不仅对面孔表情加工的早期阶段敏感，即面孔特征获得了独立的表征，而且对意图知觉和面部表情的变化也很敏感，这为人际认知提供了情感与意图方面的基础性保障。

情投意合有助于达成适应效率的最大化与心灵享用的同步化。Eskenazi 等（2015）采用 fMRI 技术研究了被试对共享意图实验条件下的协作活动的知觉，这些研究发现，当完成意图任务而不是颜色任务时，基于共享意图的联合行动会显著激活颞极、楔前叶和腹侧纹状体，而在基于平行意图的互动中没有观察到这些区域的显著激活。长期以来，楔前叶和颞极被作为心理状态推理的重要区域，并且颞极在社会脚本相关记忆的提取中发挥了更加重要的作用。腹侧纹状体的激活与奖赏加工相关联，这似乎表明共享意图时观察到的享乐反应与人们与他人分享自己的心理状态时产生的愉悦感受是类似的。从这些研究来看,基于联合行动的共享意图行动能够产生心理愉悦体验。共享意图状态与共享喜悦状态的共存性,说明人类的神经生理构造为情投意合的人际关系性存在提供了充分的保障。

从积极情绪状态具有重要的奖赏价值来看,共享意图状态与奖赏状态的这种人际交互激活性,为人类永久性联结的维系提供了重要的、可持续的基础。现有研究表明,如果在社会互动中获得奖赏性体验,后续的合作与亲社会行为也会同步增加,并且这种现象不仅存在于直接参与互动的个体之间,而且存在于观察者的体验中。因此,从这个意义上来说,情投意合的人际状态会持续促进人与人之间的积极情感的增加。

在儒家文化中,其通过维护人际和谐的持续流动来保障情投意合的人际交往持续地处于积极情绪状态。从当前情绪调节的相关研究来看,侧重于强调情绪调节的效果,即某种策略是否会获得积极的情绪效果,以及执行这种策略需要付出的代价。然而,正如Aldao(2013)等强调的,情绪调节效果的环境依存必须纳入研究设计中。从一定意义上来说,在人际互动中,仅仅调节个体的情绪,而不是从关系的视角来理解互动双方的契合状态对人际情绪状态的作用,是无法真正调整人际的情绪状态与个体的情绪体验的。"两情相悦,琴瑟合鸣,和乐融融"是对这种状态的形象描述——"妻子好合,如鼓瑟琴。兄弟既翕,和乐且耽。宜尔室家,乐尔妻帑"[①]。

现有研究还发现,积极情绪可以预测合作行为的增加,更为重要的是,积极情绪与表达抑制之间存在交互作用,即最可能执行合作的被试通常具备较高水平的积极情绪,并且对情感表达的抑制最弱。这意味着表达抑制可能会通过掩盖积极情绪的亲社会行为而减弱合作行为(Rand et al., 2015)。因此,积极情绪与合作行为具有增强交互的作用,在自由而真诚的表达状态下,这种增强会取得更为积极的联动效果。

情投意合不仅是保障合作效率、产生积极情绪的必要条件,而且在中国文化中是最为重要的判断意图的依据。从生物进化的视角来看,判断"可信与欺骗"是符号沟通中的难题(Searcy, Nowicki, 2005)。仅仅通过语言等沟通符号来判断对方的意图是不充分的,甚至可能会产生严重的错误。此时情感具有特别重要的意图校准作用,如果行为者的情感与意图具有一致性,信任度会提高,如果两者不一致甚至相互冲突,信任度会降低。正如孔子借唐棣之华给出的教导:"唐棣之华,

---

[①] 《诗经·小雅·常棣》

偏其反而。岂不尔思，室是远而。"子曰："未之思也，夫何远之有？"[1]在孔子看来，相思的表达之所以虚情假意，是因为如果是真情，则不会讨论物理意义上的远近问题。

Van Kleef 等（2010）提出了社会信息的情绪模型（emotions as social information model）。这个模型有助于我们更好地理解人与人之间的情绪在意图性沟通校准中的重要作用。这个模型认为，人们会通过他人的情绪判断模棱两可情境的意义，并且对他人情绪信息的加工效应与加工过程依赖于情境的合作或竞争特征。对情绪人际效应（interpersonal effects of emotion）相关研究的综述支持该模型的基本假设。从这个模型来看，人与人之间的情绪信息动态地调整着人际互动进程，并且会由于不同情绪蕴含的意义不同，促进或阻碍合作或竞争。Lount（2010）也指出，虽然对信任的研究一直比较关注理性的作用，但是近年来的研究结果表明，感情会影响信任感的建立。Lount（2010）通过 5 项实验进一步检验了积极情绪与人们的信任倾向之间的关联。实验结果表明，如果积极情绪状态与可信任的线索共同出现，会提高对他人的信任倾向，如果积极情绪状态与不可信的线索共同出现，会降低对他人的信任倾向。Colzato 等（2015）采用经颅直流电刺激（transcranial direct current stimulation，tDCS）技术，对前额叶内侧皮层进行了阳刺激与阴刺激，结果表明均不能增强人际信任。Ferrari 等（2017）采用脑成像技术检验了"美即好"的社会判断定势，结果表明在社会判断过程中，审美特征会影响对道德特质的判断。综上所述，感情性信息在人际信任的判断与维系中可能具有更加重要的意义。

三、情投意合的保障机制

从心理进化来说，Jensen 等（2014）指出，虽然我们通常把人类亲属之间的合作看作理所当然的，然而这种现象在动物王国中却是罕见的。Jensen 等（2014）认为，人类的亲社会行为可能是基于人类独特的心理机制产生的。这些机制包括关心他人的福利的能力（他人关注），"感受到"别人（共情），以及理解、遵从和执行社会规范（规范性）。这三种机制都有助于个人与他人的关键功能保持一致：共情与他人关注使得个体彼此一致，规范使个体与他们的群体相一致。这样的结盟使我们能够从事人类独有的大规模合作。Bratman（1992）也曾指出，协作性的共同活动在以下三个本质性要素上与普通社会交往存在差异：①交往双方交互性

---

[1]《论语·子罕》

地对对方做出反应；②有共同的目标，即每个参与者都知悉"我们在一起要做什么"；③每个参与者各自知悉自己的行动计划和意图在共同目标中所处的层级，这样能够使得每个参与者理解自己与他人在互动中扮演的角色，并在他人需要帮助时，至少能够给予他们扮演的角色所能够给予的帮助。

人类发展出了"共同注意"促进协作活动的持续进行，共同注意涉及自我参照、他人注意、共同参照的事或物的信息加工，保障注意资源在自我-他人-物体之间的平行分布（陈璐等，2015），是交互式人际作用的重要心理基础。Oberwelland 等（2016）采用互动式眼睛追踪程序（interactive eye-tracking paradigm）与 fMRI 技术进行研究后发现，儿童和青少年与熟悉的伙伴互动时，会激活与"社会脑"相关联的神经网络，以及与注意和动作控制相关的神经区域，更为重要的是，如果是自我主动发起的共同注意，会激活社会认知、决策、情感与奖励加工等区域，这表明主动性共同注意具有奖赏特性。

共同注意使得交互作用具有奖励性的特点，而对话性认知表征使得交互媒介畅通。Thomas 等（2014）认为，从本质上来说"合作"是交互的，每一位行动者获取自身利益的同时，必须同步增加对方的利益。虽然合作具有利益上的聚合效应，但是却面临进化方面的挑战，这种挑战不是动机上的，而是认识论意义上的，即合作者能否正确地表征合作对象的知识状态。母婴之间的共享情绪仅仅是人类发展的开始阶段，此阶段的共享情绪或许只能作为发展的基点，这是因为前语言时期的交流不能包含任何共享目标或行动计划的联合承诺。为了获得对心理状态与行为更复杂、精细的推理，人们需要建构认知结构。在建构认知结构的过程中，社会交往体验特别是与世界的意义性关联必须成为人们的共享体验（Fernyhough，2008）。对话认知表征（dialogic cognitive representation）不仅对时时的、常规确定型的合作互动而言是必不可缺的，而且对创造与运用文化工具（最为重要的是语言以及其他类型的符号）来说也是至关重要的，这是因为文化工具是社会建构的，并且在人与社会之间具有双向塑造作用。从发生学来说，对话认知表征可能产生于个体以某种确定的方式与具有相同意向的他人互动，然后内化了这些互动（Fernyhough，Charles，2005），形成符号表征。Thomas 等（2014）的研究表明，人们以独立的认知范畴表征公共知识（common knowledge），来保障自己在与他人合作时可以获得互惠的利益。

儒家文化以情感在主体间的类同性为共享知识系统建设和传承的依托，以保障情投意合状态具有共同的价值目标和价值平台。从文明的传承来看，这种建构方式具备文化适应性，并获得了持久、绵延的繁荣和发展。《大学》作为儒家文化的成人之学，明确提出了成人的价值方向——止于至善，主张通过修身、齐家、治国、平天下的主体性努力，在这个价值方向上不断完善。同时，儒家文化在定义善时，特别强调了在情感上可体会到这一特征，从孟子提出四端之心作为善的基础到王阳明的致良知，都一致地强调善在心灵层面具有不需言说的可体验性。儒家文化不仅强调了"价值操守"的"自身受用"特征，还通过"舍生取义，杀身成仁"的人之道义担当建构了个体-社会-体制之间的一般化的符号媒介，为生命发展指明方向。

如何在人际背景中有效地保持积极情绪的持续，是人类关系性存在面临的难题之一，儒家文化从价值化的视角，突出"仁"在关系维系中具有最重要的意义。从这个意义上来说，保障情投意合的持续状态，最为重要的内容是维持交往过程合乎价值正确性，并且始终从自我出发获得这种人际智慧的原动力。《荀子·子道》摘录了子路、子贡、颜回三人对智与仁的解释，以及孔子对这三种解释的判断：

> 子路入，子曰："由，知者若何？仁者若何？"子路对曰："知者使人知己，仁者使人爱己。"子曰："可谓士矣。"子贡入，子曰："赐，知者若何？仁者若何？"子贡对曰："知者知人，仁者爱人。"子曰："可谓士君子矣。"颜渊入，子曰："回，知者若何？仁者若何？"颜渊对曰："知者自知，仁者自爱。"子曰："可谓明君子矣。"①

这段摘录可以很好地说明儒家如何从关系出发，又反身而诚地成就自我的这种路径，即知己爱己—知人爱人—自知自爱，这既可以理解为三种自我的状态，又可以理解为自我修养必须经由的路径。

认知神经科学研究表明，"知己爱己""知人爱人""自知自爱"三种自我状态的融合需要多种神经机制与动机系统的协调。Floresco（2015）指出，伏隔核（nucleus accumbens）在正确行为选择中发挥着重要的作用，能够融合来自前额叶与颞叶的认知和情感信息，从而增强渴望或厌恶性动机行为的效率与力量。特别是当正确的行为进程模糊不清、不确定，或者存在分心刺激，处于波动变化的情境时，伏隔核的这种功能更为明显地凸显出来。并且，伏隔核的不同区域以相互拮抗的方式精确修正行为选择，促进动机趋向行为，抑制不正确的行为，保障更有效地达成目标，编码行动结果，进而指引后续行动的方向。

进一步的神经影像研究表明，识别对话的沟通意图需要高水平的心理加工，

---

① （清）王先谦.1988.荀子集解.北京：中华书局，533

需要大脑多个区域的网络系统联合工作。Bosco 等（2017）的研究表明，识别反语的沟通意图会激活左颞顶交界处（left temporo-parietal junction）、左额下回（left inferior frontal gyrus）、左额中回（left middle frontal gyrus）、左侧颞中回（left middle temporal gyrus），以及左背外侧额叶皮层（left dorsolateral frontal cortex），而理解欺骗意图则会激活左额下回、左额中回和左背外侧额叶皮层等区域。这些研究表明，仁爱的实践需要通过人际交往能力这种更高级、复杂的心智能力才能有效执行，并通过这种心智能力的深入发展，即反身而诚，才能发展出真正意义上的"自知自爱"。

儒家文化还系统构造了"情意"与"情义"的运算法则，来保障个体调控自己的行为，使之处于正确的轨道上。当前社会心理对人际关系持续的动力的研究，较多注重"互惠"原则与"交换增值"原则的意义。这些原则在暂时性的非亲密关系中具有重要的意义，交换的均等以及通过交换产生的自我价值增益效应都有助于促进暂时的非亲密关系处于维系状态。但是，对于具有心灵发育作用的亲密的持久性关系来说，以及通过这种关系产生的社会性合作和创造来说，这些原则就不再具备促进作用，甚至有时还可能会阻碍亲密关系的发展。儒家文化倡导的"情意"与"情义"原则，则从情感的视角对人际亲密行为是否处于正确的轨道进行校准，如果是善的价值追求下的"情投意合"的两情相悦状态，则意味着关系处于良好的状态，否则就需要从自我出发，调整关系状态。"情意与情义"的校准法则和"交换法则"等最明显的不同源于其计算基础不同，运算的规则也不同，前者侧重于以情感为基础，以关系状态中的情感是否具有心灵发育意义为计算规则，而后者侧重于物质性获得，并且这种获得的立足点是个体获得，而不是对关系的损益。

情投意合的关系状态的旨归是促进心灵的共同发育。儒家文化在历史长河中绵延不绝地发育生长，是心灵共同发育的重要体现，其后继者在历史的传承中不断地在情意层面丰富文化创造者选择的心理图式，使其既能够保持一以贯之的连续样态，又各具不同的特色。时光流转，然而中国人的生命样态并不能被时间割裂开来，我们的诗词印画、瓷曲书文至今依然详尽地呈现出美的模样。

共同的心灵发育就这样通过情投意合的关系状态悄悄地转化着心灵，保持其绵延不绝的创造力。在心灵的发育问题上，一直以来哲学家都关注"物化"或"异化"的问题，庄周梦蝴蝶是人与物在心灵层面转化的样例。然而，这种转化并不关乎于每个参与者心灵的共同与共通性融入，人与人之间无法消除主体间性的隔膜，以及每个心灵对孤独的深深眷恋。但是，在"杏坛"为学的时光里，道昭显在夫子与弟子的对话中。例如，在《论语·里仁》中，子曰："参乎，吾道一以贯之。"曾子曰："唯。"子出，门人问曰："何谓也？"曾子曰："夫子之道，忠恕而已矣。"曾子从忠恕这一人际认知的角度来理解夫子的一贯之道的内核。从这个意义上来说，为学不是老师来告诉学生什么知识，而是两者在情意相通的基础上共同创造，正所谓"不愤不启，不悱不发。举一隅不以三隅反，则不复也"[①]。

情深而文明是儒家文化对众人之心的理想，在这款款深情里，文明肆意生长而繁茂，由于这深情，儒家文化无论是礼仪还是典籍都给人最美好的温暖感，正如当前 Fiske 等对社会认知维度的因素分析结果所展示的，"热情与能力"是人际认知的两个基本维度，前者关乎对方是否可以合作，后者关乎与对方怎样合作。虽然在历史的长河中现代性文化思潮试图赋予每个个体完美的英雄主义自我形象，然而人类依然无时无刻不在寻觅"志同道合，可相为谋"者，甚至在我们的幻想中，依然如此。李白的"举杯邀明月，对影成三人"是对这份相思之情的典型写照。每个个体都希冀可以从对方的心灵之镜中映照出自己最美好的模样，成为詹姆斯所描述的完整世界中最独特的存在。

四、结语

儒家文化一直以来都致力于通过创造"众人之心"，促进社会心智的发育和完善。这种文化意愿与理解和拓展人心的努力，都旨在建构众人之心和一种可以思考未来所需的思想（博拉斯，2015）。然而，如何使这一创造过程富有成果并充满乐趣？儒家文化以关系性存在为基点，选择了"情投意合"的共同创造。即心和世界得以改变的方式不只是根据人的态度，而是在于真实的成长及其所达到的高效和幸福（安乐哲，郝大伟，2011）。这种高效与幸福可以被描述为"圆满经验自身是一种社会才智的共享表达，并且这种社会才智对应着那些来自于沟通社会内部的各种独特的境遇——理想社群的氛围。在这种氛围中没有强迫或把某种个人的意志强加于他人的东西，相反，一切人都应当在一种由道所创造的互相尊重的和谐的氛围中自愿合作"[②]。

儒家文化从人与万物之间的关系性成就视角引导自我修养，其基本命题是"万物一体为仁"，君子成人之美，己欲立而立人，己欲达而达人。在这种相互成就的关系中，个体与环境的关系不是现代哲学讨论的"人与他者"的对立与竞争，而

---

① 《论语·述而》
② [美]赫伯特·芬格莱特. 2010. 孔子：即凡而圣. 彭国翔，张华译. 南京：江苏人民出版社，80

是通过相互成就的关系构造出新境遇下的善，并不断将其推进向前。孔子把宇宙和社会秩序看作自然发生的，认为人应该积极地参与完善世界，一个人参与使世界完善的程度，取决于他在多大程度上使其他人把和谐一致看作根本的价值。和谐需要的是自我与他人的"和"而不是"同"，是创造性的丰富而不只是量的扩大。只有从这个意义上，才能够理解曾子为什么把一贯之道解读为"忠恕"。这是因为"忠恕"是人际认知方式（景怀斌，2005），借此才能够最大化、最持久地实现主体间性的主体之间的"和而不同"的和谐状态，进而实现共同创造。

从文化的角度来看，这里讨论的情投意合观念更具有普遍性，有助于促使我们从现代人典型的自我中心主义的"自我妄想"中解放出来，回归到人际关系中，并合理、得体地生活在这样一些人与人之间的关系之中——"我的生活"才成为真正的人的生活。在共同创造的过程中，社会心智的表征系统必须处于持续的更新与校准过程中，以保障对群体中每个个体持续地产生规约和支撑性作用。

"真情实感"与"真心实意"的联合是儒家文化建设的基础机制。儒家文化在真情的基础上建构人际共通的文化符号体系，把自我融入关系繁荣境遇下的成长之中，并通过积极的关系属性持续地滋养自我，形成关系与自我相倚的繁荣状态，即通过自我可体知的情意把主体性意志与所处的境遇最大化地融为一体。从这个意义上来说，儒家文化倡导的"情投意合"的关系状态使得个体可以持续地在文化进化中获得收益，并成为构成众智之心的积极元素。

第五章

共情作用

在很多人的刻板印象中，中国儒家思想就是传统伦理、道德的代名词。从某种意义上，可以说理学就是伦理学加心理学。这为理解儒家思想提供了一个有益的视角。系统论述儒家的心理学，是一项庞大的系统工程。"万物一体"是儒家学说中的重要命题，带有浓郁的伦理色彩。儒家试图通过对"万物一体"境界的追求来促使人们产生亲社会行为。儒家的"万物一体"思想与西方心理学中的共情的内涵是相同的吗？与此同时，佛教中的慈悲是否就是一种共情呢？对其进行比较研究，有助于我们深入理解中西方心理学思想的差异。

第一节 "万物一体"是一种共情心理吗？[①]

"万物一体"这个命题的产生不是一蹴而就的，在先秦和孔孟那里就有了早期雏形。特别是孔子关于"仁"的思想，其心理过程非常类似于共情心理。宋明时期，随着儒学思想形而上学体系的建构，其伦理思想中也相应地出现了"万物一体"等新的理论范畴。本节第一部分先从孔子的"仁"开始论述，分析其心理机制，然后再分析宋明儒学"万物一体"思想，并将其与现代共情心理研究成果相互比较和印证。

一、孔子之"仁"

"仁"是孔子思想的理论核心，并且始终伴随着中国儒家思想的发展，在儒家

[①] 本节内容基于如下研究改写而成：陈四光.2017.儒家"万物一体"思想探析：来自共情心理研究的启示.南京师大学报（社会科学版），(5)：95-101；陈四光.2011.孔孟思想中"仁"的认知内涵.理论界，(7)：146-147；陈四光.2012.德性之知：宋明理学认知心理思想研究.济南：山东教育出版社

思想中扮演着重要的角色。研究者历来都是从伦理、道德角度来认识"仁"的，但是孔孟的"仁"包含着什么样的心理过程，其心理发生发展的过程是怎样的，却常常被忽视。孔孟关于"仁"的论述可谓很多，在如此多关于"仁"的论述中，要理解和分析"仁"的心理过程，就必须抓住一些核心论述。比如，下面两段关于"仁"的论述：

> 子贡曰："如有博施于民而能济众，何如？可谓仁乎？"子曰："何事于仁，必也圣乎！尧、舜其犹病诸！夫仁者，己欲立而立人；己欲达而达人。能近取譬，可谓仁之方也已。"①

> 仲弓问仁。子曰："出门如见大宾，使民如承大祭。己所不欲，勿施于人。在邦无怨，在家无怨。"②

这两段话的核心思想就是"己欲立而立人，己欲达而达人"，"己所不欲，勿施于人"。其意思是说自己要想有所建树，就要先帮助别人有所建树；自己要想通达、富贵，就要先帮助别人通达、富贵，自己不想得到的，也不要强加于别人。孔子分别从正反两方面来说明什么是"仁"。从这两句话中可知，"仁"经历了如下心理过程：第一，必须要知"己"，了解自己，对自己的需求、欲望以及厌恶的东西有清醒的认识，即所谓的"己欲立""己欲达""己所不欲"。第二，认识到别人和自己一样，大家都是人，有着相同的心理结构，也有同样的需求、欲望，以及同样会厌恶某些东西。第三，"仁"具备"爱人"的情感因素，所以把自己的需求、欲望暂时放在一边，愿意先帮助别人"立""达"。第四，由于情感因素的存在，"仁"的主体在主观上有先帮助他人"立""达"的愿望。第五，将帮助别人先"立"先"达"的主观愿望付诸实施，即"立人""达人"。

只有这五个步骤依次展开，才能实现"己欲立而立人，己欲达而达人"，才是完整的"仁"的心理过程。只有完成这五个步骤的人才能称为"仁人"。通过对"仁"的心理过程进行分析可见，"仁"包含认知、情感、意志、行为四个要素。

前面两个步骤属于认知要素。认知要素是"仁"的心理过程的前提，没有这个认知过程，就无法确定具体的行为目标，最终会导致无法完整地完成"仁"。只有具备了这种对己对人的"知"，才会产生后面的道德行为，缺少这个"知"的过程，便不会有后面的道德行为。第三个步骤是情感要素。情感要素是完成"仁"的心理过程的催化剂、推动力量。如果没有情感因素，那么"仁"只能停留在认

---

① 《论语·雍也》
② 《论语·颜渊》

知层面，而不会产生实际的道德行为。第四个步骤是意志要素。意志要素是"仁"的心理过程的保证，没有意志努力，绝大多数人都无法顺利完成"仁"的心理过程。第五个步骤是行为要素，行为要素是"仁"的心理过程完成的标志，道德行为是认知要素的延续。仅仅认识到别人和自己一样有着共同的需求、欲望还不足以实现"仁"，而是不仅要有这样的认识，还要有先人后己，即首先帮助别人实现愿望的行为。"仁"的这个发展过程被后人精辟地概括为"推己及人"。

分析孔子"仁"的心理过程，不禁让人将其与现代心理学中的共情联系起来。那么，二者是否可以相提并论呢？我们先来看看心理学家对共情的认识。心理学家对共情的认识大致可以分为三类：①共情是一种认知。Hogan（1969）认为共情就是在面对共情对象时设身处地理解对方的想法，在认知上理解对方所处的情感状态。Hogan还根据此定义编制了共情量表（Empathy Scale），此量表主要测量共情主体对共情对象的认知。②共情是一种情绪情感体验，这种情绪情感与共情对象的情绪情感是一致的。Eisenberg和Strayer（1987）认为，共情是源于对他人情感状态的理解，并与他人当时体验到的或预期会有的感受相似的情绪情感反应。Barnett等（1987）认为，共情就是与他人情感相似（不一定相同）的替代性情绪感受。虽然有学者认为不管对方的情感是正面的还是负面的，都可以产生共情，但是现在研究者一般将关注的焦点放在对负面情感的共情上，本节涉及共情的情感体验时，均是指对负面情感的体验。③共情是一种能力。Feshback（1987）认为共情既包含认知成分，也包含情感成分。认知方面不仅仅是对他人所处境况的认知，还指对他人情绪情感的认知，情感成分则主要指对他人情绪情感的体验、共鸣，这两种心理因素共同作用最终才能产生共情能力。

因此，可以把"仁"与共情分别放在认知、情感、意志和行为四个层面进行分析和研究。

在认知层面上，"仁"的认知内容主要是人的成长性需要。孔子说"仁"就是"己欲立而立人，己欲达而达人"。在这个过程中，认知的内容是"立"和"达"，"立"指的是一个人的建树、成就，而"达"则是指通达、富贵。从马斯洛的需要层次理论来看，二者属于成长性需要。但是，这并非说"仁"的认知内容仅仅局限于成长性需要，而忽视了基础性需要。在提出"仁"就是"己欲立而立人，己欲达而达人"之后，可能孔子担心大家把"仁"的认知内容想得太深奥而脱离实际，立即又说"能近取譬，可谓仁之方也已"，即能够从身边小事入手去实践"仁"，是实现"仁"的好方法。也就是说，实施"仁"不仅应该关注人的成长性需要，还应该关注基础性需要。共情的认知内容比较宽泛，包括对方的心理状态、需求、情感、处境等方方面面，但是其认知内容的核心是情感，尤其是负面情感，如悲伤。共情的认知主要是为了激发自身的情感，而共情对象的情感，尤其是负面情感更容易产生这方面的效果。

此外，对"仁"的认知还有一个特点，即它具备推己及人的能力，即把从自己身上认识到的需求推广到其他人身上，这是一个推理过程。推理的前提是认知主体明白自己和他人同为人类，具有基本相同的需求体系。共情的认知过程则是直指对方，没有推理过程，直接将对方作为认知对象，以此去了解对方的处境、情感等。

在情感层面上，"仁"是一种积极主动的情感（"仁者爱人"）。这种情感来源于孔子对天下万物的博爱情怀，具有浓厚的伦理道德色彩。正是有了"爱人"这种积极情感的推动，才促使人将先人后己的主观愿望付诸实施。与"仁"的积极情感相比，共情的情感因素则是一种被动的体验与共鸣。它是在对他人进行认知的基础之上，自动自发产生的与认知对象相同或相似的情感。若认知对象处于积极的状态，认知主体便会产生愉悦的情绪体验；若认知对象处于消极甚至悲惨的状态，认知主体便会产生哀伤的情绪体验。

在意志层面上，"仁"的心理包含着一个不明显的意志斗争过程，是后天内化的道德情感与先天私欲的斗争。"仁"的实现必须要求后天内化的道德情感战胜先天的私欲。从这个侧面可以说明"仁"是社会教化高度发达的产物，必须通过后天教化使得"爱人"的道德情感内化，才会有"仁"的出现。然而，共情心理没有意志成分。推动共情得以实现的情感因素是自动自发产生的，与个体的自然成熟有着比较密切的关系。

在行为层面上，"仁"和共情的实现都以相应的亲社会行为的出现为标志。从认知阶段开始，主要认知内容的不同决定了二者最后的行为虽然同为亲社会行为，但是仍然存在差异，具体表现在："仁"的认知大多关注人的成长性需求，其引发的亲社会行为更多的是让对方更加幸福；共情更多的是发生在对方处于悲痛情境时，最后引发的亲社会行为主要是帮助对方满足基本的需要（比较多的是爱的需要），让对方减少痛苦。

现代心理学还从共情的功能角度将共情分为情感共情（emotional empathy）和认知共情（cognitive empathy）。情感共情是指当事人能够体验到与他人同样的情感，即我们通常所说的感同身受。认知共情是指当事人能够理解他人的观点、想法，并在此基础上推测其后续行为。从这种功能角度看，"仁"蕴含的共情兼有"情感共情"和"认知共情"的成分。"仁"的心理过程起于认知，成于情感、意志，终于行为。应该说,"仁"的心理内涵比"共情"更为丰富。

认知神经科学提出共情的产生由三种神经系统构成,分别是动作知觉和情绪分享系统、自我-他人意识系统以及精神调控系统。动作知觉和情绪分享系统的作用在于使共情主体产生相似的认知和情感体验。该系统认为共情主体能够和客体共享表征(Decety, Sommerville, 2003; Jeannerod, 1999)。当共情主体知觉到客体的动作和情感时,大脑中负责表征相同动作和情感的脑区被激活,从而产生相同的动作和情感(Preston, De Waal, 2002)。该系统存在的直接证据就是镜像神经元(mirror neuron)的发现(Rizzolatti et al., 1996)。研究者在恒河猴的大脑腹侧前运动皮层发现了镜像神经元。当恒河猴观察同类且做出相同动作时,该神经元就会被激活。镜像神经元的发现说明,观察别人的行为、情绪与自己做出这些行为、情绪激活的脑区是相同的。根据此发现,研究者的研究表明,被试在观察他人的疼痛、厌恶等负性情绪后,其疼痛、厌恶相关脑区被激活(Jackson et al., 2006; Wicker et al., 2003)。"仁"的心理过程的前三个步骤非常类似于动作知觉和情绪分享系统,只不过"仁"的心理更强调由己及人的推理过程,更侧重于从认知角度理解对方的情感和需求,进而产生助人行为。动作知觉和情绪分享系统则是一个由人及己的过程,在感知到对方的观点、情感的基础上,也产生相同的观点和情感,进而产生助人行为。

自我-他人意识系统则是指共情主体虽然能够与观察对象产生相同的情感,对观察的态度、观念有明确的认知,但是能将自我与他人区别开。"仁"的心理过程没有明显的与之相对应的步骤,但是这个系统潜藏于"仁"的心理过程之中。比如,"仁"的心理过程的第二个步骤强调仁者能够理解他人的动机、想法与自己一致。他人(客体)与自我(主体)虽然是两个不同的个体,但是客体和主体的动机、想法是一致的。能够将自我与他人区别,共情主体的自我意识在此方面起到了重要的作用。早期的研究认为,自我意识不是由某个特定的脑区决定的,而是大脑各脑区联合作用的结果。但是越来越多的研究发现,自我意识与内侧前额叶以及扣带回的激活密切相关(Craik et al., 1999; Zysset et al., 2002)。

精神调控系统的作用是整体调节和控制意识。也就是说,在前两个系统之后,共情主体将会产生什么样的行为反应是由精神调控系统决定的。"仁"的心理过程的第四、第五两个步骤与此系统在功能上是一致的。精神调控系统通过对情绪、意志的调控,从而影响共情主体的行为。在"仁"的心理过程中,由于"仁"的伦理属性,其天然地赋予人"爱人"的情感,进而调控意志,促使人产生道德行为。现代心理学研究发现,情绪调控主要与大脑的顶额叶区关系密切

(Grimm et al., 2006)。

将"仁"的心理过程与共情的心理机制相比较，会发现二者的共性很多，但本质上还是有区别的。共情的心理过程是由人及己。首先，是感知别人的观点、情感，进而自己也产生相同的观点和情感。其次，共情主体能够将他人的感受与自己的感受区分开。最后，在这种相同的感受的基础上，共情主体的高级认知功能及意志功能发挥调节作用，促成亲社会行为的产生。"仁"的心理过程正好相反，是由己及人。首先，是对自己的需求、欲望的认知，进而推及对他人的需求、欲望的认知；其次，在其伦理思想预置的"爱人"情感的基础上，先人后己，产生亲社会行为。共情的心理过程和"仁"的心理过程在目标上是一致的，都是促成亲社会行为。"仁"由其伦理思想赋予的"爱人"情感作为亲社会行为的驱动力。

二、宋代儒学的"万物一体"思想

汉唐之际，印度的佛教传入中国，对社会各阶层都产生了很大的影响，儒学的正统地位也受到了影响。到了唐末宋初，儒学有了很大变革，它吸收佛学、道家等学说的形而上学思想，构建了自己的形而上学系统。在这一过程中，儒家伦理思想被升华、抽象化。先秦儒家的核心概念"仁"仍然保留，但是为了适应新的理论变革，其心理机制被适当改造，形成了新的"万物一体"思想。

"万物一体"在宋明儒学宗师张载、二程、朱熹那里逐渐发展成熟，成为一个重要的儒家思想命题。但是在不同的思想家那里，其表现形式或具体说法存在一些差异。在张载的思想中，它是"民胞物与""德性之知"；在二程的思想中，它是"仁则一，不仁则二"；在朱熹的思想中，它是"万物一体""天人合一"。在这种思想演化过程中，张载起到了承前启后的关键作用，他用"德性之知""民胞物与"等新概念重新改造了先秦儒家思想。

首先，来看看张载提出来的"德性之知"。他把"知"分为两种：见闻之知与德性之知。

> 见闻之知，乃物交而知，非德性所知；德性所知，不萌于见闻。[1]
> 诚明所知乃天德良知，非闻见小知而已。[2]
> 乐则生矣，学至于乐则自不已，故进也。生犹进，有知乃德性之知也。

---

[1] （宋）张载. 1978. 张载集. 章锡琛点校. 北京：中华书局，24
[2] （宋）张载. 1978. 张载集. 章锡琛点校. 北京：中华书局，20

吾曹于穷神知化之事，不能丝发。[①]

张载认为，见闻之知是"物交而知"，是因为"耳目有受也"。耳目作为知觉器官是一物，外物作为知觉的对象是另外一物。人的耳目等知觉器官受到外物（如光线、声音）的刺激，使得两物相交、相合，从而产生了见闻之知。诸多研究者将张载的见闻之知理解为感觉、感性认识是正确的。他所说的"德性之知"一度被认为是思维，是认知的高级阶段，是理性认识，这存在着很大的误会（陈四光，2011）。要正确理解张载的"德性之知"，需要从理解他所说的"诚明所知乃天德良知"入手。

张载说："'自明诚'，由穷理而尽性也；'自诚明'，由尽性而穷理也。"[②] "自明诚"是穷尽一切物理之后，使得气质之性转变为天地之性，"自诚明"则是当一个人已经"尽性"，人之性与天性完全合二为一时就能够明白一切物理。张载的哲学思想是所谓的"气一元论"，他认为万事万物，包括人都是由气聚而形成的，人与天地万物在本质上都是一样的。天性先天地存在于人和物中，只是由于气的状态不一样，天性在人和物上具体表现出来的人性与物性不一样。但是，不管是人还是物，其都先验地具有天性，所以其在本质上是一体的。当一个人的人性完全与天性吻合时，他就能够体悟到自己和万事万物是一体的，这就是儒家的"天人合一"境界（陈四光，郭斯萍，2011）。这种境界的达成就是一个"诚明"的过程。当人性完全与天性吻合时，体悟到自己与万物同一，这就是"诚明所知"，这种"知"正是张载所说的"天德良知""德性之知"。

所以，张载的"德性之知"不是思维，不是理性认识，而是达到天人合一、万物同为一体的思想境界时产生的一种特殊的认知。德性之知与天人合一、万物一体是一而二、二而一的关系。

张载在《西铭》中又提出了"民胞物与"的概念。实际上，它只是天人合一、万物一体的另一种说法。《西铭》是张载哲学思想的高度概括，充分体现了张载从天道到人道的哲学思路。文章开头就用"乾称父，坤称母"精简地概括了张载的宇宙论思想，接着说"予兹藐焉，乃混然中处"。这广阔的宇宙万物就在人的心中，由天地化生万物引申出"民胞物与"的道德论思想。所谓"民胞物与"，是说由于万事万物包括人都是天地所生，所以所有人都是我的同胞，万物都是我的朋友。正因为如此，对于年纪大的人，我要尊重，对于弱小者，我要慈爱，能够做

[①] （宋）张载. 1978. 张载集. 章锡琛点校. 北京：中华书局，282
[②] （宋）张载. 1978. 张载集. 章锡琛点校. 北京：中华书局，111

到这些就是与圣人之德相吻合了。怎样达到这一目标呢？张载连用六个孝的典故强调了仁孝的重要性，认为人们修养身心、践行仁孝之德就可以达到"民胞物与""万物一体"的境界。

张载哲学思想的宇宙论是为其道德论服务的，他试图通过宇宙论来说明为什么人与人之间应该仁、孝。万物都是天地所生，那么"民胞物与"，所有的人都是我的同胞，所有的物都是我的朋友。既然这样，人与人之间当然应该仁、孝。在这个理论推导中有一个关键点，即要对其他人仁、孝，前提是必须能够体悟到其他人以及万物和自己一样都是天地所生，是同为一体的。只有体悟到这一点，才能真正地在人与人的关系中落实"仁"与"孝"。

在这种理论的形而上学化过程中，儒学思想家完美地把先秦儒家思想的核心"仁"融入理学思想体系中。这种"万物一体"感能促使人产生亲社会行为，可是其内在心理机制如何呢？要弄清这一点，需要从程颢的"麻木不仁"的比喻入手。他认为"仁者，浑然与物同体"。仁，就是万物一体感。所谓"识仁"，就是要认识这个"天人合一"的道理。程颢、程颐为了更形象地说明这个道理打了个比方：

> 医书言手足痿痹为不仁，此言最善名状。仁者，以天地万物为一体，莫非己也。认得为己，何所不至？若不有诸己，自不与己相干。如手足不仁，气已不贯，皆不属己。[①]

其认为医书上将手足麻木称为不仁，这是对"不仁"最好的形容。仁者和天地万物同为一体，如果能够认识、体悟到这一点，那么还有什么是感知不到的呢？如果不能体悟到自己与万物同一，那么万物自然和自己没什么关系。这就如同手足麻木，手足已经失去了与脑的神经联系，已经不属于自己控制的范围。他用这样一个形象的比喻说明，达到"万物一体"的境界，就如同人对自己四肢的感知一样，四肢有各种感觉，我们能敏锐地察觉到，但是如果四肢麻木了，就丧失了对肢体的知觉。同样，达到"万物一体"境界的人对外能感知到万事万物，特别是他人的喜怒哀乐，就像感知自己的四肢一样。

儒家的这一命题就是以对自己身体的知觉为样板，将其推而广之，扩大到万事万物，形成了"万物一体"理论。目前的认知神经科学研究成果在对他人的情感知觉这一层面上，已经印证了儒家的这一观点。Ruby 和 Decety（2004）分别用带有正性、负性和中性情绪的故事为材料，让被试分别想象自己和妈妈身处故事中。结果发现，无论是被试想象自己身处故事中，还是想象自己的妈妈身处其中，

[①] （宋）程颢，（宋）程颐. 2000. 二程遗书. 潘富恩导读. 上海：上海古籍出版社，65

其大脑的内侧前额叶皮层都被激活。Wicker 等（2003）在研究中发现，被试在观看别人厌恶表情图片和自己体验厌恶情绪时激活了相同的脑区。在两种情况下，被试的前扣带回和脑岛都被激活。

从情绪共享理论角度看，被试的大脑并没有把自我与他人区分开来，没有对自己的情绪进行归因，这恰恰是儒家"万物一体"思想对人的发展的终极企盼。如果个体能够充分感知他人的各种情绪体验，那么他肯定是把他人当作自己，因为只有人我不分、同为一体，才能够产生如此的体验。儒家从人人友爱的伦理理想出发，认为只有人我不分、同为一体，才能产生积极的情感，进而转化为亲社会行为。当然，在道德情感转化为亲社会行为之前，还必须有自我与他人区分的心理过程，否则就难以转化为对他人的亲社会行为。

共情的观点采择理论认为，个体在认知他人的观点、情绪时能够区分自我与他人，然后再根据对观点、情绪的认知进行归因，进而做出行为反应。Singer（2006）的研究认为共情的关键在于主体能够认识到自己的情绪来源于客体，共情本质上是在区分主体与客体的基础上产生的一种情绪体验。这种关于情绪的主体与客体的区分，以及自我情绪的归因主要是由认知系统负责。已有的研究认为，这种区分主体与客体的认知系统主要位于内侧前额叶皮层、颞上沟、颞极等脑区（张竞竞，徐芬，2005）。

三、"万物一体"境界下感知觉的特点

在达到儒家期望的"天人合一"境界后，所谓的圣人的感知觉系统会有什么样的特点？他们对外界任何人、任何动物植物甚至任何物品都会产生同样的关爱吗？陈四光（2012）分析了相关研究后认为，在达成"天人合一""万物一体"境界后，对外界的感觉会呈现出知觉差等特点。儒家的万物一体的基本逻辑是，只有发展到"天人合一""万物一体"的境界，才能够感知其他人、其他物的喜怒哀乐，进而对其产生仁爱之心。其实在孟子的思想中，已经出现了该思想的萌芽。前文提到，宋儒的"天人合一"思想在孔子的思想中是以"仁"学概念出现的。达到"仁"的境界后，人的认知会出现什么特点，孔子没有交代。但是在《孟子·梁惠王章句上》中有一段孟子和齐宣王的对话非常有意思，可以帮助我们理解先秦儒家是如何看待这一问题的。

（孟子）曰：臣闻之胡龁曰：王坐于堂上，有牵牛而过堂下者，王见之，曰："牛何之？"对曰："将以衅钟。"王曰："舍之！吾不忍其觳觫，若无罪而就死

地。"对曰："然则废衅钟与？"曰："何可废也？以羊易之！"不识有诸？

（齐宣王）曰："有之。"

（孟子）曰："是心足以王矣。百姓皆以王为爱也，臣固知王之不忍也。"

王曰："然，诚有百姓者。齐国虽褊小，吾何爱一牛？即不忍其觳觫，若无罪而就死地，故以羊易之也。"

（孟子）曰："王无异于百姓之以王为爱也。以小易大，彼恶知之？王若隐其无罪而就死地，则牛羊何择焉？"

王笑曰："是诚何心哉？我非爱其财而易之以羊也，宜乎！百姓之谓我爱也。"

（孟子）曰："无伤也，是乃仁术也！见牛未见羊也。君子之于禽兽也，见其生，不忍见其死；闻其声，不忍食其肉。是以君子远庖厨也。"

齐宣王看到牛将要被宰杀祭祀，于是对牛产生了恻隐之心，决定用羊来代替牛。齐宣王不是因为吝啬一头牛而用羊来代替牛，他为什么要这样做呢？他自己也搞不明白。孟子告诉他说，这就是"仁术"，你已经达到了"仁"的境界。齐宣王在这个故事中的关键表现是他对那头将要被屠宰的牛产生了恻隐之心，因此放了这头牛而用一只羊代替牛来祭祀。大家立即就有疑问：为什么齐宣王对牛产生恻隐之心，而不对羊产生恻隐之心呢？用羊代替牛来祭祀，这也是"仁"吗？

孟子说得很肯定："此乃仁术也。"齐宣王在这个事件中的所作所为就是达到"仁"的境界的一种体现。齐宣王此次践行"仁"经历了如下过程：首先，由于亲眼所见，认识到牛在被屠宰之前的恐惧、发抖（认知因素）；其次，对牛产生了恻隐之心（情感因素）；最后，命令不要屠宰这头牛，而是用一只羊来替代（行为因素）。

我们从齐宣王践行"仁"的过程可以看到，由于他亲眼所见，能够认识到那头牛临死之前的恐惧，激发了他的恻隐之心，从而救了那头牛，可是他又不愿意因此而破坏祭祀之礼，于是用一只羊来替代牛。同样是动物，同样在面临死亡时会产生恐惧，为什么齐宣王救牛而不救羊呢？原因是：牛就在齐宣王的面前，他看到了牛在临死之前的恐惧，最终激发了他的恻隐之心。那只羊在临死之前也一定会恐惧，但是齐宣王没看见，他对羊所处境地的认识没有那么深，所以没有激发他的恻隐之心，没有导致他践行"仁"的行为。对牛和对羊态度的不同，根源在于内心感受上的差别。这说明即便是达到了"仁"的境界，也不是对所有事物都会保持同等的仁爱，就如同孟子反对墨家的"兼爱"。墨家认为应该对天下人都施行同等的"仁爱",即"兼爱"。但是孟子对此观点很生气,发狠说:"杨氏为我,是无君也;墨氏兼爱,是无父也;无父无君,是禽兽也。"①

孟子认为,每个人都有恻隐之心,并用人们看到孺子将要坠入井中产生恻隐之心来证明。但是从齐宣王这个例子可以看出,虽然每个人都有恻隐之心,但是要将恻隐之心激发出来是有前提的。在孟子的例子中,人是在看到了孺子将要坠入井中而产生恻隐之心。对于人来说,将要坠入井中的孺子也是人,与心理活动的主体是同类,对于孺子坠入井中将会产生的痛苦,目击者即使没有看到,也可以通过直接或间接经验对孺子的痛苦产生深刻的认识,从而激发出恻隐之心。齐宣王见牛而不见羊,他只对牛产生恻隐之心,而对羊没有产生恻隐之心,说明在把动物作为心理活动对象时,是否亲眼所见对于当事人能否产生恻隐之心是一个重要的影响变量。当面看到动物,对其所处的痛苦心理有深刻的认识,就可以激发人的恻隐之心;而没有亲眼看到,对其心理的认识就不深刻,则比较难以激发人的恻隐之心。

宋代的理学家从孟子那里汲取思想养分,并对其学说进一步发展。无论是"天人合一"还是"德性之知",作为儒家精神发展的目标,其实现之后也不可能对万事万物产生同等的仁爱,甚至是对不同的人也不可能产生同等的仁爱。这就是德性之知的仁爱差等特点。甚至理学家公开批判那种无差别的仁爱。程颐的学生杨时认为,《西铭》讲的万物一体境界有同于墨氏兼爱的流弊。儒家从孟子开始就很重视批判墨家的兼爱思想。对于杨时的疑惑,程颐回答说:"《西铭》明理一而分殊,墨氏则二本而无分。分殊之蔽,私胜而失仁;无分之罪,兼爱而无义。分立而推理一,以止私胜之流,仁之方也。无别而迷兼爱,至于无父之极,义之贼也。"②简单地说,程颐认为天人合一语境下对万物的仁爱与墨家思想的兼爱是不一样的。其不同之处就在于,理学思想强调仁爱,但是针对不同对象仁爱的程度也是有区别的,而墨家的"兼爱"则是无丝毫区别地爱每一个人。程颐认为用同样的爱来爱别人和自己的父母,本质上就是忽略了父母,从伦理上看这是无法容忍的。无怪孟子当年批评墨家的兼爱是不承认自己的父母,简直就是禽兽。

首先来看看理学家关于仁爱差等的表述。朱熹用两种类型的比喻形象地说明了仁爱的差等特性。

第一种类型的比喻是以水流作喻。

---

① 《孟子·滕文公章句下》
② (宋)程颢,(宋)程颐.1981. 二程集(上). 王孝鱼点校. 北京:中华书局,609

> 仁如水之源，孝弟是水流底第一坎，仁民是第二坎，爱物则三坎也。①
> 爱亲爱兄是行仁之本。仁便是本了，上面更无本。如水之流，必过第一池，然后过第二池，第三池。未有不先过第一池，而能及第二第三者。仁便是水之原，而孝弟便是第一池。②

朱熹认为，仁就如同是水的源头。孝悌是水流的第一道坎，仁爱百姓是水流的第二道坎，爱物是水流的第三道坎。孝顺父母、尊敬兄长是实践仁的根本。仁就是根本，没有比仁更根本的东西了。就如同水流，必先流过第一个水池，才能流过第二、第三个水池，没有流过第一个水池，就无法流到第二、第三个水池。仁就是水的源头，而孝悌就是第一个水池。仁就如同是水流，水流过之后形成了大水池、小水池、方水池、圆水池，虽然池不同，但都是由水形成的。水流总是从源头开始流向远方，而水流本身就有一个过程，水流过不同的河道，河道会形成不同的形状，但是水没有变，变的是水流的形态。同时，水流也有一个先后关系。朱熹用这个水流的比喻说明了对不同对象仁爱的差等关系。仁爱就是水的源头，它自然流向任何对象。但是具体到不同的对象上就有先后、形态上的差异。从先后的角度来看，对父母兄弟血缘姻亲在前，对其他人随后，然后其他事物又随后；从形态上来说，对父母兄弟是孝悌，对百姓是仁，对物则是爱。

第二种类型的比喻是以树木作喻。

> 又如木有根，有干，有枝叶，亲亲是根，仁民是干，爱物是枝叶，便是行仁以孝弟为本。③

他说又比如树木有树根，有树干，有枝叶；孝顺父母就如同是树根，仁爱百姓就如同是树干，爱物就如同是枝叶。也就是说，实践仁应该以孝悌为根本。在这种类型的比喻中，朱熹用树木的不同部位表示对不同对象仁爱的差等。一棵树最重要的是树根，其次是树干，最后是枝叶。朱熹用这三个部位分别对应亲亲、仁民、爱物，说明最重要的是亲亲，其次是仁民，再次是爱物。王阳明也有类似的观点。

问："程子云'仁者以天地万物为一体'，何墨氏'兼爱'反不得谓之仁？"

---

① （宋）朱熹. 2002. 朱子全书（第14册）. 朱杰人，严佐之，刘永翔主编. 上海：上海古籍出版社，合肥：安徽教育出版社，689

② （宋）朱熹. 2002. 朱子全书（第14册）. 朱杰人，严佐之，刘永翔主编. 上海：上海古籍出版社，合肥：安徽教育出版社，688-689

③ （宋）朱熹. 2002. 朱子全书（第14册）. 朱杰人，严佐之，刘永翔主编. 上海：上海古籍出版社，合肥：安徽教育出版社，693

先生曰:"此亦甚难言,须是诸君自体认出来始得。仁是造化生生不息之理,虽弥漫周遍,无处不是,然其流行发生,亦只有个渐,所以生生不息……譬之木,其始抽芽,便是木之生意发端处;抽芽然后发干,发干然后生枝生叶,然后是生生不息。若无芽,何以有干有枝叶?能抽芽,必是下面有个根在。有根方生,无根便死。无根何从抽芽?父子兄弟之爱,便是人心生意发端处,如木之抽芽。自此而仁民,而爱物,便是发干生枝生叶。墨氏兼爱无差等,将自家父子兄弟与途人一般看,便自没了发端处;不抽芽便知得他无根,便不是生生不息,安得谓之仁?孝弟为仁之本,却是仁理从里面发生出来。"[①]

有弟子问王阳明:程颢先生说仁者以天地万物作为一个整体,为什么墨子的兼爱思想反而不能称为"仁"呢?王阳明回答说:这个比较难解释,需要你们自己体会才行。仁是自然繁衍生息的根本原因,虽然弥漫遍布,无处不在,但它的发生和流行也只是逐渐进行的,所以才能够生生不息……就如同树木,它开始生长发芽时,就是树木的发端之处;长了嫩芽之后再长出树干,长了树干之后再长出枝叶,之后才不断生长、繁衍。如果没有嫩芽,哪里会有树干、枝条呢?之所以能长出嫩芽,一定是下面有树根。有树根才能生长,没有树根就会死亡。没有树根哪里会长出嫩芽呢?父子兄弟之间的爱就是人之本心对一切仁爱的发端之处,就如同树木的嫩芽。从此以后,仁爱百姓,热爱事物,便如同是嫩芽长出了树干、枝叶。墨子思想中对人兼爱而无差等,就是将自己家里的父子兄弟与道路上的陌生人同等看待,这就没有了仁爱开始的地方。长不出嫩芽就说明下面没有树根,没有树根就不能不断地生长、繁衍,怎么能说这就是"仁"呢?孝悌是仁的根本,仁爱的一切表现都是从孝悌中生发出来的。

王阳明的这段话表明,他主要是从朱熹的第二类比喻入手,把父子兄弟之爱看作仁爱的发端,有了这个发端,才会产生对他人的仁爱,以及爱物,就如同树木发芽之后会长出树干和枝叶一样。

下面,再来看仁爱差等的具体表现。

> 论行仁,则孝弟为仁之本。如亲亲、仁民、爱物,皆是行仁底事,但须先从孝弟做起,舍此便不是本。[②]

朱熹认为,要想实践"仁",孝悌才是仁的根本。比如,孝顺父母、仁爱百姓、

[①] (明)王守仁. 1992. 王阳明全集(上). 吴光,钱明,董平等编校. 上海:上海古籍出版社,25-26
[②] (宋)朱熹. 2002. 朱子全书(第14册). 朱杰人,严佐之,刘永翔主编. 上海:上海古籍出版社,合肥:安徽教育出版社,699

热爱事物，都是对仁的实践，但是必须从孝悌开始做起，因为这是仁的根本（不这样做就无法完满地实践"仁"）。朱熹的这段话表明了仁爱在人与人之间、人与物之间的差异。同样是人，对父母兄弟应该是孝悌，对普通百姓则应该是以仁爱对之，对物则是有爱即可。朱熹的这些区分看起来还不是很明显。王阳明在这方面有详细的表述：

> 大人者，以天地万物为一体者也，其视天下犹一家，中国犹一人焉。若夫间形骸而分尔我者，小人矣。大人之能以天地万物为一体也，非意之也，其心之仁本若是，其与天地万物而为一也。岂惟大人，虽小人之心亦莫不然，彼顾自小之耳。是故见孺子之入井，而必有怵惕恻隐之心焉，是其仁之与孺子而为一体也；孺子犹同类者也，见鸟兽之哀鸣觳觫，而必有不忍之心焉，是其仁之与鸟兽而为一体也；鸟兽犹有知觉者也，见草木之摧折而必有悯恤之心焉，是其仁之与草木而为一体也；草木犹有生意者也，见瓦石之毁坏而必有顾惜之心焉，是其仁之与瓦石而为一体也；是其一体之仁也，虽小人之心亦必有之。[1]

当人处于一种特定的认知情境，面对着不同的对象时，其产生的心理感受性是不一样的。见孺子之入井产生的是怵惕恻隐之心；见鸟兽之哀鸣觳觫产生的是不忍之心；见草木之摧折产生的是悯恤之心；见瓦石之毁坏产生的是顾惜之心。怵惕恻隐、不忍、悯恤、顾惜四个词语的内涵相近，而在程度上有所差别。首先，从朱熹的解释就可见怵惕恻隐是人的一种极其强烈的身体体验。"怵惕，惊动貌。恻，伤之切也。隐，痛之深也……谢氏曰：'人须是识其真心。方乍见孺子入井之时，其心怵惕，乃真心也。非思而得，非勉而中，天理之自然也。'"[2]至于不忍、悯恤、顾惜在程度上比恻隐要弱，可参看陈立胜的解说：

> "怵惕恻隐"完全属于"感同身受"的范畴，那是我在他人受苦受难之际所当下感受到的一种"一体的震颤"，其程度与性质仿佛就发生在我自己身上一样……"不忍"尽管也可以说属于感同身受的范畴，在鸟兽哀鸣觳觫之际我们或多或少也可以感受到一种"一体的震颤"，但其程度与性质当与"怵惕"有相当的差别。不然，我们就无法解释品德高尚的屠夫与庖厨何以可以坦然杀鸡、宰羊之举；"悯恤"在程度上则显然比前面的"怵惕"、"不忍"进一步

---

[1] （明）王守仁.1992.王阳明全集（上）.吴光，钱明，董平等编校.上海：上海古籍出版社，968
[2] （宋）朱熹.2002.朱子全书（第6册）.朱杰人、严佐之，刘永翔主编.上海：上海古籍出版社，合肥：安徽教育出版社，289

减弱，甚至应该说"怵惕"与"不忍"之范畴已经不适用于"草木"这类存在的范畴上面，一般来说，人们不会因为看到一株小草被践踏而强烈感受到"一体的震颤"，产生怵惕、不忍之感受，一个家庭主妇"不忍"下手斩开一条活蹦乱跳的鱼，但可以心安理得地切开一个新鲜的苹果，个中道理就在这里；至于瓦石毁坏之际所产生的"顾惜"比前三者程度上更加减弱，在这里我们根本无法再感受到"一体震颤"了。就此而言，以上四心确实存在程度上的差别，在此意义上，我倾向于将之视为同一仁心不同程度之发露。[①]

从中我们可以看出，仁爱的差等有物与物（动物、植物、无机物）之间的差异和人与物之间的差异。实际上，还存在着人与人之间的差异，这主要表现在亲人与他人之间。对于有血缘关系的父母兄弟应该孝悌，而对于他人应该仁爱。上文引用的程颐的《答杨时书》已经提到了对父母的仁爱与对他人的仁爱之间的差异问题，在此不再赘述。

总的来说，在万物一体的前提下，仁爱的差等关系形成了如图5-1所示的结构。

图5-1 仁爱的差等示意图（陈四光，2011）
注：A为万物一体之仁心；B为父母兄弟；C为他人；D为动物；E为植物；F为无生命物质

这个结构应该遵循什么样的原则呢？从王阳明的下面这段话我们可以得出答案。

> 问："大人与物同体，如何《大学》又说个厚薄？"先生曰："惟是道理，自有厚薄。比如身是一体，把手足捍头目，岂是偏要薄手足，其道理合如此。禽兽与草木同是爱的，把草木去养禽兽，又忍得。人与禽兽同是爱的，宰禽兽以养亲，与供祭祀，燕宾客，心又忍得。至亲与路人同是爱的，如箪食豆羹，得则生，不得则死，不能两全，宁救至亲，不救路人，心又忍得。这是道理合该如此。及至吾身与至亲，更不得分别彼此厚薄。盖以仁民爱物，皆

---

① 陈立胜. 2008. 王阳明"万物一体"论——从"身一体"的立场看. 上海：华东师范大学出版社，110-111

从此出；此处可忍，更无所不忍矣。《大学》所谓厚薄，是良知上自然的条理，不可逾越，此便谓之义；顺这个条理，便谓之礼；知此条理，便谓之智；终始是这条理，便谓之信。"①

有弟子问：君子与万物同为一体，为什么《大学》又说"所厚者薄，所薄者厚"呢？王阳明回答说：因为这个道理本身就有厚薄。比如，人的身体是一个整体，用手脚来保护头和眼睛，难道说这是有意轻视手和脚吗？道理本来就应该这样（在身体上，头和眼睛本来就比手和脚更重要）。对于禽兽和草木，我们都应该爱，可是用草木来喂养禽兽，为什么舍得这些草木呢？人和禽兽是我们都应该爱的，可是却宰杀禽兽来奉养双亲，或者将其拿来进行祭祀、宴请宾客，为什么舍得这些禽兽呢？亲人和路上的陌生人同样是我们应该爱的，现在只有一点儿食物，吃了就能活下来，不吃就会死去。这一点儿食物又无法同时满足自己的亲人和路上陌生人的需要，我们宁愿救自己的亲人，而不会救那过路的陌生人，为什么忍心不救陌生人呢？这是因为道理本该就是这样。至于我们自己的身体和亲人，就更加无法分出谁更重要、谁不重要了。大概人之仁爱本心都是从这里发出的，这里能够忍心，那就没有什么不能够忍心的了。《大学》所说的"厚薄"，是人的良知自然而然的体现。不逾越这个道理就是"义"，顺从这个道理就是"礼"，知道这个道理就是"智"，始终坚持这个道理就是"信"。当禽兽与草木、人与禽兽、至亲与路人没有形成认知冲突时，都以仁爱待之。但是禽兽不食草木就会饿死，人不食禽兽会危及生存，如果只有一点儿食物，则用来救至亲，而不是救路人。

再结合上文朱熹提出的两种类型的比喻，我们可以总结出如下仁爱差等的原则：①对万物都应该仁爱。②对不同对象仁爱有次序性，先内圈后外圈，不存在先对路人仁爱，再对父母孝顺。③对不同对象仁爱的程度是有差异的。具体表现在：仁爱的强度由内圈向外圈逐渐减弱。④当两种认知对象发生冲突时，应该牺牲外圈的对象来保全内圈的对象。

对万物仁爱有差等，本质上是由认知的差等造成的。对认知对象的感受性是情感发出的一个前提，因此理学家从认知对象对人的感受性激发程度来论述仁爱差等的原因。对某个对象的感受性越强，则情感反应也越强；对某个对象的感受性越弱，则情感反应也越弱。

什么样的认知对象才能有效激发人的感受性呢？认知对象与认知者的相似性

---

① （明）王守仁. 1992. 王阳明全集（上）. 吴光，钱明，董平等编校. 上海：上海古籍出版社，108

越高，越容易激发认知者的感受性。朱熹从这个角度出发，通过衡量人、动物、植物、无生命物质与认知者的相似性程度，从而区分了仁爱的差等。

问："动物有知，植物无知，何也？"曰："动物有血气，故能知。植物虽不可言知，然一般生意亦可默见。若戕贼之，便枯悴不复悦怿，亦似有知者。尝观一般花树，朝日照曜之时，欣欣向荣，有这生意，皮包不住，自迸出来；若枯枝老叶，便觉憔悴，盖气行已过也。"问："此处见得仁意否？"曰："只看戕贼之便彫瘁，却是义底意思。"因举康节云："植物向下，头向下。'本乎地者亲下'，故浊；动物向上，人头向上。'本乎天者亲上'，故清。猕猴之类能如人立，故特灵怪，如鸟兽头多横生，故有知、无知相半。"①

又问："人与鸟兽固有知觉，但知觉有通塞，草木亦有知觉否？"（朱熹）曰："亦有。如一盆花，得些水浇灌，便敷荣；若摧抑他，便枯悴。谓之无知觉，可乎？周茂叔窗前草不除去，云'与自家意思一般'，便是有知觉。只是鸟兽底知觉不如人底，草木底知觉又不如鸟兽底……"又问："腐败之物亦有否？"（朱熹）曰："亦有。"②

有弟子问朱熹：动物有知觉，而植物没有知觉，为什么呢？朱熹回答说：动物有血气，所以它有知觉。植物虽然不能说有知觉，但它是有生命的。如果伤害一个植物，它便会枯萎没有光泽，就好像它也有知觉似的。我曾经观察花树，在阳光照耀之下，它生机勃勃，长得很茂盛。嫩枝撑开老树皮，从中迸发出来；而看了那些枯树枝，便让人觉得憔悴不堪，可能是因为它的生长期已经过了吧。弟子又问：从这些植物中可以看出仁爱之意吗？朱熹说：如果伤害它，它就枯萎凋敝，其中也有仁爱的意思。朱熹又引用邵雍的话说：植物向下生长，头也低垂向下，因为它以地为根本，所以气浊（导致它没有知觉，或知觉迟钝），而动物是向上生长的，人头就是向上生长的典型例子。他以天为根本，所以气清（导致他们的知觉灵敏）。猕猴之类的动物能够像人一样直立行走，所以知觉也比较灵敏；而普通鸟兽大多是头横着生长，它们的知觉就比较鲁钝了。

弟子又问：人和鸟兽本来都有知觉，但是人的知觉敏锐，而鸟兽的知觉鲁钝，草木也有知觉吗？朱熹回答说：也有知觉，比如，一盆花，经常用水灌溉，它就长得茂盛；如果不管它，它就会枯萎。你能说它没有知觉吗？周敦颐先生家窗子

---

① （宋）朱熹.2002. 朱子全书（第14册）. 朱杰人，严佐之，刘永翔主编. 上海：上海古籍出版社，合肥：安徽教育出版社，189-190

② （宋）朱熹.2002. 朱子全书（第16册）. 朱杰人，严佐之，刘永翔主编. 上海：上海古籍出版社，合肥：安徽教育出版社，1942

前面的草从来不割除，向别人解释说："它们和我们一样呀！"周敦颐先生就是强调那些植物也和我们一样是有知觉的，只不过鸟兽的知觉灵敏程度不如人，而草木的知觉灵敏程度又不如鸟兽罢了。弟子又问：那些腐败的东西也有知觉吗？朱熹说：也有知觉。

在所有认知对象中，与认知者最相似的当然是人，因此最能激发认知者感同身受的当然是与认知者同为人类的他人。

上面引用的两段话中，朱熹给动物、植物、无生命物质的知觉能力划分了等级。在他看来，知觉能力最强的是动物，其中猿猴因为能够站立，与人的相似度高，所以认为它是动物中知觉能力最强的；而鸟兽无法站立，其知觉能力次于猿猴。不仅动物（鸟兽）有知觉，而且植物（草木）也有知觉，只是比不上动物。甚至无生命物质（腐败之物）也有知觉，当然其知觉能力又次于植物。

朱熹的这两段文字主要是讨论动物、植物、无生命物质的知觉能力，我们可以据此分析人对不同对象的感同身受能力。虽然朱熹没有说明哪些人更能够激发其他人的感同身受，但是我们可以想象，当然是生活经历、生活环境高度相关，且情感联系紧密的亲人更能够激发认知者的感同身受。

目前的认知神经科学在研究共情时，提出了情绪共享理论，认为在共情状态下，主体能够产生与客体同样的情感体验，与此相关的脑区同样被激活。但是，也有相当多的研究发现，主体自我情绪体验被激活的脑区和共情状况下被激活的脑区存在着一定的差异性。

Zaki 等（2007）的研究发现，当被试身处自我疼痛情境中时，中脑导水管周围灰质与脑岛的连接强度要大于观察他人疼痛时的连接强度，内侧前额叶皮层与脑岛的连接强度则正好相反。因为前额叶更多的是参与认知评价过程，因此这两种正好相反的强度比较实质上是一致的。也就是说，由于大脑不同脑区的功能存在差异，在感受自我疼痛时，与自我感受关系密切的中脑导水管周围灰质的反应更强烈；而观察别人的疼痛时，负责认知评价的前额叶反应会更强烈一些。Decety 和 Lamm（2006）的研究发现，当婴儿听到和自己年龄相近的其他婴儿哭泣时，容易产生情绪感染，出现哭泣行为，而在听到自己的哭声、年龄更大儿童的哭声，以及人工模拟的哭声时，婴儿较少会出现情绪感染。Singer 等（2004）运用 fMRI 研究了疼痛共情，让被试处于两种不同的情境：一种是让被试接受疼痛刺激；另一种是让被试观察他们的爱人正在接受疼痛刺激。两种情境下被试的前脑岛、小脑、脑干、前扣带回等脑区同时被激活，但是只有在第一种情境下，即被试接受疼痛刺激时，次级躯体感觉皮层和后脑岛才会被激活。

另外一些研究也得出了类似的结论，研究者让被试在一种情境下手指接受针刺，在另一种情境下观看别人的手指接受同样的针刺，结果两种情境下被试的右侧背部前扣带回都被激活。但是只有在第一种情境（亲自体验手指被刺）下，被试的躯体感觉皮层才被激活。这些研究都说明，在疼痛实验中，无论是亲自体验还是观察别人体验，负责情感动机的脑区都被激活，而负责躯体感觉的脑区只有在实际体验中才会被激活，在观察别人的间接经验中，该脑区没有被激活（Morrison et al.，2004）。

　　这些研究说明，在共情主体处于自我情绪体验和对他人的情绪体验两种情况下，其脑神经机制是不一样的。但是否如儒家"万物一体"思想中所展示的那样，共情主体对他人的情绪反应受到他人与共情主体的关系的影响？目前，还没有相关的实证研究。这也给实证研究提供了一个研究假设，为后面共情的认知神经科学研究奠定了良好的理论基础。比如，可以让被试听不同对象（父母、兄弟、朋友等）的痛苦故事，检验被试的情绪激活的脑区是否存在差异。

四、结语

　　儒家思想的伦理属性决定了其思想体系必然带有明显的亲社会行为取向，希望在自己思想的影响下，人人都能够相互友爱，表现出更多的亲社会行为。但是如何说服自己的追随者产生更多的亲社会行为呢？先秦儒家提出了"由己及人"的"仁"学思想，到了宋明时期将此思想形而上学化，产生了"万物一体"论。分析其内在心理机制，乍看上去和现代心理学的共情心理非常类似，但是仔细探究就会发现二者还是存在本质上的差异。现代心理学强调的是对人的心理的客观描述，探索其客观规律，因此共情心理理论及研究成果更符合人的心理的客观实际。但是"万物一体"作为儒家的伦理思想，带有鲜明的人为干预的成分。比如，在"仁"的心理过程中，其亲社会行为的关键是儒家设置的"爱人"这一情感因素，缺乏这一情感因素，就难以做出亲社会行为。在"万物一体"论中，人为地设置了天人合一境界，将此种境界作为人生发展的终极目标。事实上，这就如同西方极乐世界一样虚无缥缈。但是一个普通人在对此境界的追求过程中，必然会出现更多的亲社会行为，而这也就达到了儒家所说的社会改造的目的。

　　虽然"万物一体"与共情在本质上是不同的，但是在很多细节方面可以相互印证。甚至"万物一体"涉及的心理机制问题可以为现代心理学提供很好的研究思路。比如，目前的共情心理研究中只涉及共情主体在体验他人情感和自我情感体验过程中的脑区活动是存在差异的，但是当面对不同共情对象时，共情主体的脑区活动是否存在差异呢？这就为现代心理学研究提供了很好的思路。

第二节　慈悲：基于共情机制的神经科学分析[①]

在中国传统文化中，共情的一个重要来源是佛教的影响。佛教自约公元前1世纪开始陆续传入中国，并在此后的千年中逐渐与中国文化相互融合，成为中国文化不可分割的一部分。特别是后期兴起于印度并传入中国的大乘佛教思想中的"慈悲"观念，从现代心理学角度看为中国文化增添了一定的共情色彩。

一、什么是慈悲

在中国社会的语境中，陷入困境的人在向他人祈求帮助或饶恕时，通常会说"求您大发慈悲"或者"请您发发慈悲"之类的话。好像是肯给没钱的人几分钱，给饿肚子的人一口饭，或者稍微放过即将被严惩的人，就叫作"慈悲"或者"发慈悲"。甚至在影视和文学作品中，那些精通武功的和尚在准备出手惩恶扬善时，也会大呼一声"我佛慈悲"，好像在为自己的出手宣示立场。那么，究竟什么是慈悲？它代表了怎样的一种心理状态呢？

（一）慈悲的书面释义

严格来说，慈悲是由"慈"与"悲"合成的。这两个字均意译自印度文化，是大乘佛教"四无量心"中的两种。慈，梵文作 maitrya，代表给予众生快乐的意愿。悲，梵文作 karuṇā，代表拔除众生苦恼的意愿。

这样看来，慈悲好像很简单，没钱给钱，有罪恕罪就是了。但事情发展到了没钱和有罪的极致，再想帮忙就很困难。譬如，一个人缺几块钱吃饭，可以帮；欠了别人几亿美元，如何帮？偷了超市一包蔬菜，容易饶恕；跑到学校里对着小学生开枪扫射，如何饶恕？所以，中国文化中叫作"未雨绸缪""图难于其易"，大乘佛学里叫作"众生畏果，菩萨畏因"。或者索性说"授人以鱼，不如授人以

[①] 本节撰稿人：罗非

渔"。因此，对于慈和悲这两种无量心，据传由阿底峡尊者创作的《供灯祝愿文》里说：

> 愿诸众生具足安乐及安乐因。
> 愿诸众生远离苦恼及苦恼因。

要从因上做起，具备了足够的安乐之因，远离了所有的苦恼之因，自然就只有安乐，没有苦恼了。这是对慈悲这两种心愿比较充分的展示。

（二）慈悲的等级

难道慈悲还能再分等级？但根据大乘佛学的理论，慈悲既然是一种心态，那么就可以根据其起源的不同加以分类。这些不同起源又决定了慈悲的效果。从这个角度而言，也可以说慈悲是可以分成等级的。具体而言，根据《大智度论》《大般涅槃经》，慈悲有以下三种。

1. 生缘慈悲

生缘慈悲，又称作"有情缘慈""众生缘慈"，它的产生方式是"观一切众生犹如赤子"。在大乘佛学中，"众生"意为"众缘所生"。每个生命的心理活动都是由多种因素引发的，除去这些因素，并没有一个"我"。我们平时以为存在的"我"，其实就是误把大量这样众缘所生的心理活动联系在一起当作了连续不断的"我"，每个生命都是如此。如果我们观察所有这些生命，把他们都当作自己的亲生幼子一样看待，那就自然想给予他们快乐，从而拔除任何苦恼了。这说的也就是中国文化中"老吾老，以及人之老；幼吾幼，以及人之幼"的道理。

进一步说，所有的众生和自己的幼子其实真的没有多少差别，将新生儿放在一起，很难分出他们之间的不同，所以产科医生要在新生儿降生之后迅速给他们戴上与父母相关的标记物，否则就有可能弄错。如果没有标记，让我们从几百个从来没有接触过的新生儿中找出哪个是自己家的，恐怕是一件非常难的事情。我们对自己孩子的"亲"，其实是建立在反复接触的"熟悉"的基础上，通过记忆记住了这是自己的孩子。如果当初记住的是另外一个孩子，也会把他当作自己的孩子来疼爱。也就是说，这是通过"日久生亲"的过程产生的亲情。平时我们说母亲和孩子之间格外亲，那是因为孩子曾经在母亲体内与母亲共处过十个月，因此母亲对孩子格外熟悉。这也就是"生缘慈悲"的道理。

对于这种慈悲的心思，任何人都有可能产生，因此大乘佛学称它为"凡夫之慈悲"。不过，这也是所有慈悲心态产生的基础。大乘佛学定义的各种圣人（声闻、缘觉、菩萨）最初发起的慈悲也是这样的，所以也称"小悲"。

2. 法缘慈悲

法缘慈悲是什么呢？想说明它，首先要了解"法"的含义。在大乘佛学中，"法"尘是与"意"根相对的。大乘佛学认为，我们的认知形成有六个渠道，称作"六根"：眼、耳、鼻、舌、身、意。广义的"六根"并不止于感觉器官，而是包括整个与该感觉器官传入的各种信号的处理过程相关的神经结构。比如，眼根就包括眼睛、视神经、视觉传导通路直至视觉各级中枢以及相关的信号分析处理区域在内的整个视觉认知网络。从这个角度来看，所谓"意根"就包括接受各种来自外界和内部的抽象信息并由此形成意识的整个认知网络。因此，所谓"法"尘，就是广义意根的一切处理对象，也就是源于外界和内心的所有能够生成意识的信息。换句话说，所有我们能够"意识到"的东西，都叫"法"，这个概念的内涵真是无边无际。因此，在大乘佛学看来，最宽广的概念不是世界，也不是宇宙，而是"法界"——所有能够被意识到的对象的集合。

了解了什么是"法"，就可以解释所谓的"法缘慈悲"了。作为意识的全体对象，"法"有什么特点呢？正如从前文关于"众生"的释义，让我们有可能意识到每个生命的心理活动都是由众多因素引发的，并没有一个连续不断的"我"存在一样；通过了解了我们所见的一切，即认知的对象在认知中形成主观映像，也就是我们的神经系统中形成的主观映像，它并不是真的像我们意识到的那个样子，所有这些"法"其实也都不是连续不变的存在的自体。换句话说，我们对某事物的认知，并不会连续稳定地保持不变，而是受到多种因素的影响，会发生改变。

真正了解了关于"法"的真相，就自然不会再执着于对当时当地事物的认知，从而获得了更加轻松的快乐，免除了更多的苦恼。大乘佛学的觉悟者懂得了这个真相，也就了解到所有生命的不快乐与苦恼其实都来源于不懂得这个真相；他们帮助其他生命了解这个真相，从而给予他们更多、更稳定的快乐，消除更多的苦恼。只有在对"法"的认识达到无学阿罗汉和初地菩萨水平以上的圣者，才能发起这一水平的慈悲心。因此，大乘佛学将其称为中悲。

3. 无缘慈悲

不管是上述的生源慈悲也好，法缘慈悲也罢，都需要通过观察与思维，了解生命和意识现象的原理，才能够建立起来。因此，这些慈悲都需要借助意识思维的活动，所以都是"有缘"的。

什么是"缘"呢？在中国的俗话中，"缘"好像指的是联系。说两个人"有缘"，等同于说这两个人因为某种原因有所联系，不管是相爱、相仇、欠债还是欠情，总而言之是由于某种原因而联系了起来。但与这种世俗的理解不同，佛学中的"缘"指的是"攀缘"，也就是用意识去执着地认知某个对象。更确切地说，"缘"是我们试图对一个事物形成固定不变的认知。认知本身是受到各种因素影响的，因此这种"有缘"的认知就隐含了不稳定的因素，而这种不稳定正是快乐消失、苦恼出现的根源。

"无缘慈悲"就是超越了一切"攀缘"的慈悲。当一个生命深刻地懂得了认知的这种有条件性，就有可能远离各种"差别见"，产生大乘佛学所说的"无分别心"。需要注意的是，这里的"远离"差别并不是"回避"差别，"无分别心"也不是"不予分别"。这是对大乘佛学思想最常见的曲解，也是大乘佛学世俗化乃至庸俗化的最常见的形式。

大乘佛学认为，"一切众生皆有佛性"，也就是说包括你我在内的所有生命在内心中都含藏了同佛一样的"无分别心"。但我们平时太过于熟悉和依赖意识思维的分别作用，以至于整个心理活动都依托在这些分别之上，而且自成体系，自我维持，完全没有留意到那"无分别"的心究竟何在。我们只有改变依赖"分别心"的习惯，才有可能重新发现自己的"无分别心"。以此发现为依托，才有可能生成平等、绝对、不依赖意识过程的慈悲。这是完整意义上的觉悟者——也就是大乘佛学所说的佛陀——具有的大悲，而不是世俗的生命或只了解生命无我的二乘圣者能够发起的，因此又称为大慈大悲或大慈悲心。

二、慈悲与共情

"共情"一词源于古希腊语。1873年，德国学者Lotze和Vischer从古希腊语中创造了德文词语Einfühlung，1909年，英国心理学家Titchener又据此创造了英文empathy（Gallese, 2003）。通俗地说，共情就是站在他人的角度理解或感受其体验的能力。换句话说，要把自己放在别人的位置上，用他的感官去看去听，用他的心去感受（Bellet, Maloney, 1991）。弗洛伊德则把共情视为心理治疗产生效果的关键。

（一）共情的概念

在一个多世纪的时间内，共情被赋予了许多不同的含义，它们涵盖了广泛的情感状态。尽管不同派别的学者在共情内涵上没有达成一致，但在最基本的层次上，大家公认共情是感知、体验、分享并理解他人的能力（Pijnenborg et al., 2012）。除此之外，它还可能包括关爱并希望帮助他人、体验与别人相似的情绪、识别他人的所思所感，以及增强无差别心，等等（Hodges & Klein, 2001）。

1. 共情与其他类似现象

在实际使用中，许多人经常把怜悯、同情和共情混同，实际上，这三者中的每一个都是独特的。人们对它们的定义各不相同，因而也对为共情下定义提出了挑战。怜悯是一种情绪，当我们看到他人有所需求时产生怜悯，进而成为我们帮助别人的动机。同情则是对这些有所需求的人的关怀和理解，是一种感受。同情也会让自己与他人之间的界限变模糊。也有人说同情应当包含共情性的关心，就是那种关心他人、愿意看到他人变得更好或者更加幸福的感受（Batson, 2009）。

共情也不同于可怜或者情绪传染。可怜通常是在看到别人遇到了麻烦，并且靠他们自己的力量解决不了问题时产生的感受，经常用"替他难过"这样的词语来描述。情绪传染则是个体模仿性地"感染"了别人表现出来的情绪，而自己却未必意识得到情绪的来源。情绪传染特别容易发生在婴儿之间，也会出现在团队成员之间（Hatfield et al., 1993）。

2. 共情的特征

共情涉及对他人的情绪状态的了解，因此共情的特征源于情绪本身的特征。举例来说，如果情绪是以身体的感受为核心来界定的，那么把握他人的身体感受就是共情的核心；反之，如果情绪更多的是以信念与欲望的某种组合为特征的，那么把握这些信念与欲望就是共情的关键。

共情本身是道德中性的，它可以被用于关心他人，济贫扶弱，也可能被用来作为发动战争的动力。不过，基于实际苦难感受的共情，由于是对事实的感受，因而它偏离公正的可能性要远远小于基于信念和欲望组合产生的共情偏离公正的可能性，因为后者有可能远离真实。

（二）共情的能力

强烈的共情牵涉想象自己成为他人的能力，这是一种高度发展了的想象过程，因而也具有一定的难度。然而，识别他人情感却是一种基本能力，很可能是天生的本能，有可能下意识地发生。对于这种基本共情能力，可以通过训练不断地提高它的强度和准确性（O'Malley，1999）。

1. 共情是一种交互过程

共情不仅具有程度属性，还是一种相互作用。典型的共情相互作用包括：当看到他人正在发生的有意行为时，你能够向他表达出对该行为及与此相关的情感状态和个人特质的重要性的某种准确的认知，并且这种表达方式还能够被对方接受。这种认知的准确性和可接受性是共情相互作用的重要特征（Schwartz，2002）。

准确地感受行为代表的情感状态，准确地判断情感状态出现的原因，并且用对方可以接受的方式表达出自己的感受和判断，是共情交流的三大重要因素。

2. 共情与模仿能力

作为人类，我们或多或少地都拥有认识他人的身体感受的能力，科学家认为这与我们的模仿能力有重要关系。最初接触篮球的时候，我们是看着别人打球的动作学习的，或者说我们在模仿老师、教练或者小伙伴们打球的方式。同样，我们也在模仿别人的表情，最初的表情几乎都是从父母或者其他照看我们的亲人那里学来的。换句话说，我们仿佛天生就能把别人的动作或表情（也就是面部肌肉的动作）与我们自己做同样动作时感受到的那种本体感觉联系在一起（Meltzoff，Decety，2003）。从感觉和运动的发生而言，由于最初这些动作都是看着别人学会的，看来的动作和自己做同样动作的感受都经历过无数次的磨合，终于在脑子里建立了稳固的联系。稍后我们会继续讨论这个话题。

除了动作和表情，我们还能把听到的声音的音调等特征与发出这种声音时体验到的内在情感直接联系起来。比如，听到哭泣，或者带有哭腔的说话声，我们不需要看到发出这种声音的人，也能够感受到那种悲伤的情绪。建立这种联系的原因，同样是我们的发音是从别人那里模仿来的。

（三）共情与慈悲心的产生

前面提及共情是道德中性的，有可能被用来帮助困难的人，也有可能被用来发动侵略战争。果真如此吗？有没有可能建立更有效的共情？

1. 积极心理学的共情观

在积极心理学出现之后，心理学家开始扩展共情的内涵，考虑共情和利他主义与利己主义之间的关系。所谓利他主义，就是在行为上以有益于他人为目的，而利己主义则一切以获得自己的个人利益为准。有时候，当我们产生了对别人的共情时，就会有利他主义的行为产生。比如，某天夜晚，你在路边看到穷困潦倒的乞丐，于是你掏出了口袋里的零钱，或者索性把手里拎着的便当递给了他。从行为上看，给乞丐零钱或者便当是典型的利他主义行为，因为毕竟这意味着自己财富的减少，乞丐财富的增加，换言之，乞丐从这种行为中获得了利益。

不过，这些貌似利他主义的行为，比如，给乞丐零钱或者便当，其背后是不是有可能有某种利己主义的动机呢？

比如，你注意到乞丐的目光似乎挺凶恶，而此刻夜幕已经降临，周围的行人稀少，如果乞丐暴起抢劫，你可能连求救都找不到人；或者你刚刚和女友吹嘘自己如何仁慈，如何与人为善，而此刻女友正在旁边凝望着你；又或者你刚刚读了一本宗教读物，说帮助穷人会让你升入天堂……总之，你给予乞丐帮助的直接动机并不是你真的在意让他得到多少利益，你最在意的其实是自己能从这种行为中直接或者间接地得到某种利益——或者至少不会导致你的某种损失。

如果你真的曾经这样做，并且把这个故事写在了微博上，那么你很可能会在底下的留言中看到许多匪夷所思的评语。但你当初的动机究竟是利己的还是利他的呢？恐怕只有你自己才知道，甚至连你自己都说不清。尽管你的意识层面当时曾经出现过某种动机，可是它是不是你下意识中某种隐藏动机的伪装版本呢？或者说你彼时意识层面出现的东西是否仅仅是你当时对自己行为的解释，它并不能真的反映你的真实动机？

然而，在马丁·塞利格曼或者其他积极心理学家看来，不管你当初曾经想过什么，也不管你曾经有怎样的心理背景，在你看到那个乞丐并且对他产生了共情的那一刻，你肯定在某种程度上受到了触动，于是在你的行为中就多了一些利他主义的成分。或许这一次经历还不足以让你变成完全的利他主义者，但它确确实实在你心中，在利他主义的大门中间推开了一道缝隙（Snyder et al., 2011）。

2. 慈悲心的产生

在某种程度上，积极心理学主张的共情体验与利他主义的关系，与大乘佛教的慈悲心的产生过程有很大的相似性。大乘佛学特别重视慈悲心，认为产生慈悲心是实现佛陀所说的圆满觉悟的根本。但慈悲心如何产生呢？最简易的方法就是观察其他生命遭受的痛苦，感同身受，希望他们能够得到帮助。这正是积极心理学所说的由共情体验而唤醒利他主义动机的过程。

在佛教史上有一位出生自苏门答腊岛的法称（Dharmakirti）大师，他所居住的苏门答腊海边当时被称为黄金洲，因此他本人又被称为金洲大师。金洲大师曾经赴印度求学11年，回到苏门答腊岛后潜心修行，成为一代大师。印度尊者阿底峡曾经赴苏门答腊岛向金洲大师学习慈悲心。金洲大师向阿底峡展示的就是他自己修成慈悲心的方法——自他交换法。也就是说，把自己想象成他人，去体会他人的苦与乐。从这个意义上说，有强大的与其他生命共情的能力，并且有意愿去与其他生命共情，这就是慈悲心产生的基础。

三、慈悲的神经基础

既然共情是产生慈悲心的基础，那么了解共情的神经过程，可能就为现代人了解慈悲打开了一扇方便之门。

（一）镜像神经元

1. 镜像神经元系统的发现

20世纪的最后20年，意大利科学家Rizzolatti开展了意义深远的运动神经研究。1937年出生于乌克兰的Rizzolatti供职于帕尔马（Parma）大学，他的团队当时把电生理记录电极放在恒河猴的前运动皮层的腹侧，研究哪些神经细胞专门控制手部和口部的运动。比如，把香蕉抓起来，再用嘴巴咬开香蕉皮吃掉香蕉。每天的实验内容就是猴子在拿香蕉吃，而科学家则在那一小片皮层区域中寻找能够伴随这些动作发生放电反应的神经细胞。他们意外地发现，有些细胞不仅在猴子自己拿香蕉的时候会放电，当猴子看到实验者进来拿香蕉的时候，同样也会放电。Rizzolatti认为这些神经细胞的活动代表了猴子对他人动作意义的理解。最初，Rizzolatti团队把文章投给了 *Nature*，却遭到了退稿，拒稿的理由是"不属于普遍的兴趣范围"。后来，该文于1992年发表在了杂志 *Experimental Brain Research* 上（Di Pellegrino et al., 1992）。

1996年，Rizzolatti团队又发表了另外两篇文章，提出这些镜像神经元系统可能会被用于识别运动，并提出人类的布罗卡区可能等价于恒河猴的腹侧前运动皮层（Gallese et al., 1996；Rizzolatti et al., 1996）。此后，Ferrari团队又发现，镜像神经元不仅能够识别手部运动，还能够对口腔运动和面部表情做出识别（Ferrari et al., 2003）。随后的研究逐渐证实，猴子的额叶下部和顶叶下部皮层大约有10%的神经元具有"镜像"功能，也就是说，它们对自己执行的行为和观察到的同样行为有类似的反应。2002年，Keysers团队还发现，人类和猴子的镜像神经元系统还会对动作产生的声音做出反应。

随着fMRI技术的广泛应用，研究者发现人类的大脑也有类似的镜像神经元系统，并且其包含的范围远比电生理研究的要大，甚至还包括躯体感觉皮层（Keysers et al., 2010）。这好像是在说当我观察你的运动的时候，我还要感觉到自己像你一样在运动。

2. 镜像神经元系统的由来

无论人们怎样解释镜像神经元的意义，它的存在都是一个基本事实。那就是说，我们脑子里有可能存在一些细胞，自己做某动作的时候，它会活动，看到别人做这个动作的时候，它同样也会活动。此处的"动作"是广义的，包括手的动作、嘴巴的动作，还包括面部的表情，甚至包括做动作时发出的声音。当然，仅在非人灵长类中，这个证据才是确凿的；在人类中，则只有来自脑成像研究的证据。脑成像信号来自一定范围内多个神经细胞的活动，因此这个证据还不具有决定性的意义。

这个镜像神经元系统是怎么来的？最常见的解释是由基因决定的。我们的哪些神经细胞会对自己的动作和感受到他人的同样动作做出反应，是早就写在基因里，然后再遗传给我们的吗？为什么会有这样的基因呢？按照进化论最常用的推理方式，就是只有有用的基因特征才会被保留下来。既然科学家认为镜像神经元系统有助于理解其他个体的行动，那这个功能对生存就是有用的，自然也就得到了保留。

其实，对于这类问题，通常很难有满意的答案。比如，我们的手是怎么来的？你可能会说因为我们需要工作，所以才会有手。有手有利于生存，所以在遗传上手就被保留下来了。但为什么是两只，而不是一只，也不是三只或者四只？再如，除了蛇之外，几乎所有的脊椎动物都有四肢，但问题是为什么是四肢，而不是五肢或者六肢？这就又很难说清楚了。

关于镜像神经元，还有几种经常被提起的解释。一种是联合型学习（Cook et al., 2014），也就是巴甫洛夫从狗身上发现的条件反射现象。巴甫洛夫给他的狗喂食的时候总是摇铃，他的狗就记住了这种联系。以后只要听到摇铃，狗就像真的看到吃的东西一样开始流口水了。从这个角度来说，小恒河猴抓香蕉的动作是跟它妈妈学的，也就是说，开始它总是和妈妈一起抓香蕉。自己抓香蕉的时候，脑子里的那几个神经细胞会放电，反复跟妈妈学抓香蕉的结果是，妈妈抓香蕉就和那几个神经细胞放电被关联在了一起。在这里，自己抓香蕉相当于巴甫洛夫的狗的吃食，妈妈抓香蕉的动作相当于巴甫洛夫摇出来的铃声，而脑子里那几个淘气的神经细胞放电相当于流口水。因此，小恒河猴自己抓香蕉和看到别人抓香蕉的动作都会使那几个神经细胞放电，也就很容易理解了。

另一种解释是遗传的管道化。这是由 Waddington 提出的概念，表示尽管环境或者基因型会有所不同，但一个群体在进化过程中最终都会进化出同样的表型（Waddington，1942）。在镜像神经元系统的现象中，尽管小恒河猴自己抓香蕉和看其他猴子抓香蕉这两个过程有所不同，但生物倾向于进化出同样的表型来应对这两种尽管有所不同但又比较类似的环境，此处进化出来的表型就是那几个放电的神经细胞。Waddington 将其看作生物系统的鲁棒性。

还有一种从进化出发的解释是所谓的"外推适应"。也就是说，在进化的过程中，某个遗传特征的功能发生了漂移（Bock，1959）。某个特征在进化出来的时候本来是为了目的甲，但随后它又对目的乙有了用处。比如，羽毛最初进化出来可能是为了防寒，但后来鸟类又把它用在飞翔上了。从这个角度出发，小恒河猴的那几个神经细胞最初发展出来或许只是用来抓香蕉的，但随后它们又"漂移"到了看别人抓香蕉上。

（二）大脑的活动与日常生活

在宏观尺度上，尽管部分大脑的受损可能会导致某些功能的损失，但在单个神经细胞水平上，一个细胞的死亡几乎不会对任何行为功能产生影响。因此，想要证明某个镜像神经细胞究竟有什么功能和意义是不可能的。从这个角度来说，为镜像神经细胞设想功能和意义就成了纯粹的哲学讨论。但了解镜像神经元系统这一现象却并非毫无意义，因为它能够帮助我们了解在日常生活中大脑的工作方式。

1. 脑的微观活动

如同我们身体的其他部位一样，脑的基本单元是细胞。与身体其他部位不同的是，脑的细胞的兴奋性比较强烈而且复杂。除了与其他部位有类似的血管组织之外，脑的其他部分主要由两大类细胞构成：①神经细胞，相当于人类传统社会中的男性，具有快速兴奋的能力，负责收集信息、联络沟通、做出决策；②胶质细胞，相当于传统社会中的女性，能够辅佐、保护、调节神经细胞，完成所有神经细胞做不了的工作。

脑细胞的另外一个特征是，无论属于何种类型，它们都倾向于互相接触，彼此连接成高度复杂的网络。这些接触是它们发挥功能的重要物质形式。神经细胞通过这些接触从其他细胞那里收集信息，并据此调整自己的兴奋程度，也就是细胞膜电位的高低。除了这种相互接触导致的电位变化，脑细胞膜电位还经常处于节律性振荡中。两种来源的电位变化叠加到一定的幅度，就会导致神经细胞的放电，产生一个或数个足以传递到整个细胞膜的每一个角落的落差高达 0.1V 的动作电位。

神经细胞之间接触的紧密程度——兴奋通过接触传递给另外一个细胞的效率——并不是一成不变的，而是随着相互接触的两个细胞的活动历史而有所变化。如果一个细胞对另外一个细胞的兴奋有贡献，这个接触就会变得更为紧密；反之，则会变得逐渐松弛。过于松弛的接触甚至有可能彼此断开。这就好像你在努力攀爬一个陡坡，周围的朋友过来推你一把，你会心生感激，你们的友谊也会因此升级；如果有人扯了你的后腿，那么你一定会心生怨怼，友谊的小船也可能因此而翻掉。

这个原则用在人类社会中或许过于简略，不同的人或许对它有不同的看法，但神经细胞之间遵循的正是这种"胞际"关系准则。因此，经常相互帮助的细胞之间的联系就会日益紧密，从而结成帮派一起活动。这种"细胞集群"就是脑对外界和内部世界中各种事件产生反应的通用方式（Nicolelis, Lebedev, 2009）。

比如，小恒河猴在学习抓香蕉的时候，脑子里总有一些神经细胞会因此而放电。这些细胞放电各有各的原因，有些是因为看到了香蕉，有些是因为闻到了香蕉的味道，有些是因为正在做抓香蕉的动作，有些是因为正在观察猴妈妈抓香蕉，甚至还有一些可能是因为观察猴妈妈抓到香蕉之后会吃掉。其中的每一项都会引起一群神经细胞兴奋。这群细胞因为经常一起活动，因此早就"拉帮结派"，变成了同进同退的"铁哥们儿"。大脑里的每一个神经细胞都会与几千个其他细胞接触，同时也会发出几百个接触去亲近其他细胞，因此，或直接或间接，我们提到的这些细胞群总有一些办法相互联系起来。在小恒河猴学习抓香蕉的过程中，这些细胞群几乎同时放电，它们相互联系的那些接触也因此而得到了加强。小恒河猴最终学会了抓香蕉，这些反复一起放电的细胞群终于结成了新的、更大规模的细胞集群。这群细胞变成了一个新的大帮派，并且经常倾向于一起活动。所以，无论是小恒河猴自己拿香蕉吃，还是看到别的猴子甚至周围的人类拿香蕉吃，这个大集群的神经细胞都会因为其中某些成员被兴奋，最终导致整个细胞集群的"总动员"。这就是镜像神经元系统出现的神经过程。

2. 跨界联盟

人类或者其他生命的行为和这些细胞行为究竟是什么关系呢？主流科学界认为，细胞行为是人类行为的机制。然而，不要忘记了，细胞也是生命，而且是一个独立存在的生命。它有自己的"胞生"目的，至于碰巧携带了这个细胞的那个人有怎样的人生目的，和它没有任何关系，它也根本不会在意。

那么，我们的行为和神经细胞放电之间的联动究竟是怎么回事呢？首先，当代神经科学的研究证明，每个事件在大脑里都关联着大群神经细胞的活动。这些细胞经常彼此间隔很远，仅仅是无处不在的接触才让它们结成了帮派。但和人类帮派不同的是，脑细胞中并没有一个"老大"在指挥整个帮派，或者了解整个帮派的情况——它们是名副其实的"群龙无首"。所以，即使有一群细胞总是伴随着香蕉的出现而兴奋，但除了小恒河猴之外，没有任何一个细胞知道有香蕉。它们所知道的仅仅是和自己有亲密接触的几个细胞在活动，这让它们也莫名地兴奋起来。如果说这就代表着香蕉，那么从来没见过香蕉的这几个细胞肯定不知道这一点，每个细胞都只认识和自己有接触的那些细胞，所以整群细胞也不可能知道有香蕉。那么，在没有任何细胞知道有香蕉的情况下，小恒河猴又是怎样知道有香蕉的呢？显然，它不能靠任何一个细胞，甚至也不能靠任何一群细胞，它只能靠自己的眼睛、鼻子、嘴巴、耳朵、身体及思维。除此之外，它对脑子里边的任何一个或者一群细胞的活动都一无所知。

认识清楚这一点，我们就可以重新考虑行为和神经活动之间的关系了。我们平时都认为只有同类之间可以做朋友，所谓"非我族类，其心必异"。其实不同类之间也一样可以做朋友，比如，人类经常养猫科、犬科甚至鼠科动物做宠物；我们也会在自己的家里或者庭院中栽树种花，这让我们的朋友延伸到了植物界。因此，两个生命跨界结成友谊或者联盟，也并非不可思议的事。所以，我们的行为发生的同时，伴随着神经细胞群的放电，它形成的过程就像一群细胞当初能够学会一起放电一样。一起放电的细胞会共同结成联盟，与放电同时发生的行为也能和细胞结成联盟。只要我们肯把每一个独立的行为或者认知事件看作个体，它总是会与其相伴出现的神经细胞群结成联盟。

所以，小恒河猴在学习抓香蕉的过程中发生的每个事件都和一个细胞集群结成了跨界联盟。当学习过程完成时，这些细胞集群相互之间也形成了超级集群。因此，不管小恒河猴自己抓香蕉还是看到猴妈妈抓香蕉，都会引起整个超级集群的活动。

那么，为什么细胞活动受到干扰，会同时干扰相关的行为呢？正如已经形成的细胞集群，抑制其中一部分细胞的活动会影响其他集群成员的活动规律一样，已经与细胞集群结成跨界联盟的行为过程，也会因为组成联盟的细胞集群活动受阻而出现执行困难。

20世纪末到21世纪初，科学家已经确认大脑终生都具有可塑性。换句话说，我们的行为一直保留着"可选择"的能力。只是由于行为和这群神经细胞的跨界联盟已经运行了几十年，面对突然出现的运行故障，它需要一些时间重新去选择而已。也就是说，我们终究能找到办法重新运作当初受阻的行为，只不过需要让这些行为与其他的细胞集群结成新的跨界联盟而已。

（三）与慈悲相伴的神经过程

了解了行为和神经细胞之间的关系，就了解了认知中的事件与行为之间的联络方式，从而可以重新审视共情，了解慈悲在人类大脑中的生成过程。

1. 共情与镜像神经元系统

运用前文提出的跨界联盟原理，我们可以知道所谓镜像神经元系统，是因为在学习抓香蕉的过程中，小恒河猴脑中看别人抓香蕉时结盟的细胞集群与自己抓香蕉时结盟的细胞集群之间结成的超级跨界联盟。所以，无论是自己抓香蕉还是看别人抓香蕉，都会激活这个超级联盟。

这个系统与共情的关系就在于：我们看到别人受到伤害时结盟的细胞集群与我们自己受到伤害时结盟的细胞集群之间很容易建立起超级联盟。当然，在不同的个体中，这两个集群之间联系的紧密程度是不同的，因此不同个体的共情倾向或者说能力是有区别的。自己受到伤害时，正常的情况下都会产生去缓解伤害的行为。因此，与缓解伤害行为结盟的细胞集群也就和受到伤害的细胞集群结成了紧密的超级联盟。在此基础上，一旦前述的共情细胞联盟成功建立，那么看到别人受到伤害，也很容易激活缓解伤害的结盟的细胞群，这样就会出现针对他人的救助行为。这一行为反复出现，那么这个新的超级跨界联盟就日益巩固，于是个体的共情行为就变得越来越强大了。

2. 慈悲的养成

有了共情和共情相关的救助行为，也就有了产生慈悲的基础。最初的共情超级联盟比较松散，所以看到他人受到伤害时引发救助行为的细胞集群间接触的效率也就不高。但每次实施救助行为，就是在加强两个细胞集群之间的联盟，因此正如马丁·塞利格曼设想的，共情行为会给人类带来利他主义的美好情感。每次共情行为的发生都加强了超级跨界结盟。当"习惯成自然"之后，我们就养成了强大的慈悲心，愿意为解除他人的痛苦而全力以赴。

这种真正的慈悲心出自神经细胞水平的超级联盟，也就是救助行为与他人痛苦之间的超级跨界结盟。它一旦建立，就无关乎认知，无关乎思维。此时，慈悲就不再是为了自己的名声、利益，不再是为了自己的主义、理想，而是变成了人的本能反应。这样的心才是无缘大慈、同体大悲。因此，从认知神经科学的角度来看，确实有可能形成佛陀般的大悲，而且这种大悲有其确定的神经科学基础。

第六章

心身调节

儒道佛文化中有丰富的关于心身调节的理论、观点和方法。例如，"信则灵，不信则无"，通俗而言，就是说只要人真正相信某一件事情或者某个神灵，便会产生所期待的灵验结果，若内心不相信，就不会出现灵验结果。这句话广为流传，显示了人们非常关注信仰或信念到底会产生什么作用。虔诚的信徒相信上帝或神灵会治疗他的疾病，完成一些宗教仪式后，信徒的病情果然得到了缓解。有人会认为这个信徒可能只是在心理上得到了虚幻的安慰，而在可真实测量的病理生理学指标上可能并无改善。但现代科学研究则在客观观察方面对"信则灵"进行了全新的解释。情绪安慰剂效应作为研究信念的一个理想的实验模型，提供了大量关于"信则灵"的神经生理学实验证据。

与道家文化存在密切关联的中医经典《黄帝内经》通过气机、阴阳、五行生克规律提出了情志的相生相克理论，认为人生病的原因就是内伤七情、外感六淫。《黄帝内经·素问·阴阳应象大论》记载，人有五脏化五气，以生喜、怒、悲、忧、恐。另外，也有肝"在志为怒"、心"在志为喜"、脾"在志为思"、肺"在志为悲"、肾"在志为恐"的说法。中医认为五种情绪之间的关系如同五行是相生相克的。情志生克乘侮的规律构成了中医学的情志学说。后世中医在该理论的指导下发展出了以情制情法，以现代心理学眼光来看，这也是一种独到、新颖的心身调节策略。

从根本上讲，佛教主要是一种心理学，2000多年来一直不断保持并完善着一个传统——通过分析和审视自己的内心世界来实现一种精神状态的突破。深受西学浸染的梁启超（2007）则干脆将"治心为本"的佛教认作"心理学"。近年来，佛教强调且开发出的一系列利用心智控制情绪的技术，越来越引起西方心理学家的兴趣。在这一系列技术中，正念禅修成为研究的焦点且获得了较大发展。相比较之下，其对慈心禅的关注度则远远不够。慈心禅是佛教最有特色的禅法，无论在佛教历史传承还是在当代西方心理学研究中，均表明其具有促进自我和谐、提升自我接纳度、改善人际关系等有益于心身健康的功能。目前，认知神经科学的研究也证明，慈心禅对于增强大脑内部的协调整合性具有巨大作用。虽然近几年与慈心禅相关的研究文献快速增加，但总体来看仍存在诸多问题，国外的文献仅仅就慈心禅技术的某些功能进行验证而无法深入其内在机制；而国内涉及此方面的内容更是少之又少，即便有也多为对纯粹宗教视野下的修习方法的介绍。在当今以科学为主流的大背景下，必须借助科学心理学平台，尤其是实证研究范式系统发掘慈心禅的心理功能及深层机制，以使这一经典的佛教禅修技术得以运用且延续、传承，为更多人的心身健康带来益处。

第一节 "信则灵"的实证阐明[①]

一、中国的信仰传统

宗教信念与"信则灵"的关系最为密切。传统上中国人的信仰主要包括儒道佛三大信仰系统。儒家信仰系统严格来说不属于宗教信仰，虽然其典籍中包含的信仰内容有至高无上的天帝神、儒家创始人孔圣人和家族的祖先神灵等，但孔子主张"不语怪、力、乱、神"，他要求人们服从道德权威和社会规范，远离那些神秘的宗教境界（李晴，2006），所以很难在儒家传统中找到"信则灵"的内容。

在佛教中，对"信"的论述在佛经中多处可见。信仰佛教者的入教仪式被称为"皈依三宝"，就是指从此信奉佛教，即佛宝、法宝和僧宝。《起信论》被视为大乘佛教的入门之书，专门论述了信心，"一者信根本，所谓乐念真如法也。二者信佛有无量功德，常念亲近，供养，恭敬，发起善根，愿求一切智。三者信法有大利益，常念修行波罗蜜。四者信僧能修行自利利他。常乐亲近诸菩萨众，求学如实行"。《华严经》中说："信如人有手，入宝山中，自在取宝；有信亦尔，入佛法中，取无漏宝财。"它是指人信奉了佛教，就像人有双手，可以自在获得智慧和财富。《智度论》中说"佛法如大海，以信为能入"，强调了"信"是进入佛门的

[①] 本节内容基于如下研究改写而成：张文彩. 2018. 基于负性情绪安慰剂效应对"信则灵"的实证阐明. 南京师大学报（社会科学版），(2): 114-123

首要条件。《涅槃经》中说"大信心即是佛性，佛性即是如来"，是指如果真正信奉佛法，每个人都能成佛。《金刚经》中多处提到净信，"世尊，若复有人得闻是经，信心清净，则生实相，当知是人成就第一希有功德"，指的是如果有人听了《金刚经》没有丝毫怀疑地真正相信它，他就成就了第一的稀有的功德。"闻是章句，乃至一念生净信者，须菩提！如来悉知悉见，是诸众生，得如是无量福德"，意思是人如果能够一生净信、真信，就会修得无量功德。

道教中的皈依三宝是指信赖和依靠道宝、经宝和师宝。《龙门心法之皈依三宝》中说"大众！我今明将大道，直指人心。急早降伏身心意，化为三宝真身，然后皈依道经师宝，以求出世，不可迟也。若有能依戒定慧法门，行持信心，不生疑惑者，当知此人，决定成道"，强调皈依道经师三宝并信奉不疑，就会得道。道教传统中还常常会借助一套复杂的道教仪式进行驱邪避祸、灵符治病，虔诚的信众在仪式完成后会觉得非常灵验，而这与安慰剂信念建立和发挥作用的方式有异曲同工之妙。

二、基于安慰剂效应的情绪调控对"信则灵"的实验研究

Stewart-Williams 和 Podd（2004）提出，安慰剂效应是在人或动物身上产生的真正的心理生理效应，这种效应应该归因于接受某种物质或方法的治疗，而不是这种物质或方法的内在效力。安慰剂效应产生的重要前提是人们相信"安慰剂"确实有效。《牛津词典》将"信念"（belief）定义为不管有没有经验性证据去证实，人们都会相信某个事物是真实的心理状态。也就是说，信念就是当人们确信的某个事物的真相或事实并没有得到验证时，仍然相信其是真的。因此，安慰剂信念就是人们确信安慰剂具有特定疗效是真实存在的心理状态，安慰剂信念伴随的心理状态可能是产生安慰剂效应的重要心理基础。

安慰剂信念能否成功缓解负性情绪体验，关键在于是否能够建立安慰剂信念，即建立人们确信某种治疗能够缓解负性情绪的认知。目前，一类研究是安慰剂信念对负性情绪调控的实验室研究，目前已经形成了几种比较成熟的实验范式，这些实验范式进行的主要操纵就是要通过某些步骤实现"灵则信"（让个体体验到或被说服某种治疗确实有效，促使其产生信任），然后去检验"信则灵"（证明负性情绪的缓解只是来自对治疗的信任，而不是来自治疗本身）。安慰剂效应研究中的"灵则信"就是建立安慰剂信念的过程，"信则灵"就是检验安慰剂是否有效的过程。另外，还有一类是安慰剂对重症抑郁症干预的临床研究。

（一）言语指导范式

建立安慰剂信念的方法之一是言语指导。言语指导是指通过向被试传达有权威和有说服力的言语信息，告诉被试其所接受的治疗会显著缓解负性情绪或者疼痛体验，从而使被试建立"安慰剂治疗"有效的信念。以安慰剂止痛研究为例，研究者（Pollo et al., 2001）给接受了胸外科手术的胃癌患者实施安慰剂止痛，研究中先给被试注射生理盐水，并根据对生理盐水的描述将其分为三组：其一，自然历史组，患者只是接受生理盐水的注射，但没有被告知注射有无止痛效果；其二，双盲实施组，告诉患者注射的可能是止痛药物，也可能是安慰剂，概率各为50%；其三，欺骗性实验组（或言语指导组），告诉患者给他们注射的是非常有效的止痛药物。然后，观察被试在注射生理盐水之后对止痛药物的需求量。结果表明，自然历史组要求的止痛药物数量最多，为11.55mg的丁丙诺啡（Buprenorphine），双盲组需要9.15mg的丁丙诺啡，比自然历史组降低了21%；欺骗性实验组需要7.65mg的丁丙诺啡，比自然历史组降低了34%。研究者认为，对生理盐水的不同描述诱发了不同的预期，从而产生了不同的安慰剂止痛效应，最终导致不同条件下被试对止痛药物的需求量不同。可以看出，欺骗性实验组产生显著安慰剂效应的核心操纵，就是通过让人们理解并信任所传递的"此治疗非常有效"的言语信息来建立信念。但是人们发现只使用言语指导产生的安慰剂效应比较弱。

（二）同一领域的强化范式

为了获得更明显的安慰剂效应，近年来，大多数研究使用了强化范式来建立安慰剂信念，即使用经典条件反射的方法对言语传达的治疗信息进行强化，让个体真正体验到治疗者所说的"疗效"，从而建立对安慰剂治疗有效的信念。强化范式包括同一领域的强化范式和跨领域的迁移强化范式。同一领域的强化范式是指第一阶段通过条件反射学习的方法诱导被试建立了止痛信念（或降低负性情绪的信念），在第二阶段仍然在同一领域，比如，在疼痛中（或负性情绪中）检验安慰剂效应。具体而言，目前有两种强化策略来建立同一领域的安慰剂信念，即药物策略和秘密降低强度策略。

第一种策略需要使用药物，在前期训练阶段，给被试施加有效的药物进行止痛或降低负性情绪强度，被试真实地体验到了药物的作用，从而强化了被试对药物疗效的信念，实现"灵则信"的操纵。然后，实施安慰剂治疗，这个阶段完全模仿实施真实药物的情境,告诉被试施加了同样的药物,但实际上给予其的是没有任何疗效的安慰剂(如生理盐水或淀粉胶囊),检验是否存在"信则灵"的安慰剂效应。在此以负性情绪的安慰剂效应研究为例,详细介绍这种策略。Petrovic等(2005)采用了fMRI技术研究情绪安慰剂效应,这也是第一个探索安慰剂信念如何调节负性情绪的研究。第一阶段,强化被试的安慰剂信念。给被试呈现3个组块(block)的负性情绪图片,呈现第一个组块之前,没有对被试施加任何影响;呈现第二个组块之前,给被试的静脉注射苯二氮卓(Benzodiazepine)类药物,告诉被试这是抗焦虑药物,会显著降低其因负性情绪图片诱发的不愉快体验;呈现第三个组块之前,给被试的静脉注射苯二氮卓受体拮抗剂氟马西尼,告知被试这种药物会完全阻断前面镇定类药物的作用。每个组块呈现完毕后,让被试使用0~100mm的视觉模拟尺(visual analog scale)评价负性图片诱发的平均不愉快程度,0代表没有任何不愉快,100代表最高程度的不愉快。第二阶段,检验安慰剂效应是否存在,比较安慰剂条件和控制条件下诱发的脑活动的差异。告诉被试在每个组块呈现之前,将为其注射与第一天完全相同的药物(抗焦虑药物和抗焦虑药物拮抗剂)。实际上,正式实验阶段注射的是生理盐水(即安慰剂),不是之前使用的药物。结果表明,对于整组被试和安慰剂反应者而言,在安慰剂条件下,不愉快图片诱发的外侧纹状体视觉区活动下降。整组被试的右侧眶部额叶在安慰剂条件下被激活,安慰剂反应者的下喙部前扣带回和腹外侧前额叶在安慰剂条件下被激活;对负性情绪图片主观评价的安慰剂效应与外侧纹状体、杏仁核的激活呈显著负相关,与喙部前扣带回、腹外侧前额叶活动的增加呈显著正相关。研究结果显示,情绪安慰剂效应与安慰剂止痛的神经调制网络非常类似。在疼痛研究中,使用强效止痛剂可以使被试相信治疗非常有效,因此这种药物强化的范式在疼痛安慰剂效应研究中也被广泛使用。

　　第二种策略不需要使用药物,在前期条件反射训练阶段,当痛觉刺激伴随安慰剂治疗出现时,则秘密使用低强度的痛觉刺激;当痛觉刺激不伴随安慰剂治疗出现时,则使用高强度的痛觉刺激。但这样的操纵是秘密进行的,被试并不知道真实的情况,这样他们会相信疼痛的缓解来自"安慰剂治疗"。这种范式通过前期秘密降低刺激强度的条件反射训练来增强安慰剂信念强度,实现"灵则信"的操纵。这一学习过程完成之后,将疼痛刺激恢复到相同的水平进行安慰剂治疗,检验是否存在"信则灵"的安慰剂效应。Wager等(2004)使用fMRI技术做了两个实验,测量安慰剂止痛引起的脑活动变化。第一个实验通过直接的言语说服(仅言语告知被试"要进行的治疗非常有效",没有进行条件反射学习来强化信念)来诱发安慰剂信念，以此来比较安慰剂止痛条件和控制条件下脑激活的变化。结果发现，言语性安慰剂预期条件下疼痛评价的下降程度和疼痛期间痛感觉区（喙部前扣带回、对侧脑岛和对侧丘脑）的活动性下降程度呈显著正相关，但没有发现安慰剂条件和控制条件下脑活动的差异。在第二个实验中，使用条件反射学习来加强安慰剂信念。在第一阶段的强化信念操作中，当被试被告知在进行治疗时，则秘密使用低强度的热痛刺激；当被试被告知没有进行治疗时，则使用高强度的热痛刺激。在正式实验阶段，安慰剂条件和控制条件下的疼痛刺激处于相同的水平，以检验安慰剂信念对疼痛的调控。研究者通过比较安慰剂条件和控制条件下脑活动的变化发现，安慰剂条件下痛刺激期间对侧丘脑、前部脑岛和喙部前扣带回的激活显著低于控制条件，痛觉评价和喙部前扣带回的活动显著相关。在对热痛刺激的预期期间（痛刺激呈现前的等待阶段），左右两侧背外侧前额叶和包含导水管周围灰质的中脑区域被激活。令人感兴趣的是，第二个实验与第一个实验的不同之处在于使用经典条件反射的方法强化了安慰剂信念，从而获得了更为显著的疼痛安慰剂效应，由此在安慰剂条件和控制条件下脑激活表现出显著差异。

第二种策略显著优于第一种策略的关键之处在于，不需要使用强效的药物来强化信念，只是在个体不知情的情况下秘密改变刺激强度，个体误以为体验到的止痛作用来自治疗。这样秘密降低疼痛强度的方法摆脱了必须使用药物的限制和药物潜在的副作用，使没有药物处方权的研究者也能够进行安慰剂效应研究，这种方法在疼痛安慰剂实验中被广泛使用。第二种策略也存在局限性，尽管秘密降低强度建立信念的策略在疼痛安慰剂效应的研究领域被广泛应用，但在其他领域，比如，负性情绪、帕金森症等领域却很难实施。因为疼痛刺激可以很方便地只改变刺激强度而保持疼痛刺激的其他特征不变，这样参与研究的个体很难识破其中的秘密。但其他症状比如负性情绪刺激却没有这样的优势，情绪刺激本身需要有丰富清晰的内容来传递情绪强度信息，这样就难以做到秘密改变情绪刺激强度而不被被试察觉。因此，到目前为止，还没有出现通过秘密改变情绪刺激强度来强化安慰剂信念的方法。

（三）跨领域的可迁移强化范式

研究者创造了另一种安慰剂效应研究范式来解决情绪安慰剂效应研究中的条件性强化问题，也就是跨领域的可迁移安慰剂效应研究范式。前面同一领域强化范式中的两种策略研究的都是单一领域而非跨领域的安慰剂效应，都可以获得可靠的特异性疼痛安慰剂效应或情绪安慰剂效应，但安慰剂效应是否可以从痛觉到情绪产生跨领域迁移尚不清楚，这正是迁移性安慰剂效应研究的切入点。具体的研究思路是：告诉被试"穴位磁疗仪"施加在合谷穴上可以显著镇痛，施加在大椎穴上可以显著缓解负性情绪，但"穴位磁疗仪"是没有任何作用的假仪器，在迁移性安慰剂研究中用来充当安慰剂。在研究中，先在痛觉中实施虚假治疗（安慰剂）对安慰剂的信念进行强化，让被试体验到这种治疗（安慰剂）对痛觉的"镇痛作用"，当痛觉刺激伴随安慰剂治疗呈现时，则秘密使用低强度的痛觉刺激；当痛觉刺激不伴随安慰剂治疗呈现时，则使用高强度的痛觉刺激。但被试并不知道真实的情况，其会认为疼痛的降低是安慰剂治疗引起的，从而通过前期的条件反射训练强化了安慰剂信念的强度，实现了"灵则信"的操纵。然后，告诉被试"穴位磁疗仪"对缓解负性情绪也有显著的疗效，在情绪安慰剂效应检验阶段，被试在安慰剂条件和控制条件下观看等值的负性情绪图片，观察安慰剂有效的信念是否会在痛觉向负性情绪迁移的过程中产生缓解负性情绪的作用，检验"信则灵"是否存在。

可迁移安慰剂效应是否确实存在？在可迁移安慰剂效应范式下，研究者收集了人类被试的行为、脑电和fMRI数据来回答这一问题。在可迁移安慰剂效应的第一个研究中（Zhang, Luo, 2009），研究者使用负性情绪图片完成了两个行为实验和一个脑电实验，第一个行为实验发现单纯言语指导诱发的安慰剂信念没有使被试的负性情绪体验发生显著变化，而在迁移性强化范式下，安慰剂信念使被试的负性情绪体验显著降低。在第二个行为实验中，研究者既检验特异的疼痛安慰剂效应，也检验迁移性情绪安慰剂效应，结果表明，在迁移范式下安慰剂既诱发了显著的疼痛缓解效应，也诱发了显著的情绪安慰剂效应。第三个实验记录了脑电，结果发现，与控制条件相比，迁移性安慰剂条件下负性情绪图片诱发了更低的负性情绪体验、更低幅度的P2和更高幅度的N2，证明安慰剂效应缓解了负性情绪强度，这种安慰剂效应在负性情绪信息的早期加工阶段（300ms内）就已发生。在随后的fMRI研究中（Zhang et al., 2011），为了更可靠地观察到情绪安慰剂效应及分析其神经基础，实验者在核磁实验前一周通过行为实验先筛选出安慰剂反应者，后期只有安慰剂反应者进入fMRI实验。结果发现，在迁移性安慰剂条件下，与负性情绪加工密切相关的杏仁核、脑岛和背侧前扣带回等脑区的激活显著减弱，而膝下扣带回表现为激活增强。这说明迁移性安慰剂效应确实缓解了负性情绪，这种安慰剂调控可能是通过腹内侧前扣带回进行的。这两项研究表明，迁移性安慰剂效应诱发了行为、脑电和血氧水平依赖信号的变化，为迁移性安慰剂效应存在提供了真实可靠的证据。之后，研究者进一步比较了可迁移安慰剂信念和认知重评对负性情绪的调控（Zhang et al., 2012），安慰剂信念组使用可迁移安慰剂信念来降低负性情绪，认知重评组使用认知重评来降低负性情绪，使用fMRI技术记录脑活动的变化。比较发现，两种情绪调节策略都使负性情绪显著减少，使杏仁核和脑岛的激活显著下降，表明它们对负性情绪都有显著的缓解作用。然而，二者进行调控的区域既有重叠也有不同，安慰剂信念激活了膝下扣带回和腹外侧前额叶，而认知重评除了激活膝下扣带回和腹外侧前额叶之外，还激活了背外侧前额叶。

如果可迁移安慰剂效应是一种广泛存在的心理学现象，那么这种安慰剂效应是不是一种跨物种的存在，是不是可以在多个心理领域产生迁移效应？研究者又进行了系列实验来回答这个问题。在随后的一项研究中，研究者使用小鼠进行实验，检验迁移性安慰剂效应在动物中是否也存在（Guo et al., 2011）。结果发现，前期在小鼠痛觉中建立安慰剂止痛的信念，之后在抑郁行为测验中（悬尾测验和强迫游泳测验）检验安慰剂效应，结果发现安慰剂具有显著的抗抑郁作用，并进一步发现反映情绪激活水平的皮质酮和肾上腺皮质激素浓度也显著下降，这些证据说明迁移性安慰剂效应是跨物种存在的现象。在另一项研究中，研究者采用噪声代替疼痛来建立安慰剂信念，即前期使用假的"穴位磁疗仪"在噪声中进行安慰剂效应的操纵，让被试体验到这种治疗（安慰剂）对噪声的"降低作用"，当噪声刺激伴随安慰剂治疗呈现时，则秘密使用低强度的噪声刺激；当噪声刺激不伴随安慰剂治疗呈现时，则使用高强度的噪声刺激，实现"灵则信"的操纵。然后，告诉被试"穴位磁疗仪"对缓解负性情绪也有显著的疗效，观察安慰剂有效的信念是否会从噪声向负性情绪中迁移并产生缓解负性情绪的作用，检验"信则灵"是否存在。结果发现，在可迁移强化范式下，安慰剂确实缓解了负性情绪唤醒，证明从噪声到负性情绪的迁移性安慰剂效应也确实存在（Zhao et al., 2015）。这一研究说明迁移性安慰剂现象不只限于从疼痛到负性情绪的迁移，也可以从噪声迁移到负性情绪。近期，研究者又检验了安慰剂效应是否可以从疼痛迁移到共情痛。前期其仍然使用假的"穴位磁疗仪"在疼痛中进行安慰剂效应的操纵，让被试体验到这种治疗（安慰剂）的"镇痛作用"，实现"灵则信"的操纵。然后，告诉被试"穴位磁疗仪"对缓解因疼痛图片诱发的疼痛感也有显著的疗效，观察安慰剂有效的信念是否会从痛觉向共情痛迁移并产生缓解共情痛的作用，使用fMRI技术检验"信则灵"是否存在。结果发现，共情痛图片诱发的躯体感觉区激活强度在安慰剂条件下显著下降，而且发现安慰剂调控条件下增强的区域位于眶部额叶，与从疼痛到负性情绪迁移研究中发现的安慰剂调控区域腹内侧前额叶非常接近，这一研究证明安慰剂效应也可以从真实疼痛向共情痛迁移（Zhao et al., 2020）。以上证据表明，迁移性安慰剂效应可能是一种跨物种、跨领域存在的心理现象。

可迁移安慰剂效应范式有何重要的贡献？第一，可以灵活地在多个领域中检验安慰剂效应的存在及其机制。跨领域安慰剂效应范式的特点是在容易操纵强度的某类实验刺激中建立和强化安慰剂信念，然后在另一领域不容易操纵强度的实验刺激中检验安慰剂效应。比如，疼痛或噪声刺激的强度可以在保持其他特征不变的情况下被秘密操纵和改变，这样就可以采用秘密降低疼痛或噪声刺激强度的经典条件反射方法来强化安慰剂信念。负性情绪刺激多采用负性情绪图片或者视频来进行呈现，情绪内容复杂，不可能像疼痛或噪声刺激那样可以很方便地秘密操纵刺激强度而不被被试识破，因此目前尚不能使用秘密降低强度的条件反射学习策略来强化情绪安慰剂信念，但可迁移范式使研究者突破了使用药物进行条件反射学习的限制来进行情绪甚至其他领域的安慰剂效应研究。第二，跨领域的研究范式可以为研究不同领域的安慰剂效应是否存在共享机制提供证据。目前，安慰剂反应的研究涉及情绪、抑郁症、疼痛、帕金森症等多个领域，但采用单一领域的安慰剂信念研究方法只能说明安慰剂效应在这一领域可能会依赖于什么样的神经生物机制，无法说明不同领域的安慰剂效应是否可能存在共享的神经生物机制。如果采用跨领域的可迁移安慰剂效应研究范式，则可以推断尽管在下游表现出的安慰剂反应会因研究领域不同似乎有很明显的不同，比如，表现出痛觉缓解的或情绪缓解的脑区激活变化，但这些变化的发生可能依存于或部分依存于共同的上游认知神经调控机制，安慰剂效应实现跨领域迁移，很可能就依赖于这一共享的认知神经机制，这一领域可能就是腹内侧前额叶或眶部前额叶。第三，安慰剂可迁移性的被证实，真正使安慰剂效应成为一种可以阐释"信念影响身心状态"的心理科学原理，而不再仅仅是一种临床现象。在临床上，安慰剂效应研究的关注点局限于安慰剂对某一病症有何影响，而没有从更广泛的心理学角度去认识信念的作用。我们知道信念会在躯体和心理治疗、宗教信仰和实际生活等众多领域发挥作用，有明显的领域交叉性，就像人们发现某个神灵在一种情境中灵验，就很容易在其他情境中相信它的作用；或某品牌的一种商品在消费者中建立了信任，它旗下的其他产品就很容易被接受。研究者正是从这一角度出发，证实安慰剂效应可以从一个领域（痛觉或噪声）灵活有效地迁移到另一个领域（负性情绪或共情痛），通过跨领域交叉的方式实现对个体身心状态的影响。因此，可迁移性安慰剂解释了信念能在众多领域通过跨领域迁移的这种复杂方式对身心产生影响，从而让安慰剂效应从一种临床现象成为一种能够解释"信念影响身心状态"的心理学机理。

（四）重症抑郁症安慰剂调控的双盲随机研究范式

情绪安慰剂效应的实验室研究可以在短时程内通过言语指导或经典条件反射强化来建立安慰剂信念，然而这样的方法并不适合临床研究。重症抑郁症个体需要服用抗抑郁药物，抗抑郁药物产生显著疗效可能需要2~4周的时间，这一缓慢的治疗进程不允许短时程的操纵。直到现在，抗抑郁的安慰剂效应研究都是在长时程框架下来观察安慰剂缓解抑郁症状的脑机制。在抗抑郁药物的临床实验中，研究者大都使用双盲随机控制实验设计，即告诉所有患者他们可能要接受真正的抗抑郁药物，也可能接受没有疗效的安慰剂，二者各占50%，将被试按双盲随机原则分为两组：活性药物治疗组（active therapy group）或安慰剂治疗组（placebo therapy group）。其给活性药物治疗组被试的是抗抑郁药物，给安慰剂治疗组被试的是看起来跟真正药物相同的安慰剂，且医生和患者都不知道自己接受的是药物还是安慰剂。

抗抑郁药物和安慰剂对抑郁患者有何影响？研究者把住院的抑郁症患者随机分为安慰剂组和抗抑郁药物盐酸氟西汀治疗组（Mayberg et al., 2000; Mayberg et al., 2002），发现6周后盐酸氟西汀治疗和安慰剂治疗引起了前额叶和尾部扣带回的糖代谢增加。Peciña等（2015）发现，安慰剂处理增加了腹内侧前额叶和伏隔核内μ-阿片的传递。但使用认知行为治疗（cognitive behavioral therapy, CBT）和人际心理治疗（interpersonal psychotherapy, IPT）都表现出前额叶活动显著下降，以及其他针对特定策略出现特定脑区域的变化（Mayberg, 2003）。这样安慰剂效应伴随的脑活动变化更类似于抗抑郁药物引起的反应，而与非特异的心理治疗引起的脑活动变化不同。研究者使用EEG技术发现，在安慰剂处理中，抑郁症患者中的安慰剂反应者的前额叶活动的同步性发生了明显的变化（Leuchter et al., 2002），第一周安慰剂处理引起的前额叶脑电同步性下降可部分预测患者抑郁分数的下降（Hunter et al., 2006）。Mayberg指出，抑郁症个体在药物治疗、心理治疗、睡眠剥夺、经颅磁刺激（transcranial magnetic stimulation, TMS）和深部脑刺激（deep brain stimulation, DBS）等多种治疗手段下发生多种模式的脑活动变化，其中额叶变异正常化是重复使用不同方法得到的最好发现（Mayberg, 2003）。

Kirsch和Sapirstein（1998）的元分析显示，50%的临床抑郁症状改善归因于安慰剂效应，而25%的临床抑郁症状改善归因于抑郁药物治疗，25%的临床抑郁症状改善归因于自发恢复。Kirsch等（2008）认为，抗抑郁药物治疗与安慰剂相比只有中等疗效，因为两组被试都发生了显著的安慰剂反应。对这一现象可能的解释是抑郁症患者会对信念（或预期）产生更敏感的反应，因为缺乏信心和希望是抑郁的核心特征，这种无望感本身就是负性信念（或预期）的产物。这似乎意味着信念或预期的调控是决定抑郁症状解除与否的关键。

三、安慰剂效应的心理神经机制

（一）安慰剂效应的心理机制

安慰剂效应的产生与经典条件反射联结和信念概念化过程有密切关系（Wager，Atlas，2015）。其中，已建立的条件性联结加工能够独立于一个人的预期和信念，根据条件化线索建立起的条件性联结是记忆的简单形式，它建立在脑和脊髓等特定环路的神经可塑性变化的基础之上。已建立的条件性联结能单独触发自主神经反应、神经内分泌反应、情绪和动机性行为反应等。概念化过程则必须依赖于信念、预期和记忆等过程，比如，对治疗结果的期待、对症状和治疗重要性的认识和评价、对前期治疗经验的外显性记忆等。因此，采用实验室安慰剂范式进行实验遵循的主要原则是：呈现与积极结果相关联的感觉线索（比如，假装的"治疗仪器或药物"等），建立治疗会改善症状的信念（治疗会改善症状的专业治疗知识），然后在包含以上两种信息的治疗环境中进行安慰剂操作。起初，人们常去争论安慰剂效应到底是建立在经典条件反射还是信念（或预期）的基础上，然而大量证据表明条件反射学习和信念概念化过程的结合对于安慰剂效应的产生可能是必需的。因为言语暗示和条件反射强化各自都会单独引发安慰剂效应，但都比较弱，而二者联合则会大大增强安慰剂效应的强度（Vase et al.，2002）。

在可迁移安慰剂效应中，研究者在一种实验情境下（接受痛觉刺激）强化了一种效应（镇痛效应），建立了经典条件反射联结，但在另一种情境下（看不愉快的图片）检验了另一种安慰剂效应（抗焦虑效应）。这种实验设计中前期强化的反应（镇痛反应）与后期检测的反应（视觉负性情绪反应）有明显的差异，跨越了不同的感知觉通路，从而弱化了经典条件反射联结基于感知觉通路的作用。但是，经典条件反射联结还存在感知觉以外的情绪和生理反应等通路，而它们可能是经典条件反射联结在不同领域产生安慰剂效应的部分共享机制。同时，可迁移安慰剂效应信念的概念化过程中传递的言语信息是"安慰剂"既能镇痛也能缓解负性情绪，直接表达了"安慰剂"治疗在二者中都有效的共享的信念信息。因此，可迁移安慰剂效应的产生可能既来源于不同领域经典条件反射联结的共享部分，也可能来源于不同领域共享的安慰剂信念信息。

（二）安慰剂效应的神经机制

现代的脑成像技术包括 fMRI 和通过正电子发射计算机断层扫描（PET）进行的葡萄糖、多巴胺和阿片类物质活动的分子成像等技术。采用这些脑成像技术可在以下两方面促进对安慰剂效应神经机制的理解。第一，测量参与情绪加工的特定脑区活动，假设安慰剂处理会降低负情绪加工相关区域的反应。目前，有研究采用视觉情绪作为实验刺激，相应的目标脑区包括杏仁核、脑岛、丘脑、视丘下部、背外侧前额叶区、海马和旁海马回以及枕颞皮层等部位。目前发现的安慰剂缓解效应发生在情绪加工的典型部位——杏仁核。第二，辨别参与安慰剂效应调控情绪的特定脑活动。安慰剂处理进行调控的区域可能参与安慰剂背景信息的保持和安慰剂信念的产生，参与安慰剂调控的区域可能有腹内侧前额叶、背外侧前额叶、外侧眶额、伏隔核、腹侧纹状体等脑区。除此之外，PET 则可以更进一步从神经内分泌方面来观察安慰剂效应的神经机制。一方面，研究发现，脑内的 μ-阿片系统可能参与了安慰剂止痛。Zubieta 等（2005）发现，安慰剂条件下背外侧前额皮层、右侧膝前扣带回、右侧前脑岛和左侧腹部纹状体等区域表现出更明显的阿片样物质激活。Wager 等（2007）和 Petrovic 等（2002）使用类似的方法发现，安慰剂条件下表现出更强的阿片样物质激活。另一方面，脑内的多巴胺系统也参与了安慰剂调控。Scott 等（2007）的研究发现，安慰剂止痛效应与伏隔核内的多巴胺激活显著相关。进一步研究发现，主观体验到的安慰剂效应与伏隔核的阿片物质和多巴胺活动性都表现出显著的正相关（Scott et al., 2008）。

其中，腹内侧前额叶被认为是一个关键的节点（Roy et al., 2012；Ashar et al., 2017），它与以下脑区有结构和功能上的联系：编码奖赏值、厌恶值的腹侧纹状体和外侧眶额，编码情节记忆、语义记忆的海马和海马旁回，负责情绪和生理控制的下丘脑。这样腹内侧前额叶可能对于表征有组织的、概念化的关系非常关键。前面介绍的情绪、痛觉和抑郁症安慰剂效应研究中发现额叶多个脑区和伏隔核、腹侧纹状体都参与了安慰剂效应的调控，但腹内侧前额叶似乎是最为聚焦的一个脑区。来自宗教信仰的研究也发现，基督徒对符合基督教教义的描述条件判断为相信，非基督徒对不符合基督教教义的描述条件判断为相信，二者都激活了腹内侧前额叶（Harris et al., 2009），这一证据表明宗教信仰和安慰剂信念似乎有共同的神经基础。我们认为，腹内侧前额叶与情绪生理通路、奖赏通路和语义通路的密切联系使其最有可能成为可迁移安慰剂效应进行调控的神经基础，也就是说，跨领域的经典条件反射联结强化和安慰剂信念中各自共享的部分及二者的相互作用可能与腹内侧前额叶的活动密不可分。

四、结语

中国的宗教传统对中国人的信仰有持久深刻的影响，但目前以中国传统宗教如佛教和道教为基础的信念研究尚未充分展开，人们对信仰或信念影响作用的认识缺乏严谨的实验研究设计和客观的生理指标观察。安慰剂信念就是人们确信安慰剂疗效是真实存在的心理状态，可能与宗教信念的身心作用机制密不可分。情绪安慰剂效应作为研究信念的一个理想的实验模型，先通过严谨设计的操纵实现"灵则信"，然后检验"信则灵"是否存在，相关研究提供了大量关于"信则灵"的实验证据，这就可以间接解释那些虔诚的信徒祈求神灵帮助其解决问题时发生的灵验现象，信念不仅让他们在情绪上得到安慰，也使他们的客观生理活动得到显著改善。可迁移性安慰剂研究进一步发现了信念能通过跨领域迁移这种复杂的方式在多个领域对身心产生影响，用实验证据说明了信念的可迁移性是它能够在躯体和心理治疗、宗教信仰和实际生活等众多领域发挥作用的一个重要途径，从而让安慰剂效应从一种临床现象变为一种能够解释"信念影响身心状态"的心理学机理。然而，如果想对中国传统宗教信仰的作用及其机制有更深刻和直接的理解，我们仍需要直接面对宗教信念，通过严谨的研究设计来测量佛教和道教等宗教信念的作用，并进一步比较宗教信念和安慰剂信念，观察二者在获得的效应以及心理神经机制方面存在的异同。

对于安慰剂效应本身而言，它广泛地存在医疗领域和实际生活中。目前，广泛采用的包括针灸、各种理疗以及各种心理治疗在内的治疗与干预途径可能与安慰剂效应有密切关系，因此安慰剂效应是一个广泛存在并对心身健康具有重要意义的课题（张文彩等，2011）。尽管近年来研究者已经对这一现象本身进行了较深入的探索，但作为一组具有多重复杂机制的心身现象，安慰剂效应的作用和机理至今仍未得到清晰阐释。尽管过去长期建立的安慰剂研究传统集中在临床医学和药物学领域，但心理学研究的范式和思路也已经开始贡献自己的力量，例如，可迁移安慰剂效应范式在灵活研究多种类型的安慰剂效应和阐明不同类型安慰剂效应的共享机制方面具有明显优势。在未来的研究中，心理学研究者可以继续拓展安慰剂信念研究的实验范式和研究领域，从心理学的研究设计思路出发来深入研究安慰剂信念的心理神经机制，这对于揭示信念和信仰发挥什么作用和有什么机理具有重要意义。

第二节 情志调节[①]

中医情志是中医学的基本理论，"情"和"志"以脏腑气血为基础，由脏腑气化过程产生，既有调和气机的功能，又受脏腑阴阳变化、气机运动以及外界刺激的影响。纵观世界心理学发展历史，不曾见像中医情志这样博大精深、源远流长的情绪学说。以下我们分别借鉴各心理学流派对情绪情感的阐释和现代神经体液的研究成果两个主要方面来对中医情志及其调节予以进一步探讨。

一、情绪的认知心理学阐释

情绪是诱发事件通过满足个体需要而引起的主观体验，它伴随着一定的生理功能和行为改变，以应对诱发事件。情绪的发生必须有一些刺激事件来触发，改变有机体的状态。诱发事件可以是外部刺激，也可以是内部想法，可以是愉快的，也可以是不愉快的。不是所有的刺激都可以诱发情绪，这些刺激必须根据内心需要而诱发机体的感受。情绪是一种主观体验，这种内心体验总是会诱发生理功能改变，如心跳加快、胃肠痉挛。生理反应非常快捷，因此许多心理学家认为是先有生理反应才有内心情绪体验。比如，美国早期实验心理学之父詹姆斯提出了一个看似荒谬的观点：由于哭才悲伤，由于跑才害怕。这个理论就是著名的詹姆斯－兰格情绪理论，这个理论的提出使情绪心理学的研究进入了一个黄金阶段。情绪产生的目的是对应激事件做出适应性反应。为了应对应激事件，机体不可避免地要采取一定的行为。行为是情绪的外在表现，情绪是行为的内在动机。西方心理学对情绪的行为学研究起源于达尔文，他可能是第一个研究人类表情的科学家。达尔文声称，面部表情是更为完整的行为反应的残余，并且和其他躯体反应（如姿势、手势、运动和生理反应等）一起发生作用。随后，随着心理学各大学派的登场，情绪心理学研究也经历了过山车似的变化。

[①] 本节内容基于如下研究改写而成：顾思梦，余蕾，王福顺等. 2016. 中医情志的现代心理学探究. 世界科学技术-中医药现代化，18（4）：709-713

目前，西方心理学家逐渐认识到情绪的重要性，认为情商是人成功的重要特性，而且情绪问题是许多疾病的病因所在。实际上，传统精神分析学派把性本能看作人的一切行为的决定力量，认为情绪情感是个体在性本能与现实产生冲突时的内部体验。幼年时期的焦虑自卑情绪可以进化为情结，潜藏于大脑中，伺机以待，在无意识状态下影响人们的行为。荣格把弗洛伊德的情结概念发展成为一套系统的理论，认为在人的潜意识中一定存在着与个人的情感相关的各种情结，任何触及情结的事情都可以导致心理疾病。阿德勒反对将性本能视为行为的根本动力，相反，他认为从小形成自卑感是人类行为的根本动力。自卑感的过度补偿会导致优越情结，即过分追求优越而不顾他人和社会的需要，其表现是傲慢、自负、轻视和支配他人，从而走向另一个极端。情绪的行为主义研究最早始于达尔文的《人类和动物的表情》一书（Darwin，1998），随后的行为主义学派则回避对情绪的研究，认为情绪是内省的，情绪的心理学研究由此步入了一段黑暗时期（李洋，王福顺，2015）。人本主义心理学高举反对行为主义和精神分析的大旗，以心理学第三势力的名义成为当代颇有影响力的心理学流派。人本主义学派重新使情绪的研究进入了黄金时期，该学派认为情绪是个体对环境和自我关系的内心体验，其性质与个体的需要是否得到满足相关。另外，该学派还提出，人的积极情绪体验源于良好的自我概念，自我概念来源于他人的"关注"。人本主义学派最具代表性的人物是罗杰斯和马斯洛，尤其是马斯洛的需要层次理论颇有影响力。他认为人的需要从低级到高级有五个层次，即生理需要、安全需要、爱和归属的需要、尊重的需要和自我实现的需要，人的情绪就是由于这些需要是否能够得到满足而引起的。综合而言，主要的心理学流派分别从各自的角度论述了情绪情感的发生及其组成，如内心体验、外显行为和生理过程。

认知心理学认为情绪是一个对外界事物制造意义的过程。传统心理学认为心理过程中的认知和情感是两个独立的过程。近年来，有人提出情绪是由认知引起的，最有代表性的情感认知理论是 Arnold 的刺激情景-评估-情绪理论和 Lazarus 的情绪归因理论（Lazarus，1991）。Arnold 的刺激情景-评估-情绪理论认为，对于同样的情景，由于对它的评估不同，产生的情绪也不同。Arnold 认为人的情绪是由大脑皮层和皮层下组织协同完成的，大脑皮层是情绪行为的主要部分。Lazarus 的评价理论认为情绪来自对环境中不同信息进行评价后所产生的生理心理反应。在情绪活动中，人不停地对评价刺激事件和自身的关系进行评价，包括初评价、次评价和再评价三个层次。

二、中医情志对应于五种基本情绪

当今西方情绪理论中占主导地位的是基本情绪理论（basic emotion theory），该理论认为人的所有情绪都可以分解为有限的几种基本情绪（喜、怒、哀、惧等）。这些基本情绪是先天的，是所有动物共有的情绪，每一种基本情绪都有其特殊的生理和神经机制。实际上，基本情绪理论最早起源于中国古代哲学，《荀子·天论篇》最早明确提出了六种基本情绪，称为"天情"：好、恶、喜、怒、哀、乐。此前，《庄子·庚桑楚》也曾提出，"恶欲喜怒哀乐六者，累德也"。中医认为人得病的原因是内伤七情，即喜、怒、忧、思、悲、恐、惊七种情绪变化，后人一般把忧与思合并，把恐与惊合并，称为五志，即愤怒、喜悦、忧思、悲哀、惊恐。中医认为五种情绪之间的关系如同五行是相生相克的，中医所说的五志与五行以及五脏之间也存在对应关系：愤怒、喜悦、忧思、悲哀、惊恐分别对应于木、火、土、金、水和肝、心、脾、肺、肾，同时也和味觉有关系，分别对应于酸、苦、甘、辛、咸（图6-1）。五种基本情绪之间存在着生克乘侮、胜复制化的关系，这就是中医的情志理论。

认知心理学认为，所有情绪都是个体通过内部需要对刺激物进行评估而引起的。刺激物引起的心理作用基于两个前提：是不是我所需要的；是不是按照预期出现。孔子说"唯仁者，能好人，能恶人"，体现了情绪的两极性：事物是不是符合人的需要。在《论衡》中，王充曾提出，凡人之有喜怒也，有求得与不得，得则喜，不得则怒。基于此，我们对基本情绪进行了二维坐标分类（图6-1）。我们以事物是否满足个体的需要作为横轴，包括喜悦、悲哀两极。纵轴和事物出现的方式有关，包括吃惊、思念两极。西方心理学情绪理论很早就尝试依据性质、方向、强度、唤醒度等因素的不同，使用坐标轴来对情绪加以研究。冯特（Wundt）将情绪置于一个三维坐标系中，坐标轴的两极分别为紧张、放松，兴奋、平静，高兴、不高兴。后来，许多人设计出一个二维坐标系，比如 Russell 提出了二维的圆形坐标系（Russell, 2003），该坐标系的两个坐标轴分别为享乐轴和兴奋轴，其两极分别为快乐、不快乐，兴奋、激动。这样所有的基本情绪都可以在这个同心圆上找到定位（Gu et al., 2016）。我们将事物是否满足个体的需要作为横轴的定义，包括喜欢、不喜欢两极（图6-1）；而将事物出现的方式作为纵轴的定义，包括确定、不确定或者预期、不预期，因此，我们将纵轴的两极定义为吃惊、放松。鉴于此，我们凝练出五种基本情绪，即怒、喜、哀、思、恐，它们实际上也就是中医的五志，即怒、喜、（忧）思、（哀）悲、恐。

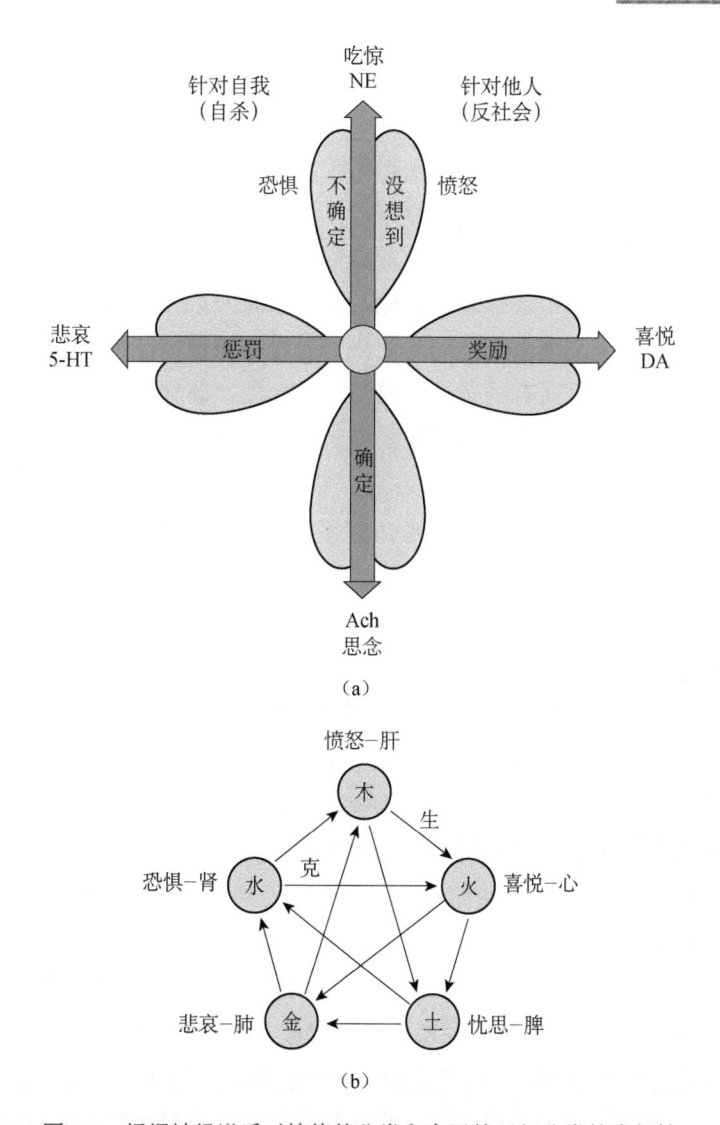

图 6-1 根据神经递质对情绪的分类和中医的五行分类的类似性

注：(a) 根据情绪的神经体液机制建立的情绪坐标模型。本图根据我们发表的文章修改而成（Gu et al., 2015）。横轴代表事物的个人需要特性，包括喜悦和悲哀；纵轴代表事物出现的方式，包括吃惊和思念。四种神经递质分别对应于坐标轴的四个极点，喜悦、愤怒、思念、悲哀和恐惧五种基本情绪分别由四种神经递质产生。肾上腺素介导情绪的愤怒和恐惧。(b) 中医五行学说中的五志，即喜悦、愤怒、忧思、悲哀、恐惧分别对应于火、木、土、金、水；5-HT 为五羟色胺，DA 为多巴胺，NE 为肾上腺素，Ach 为乙酰胆碱

三、中医情志的神经体液基础

《黄帝内经》中论述了五种基本情绪与五行的对应关系，并用相生相克来描述

基本情绪之间的关系，进而发明了以情胜情的治疗方法。前文我们根据认知心理学理论也推导出了这五种基本情绪。基本情绪理论认为所有的基本情绪都有其特殊的神经结构，初步的功能性核磁共振实验研究发现，这些基本情绪（喜、怒、哀、思、恐）可能和某些神经结构有关，比如，恐惧与杏仁核有关，厌恶与脑岛有关，悲伤与前扣带回有关，愤怒与前鼻侧皮层有关，喜悦与腹侧前额叶有关。可是，这些实验一般经不起推敲，比如，许多实验发现杏仁核被认为是恐惧的中枢，甚至有些病人因为这个部位切除而成为"没有恐惧情绪"的人。许多实验发现，杏仁核参与了几乎所有的负性情绪活动，比如，研究发现杏仁核参与了愤怒的反应，其原因可能是恐惧情绪很容易变为愤怒情绪。同样，许多大脑影像学实验发现，腹侧前额叶和喜悦有关，但是这个部位切除的病人并没有丧失喜悦情绪；相反，有些病人反而表现出欣快情绪。因此，有人提出腹侧前额叶可能仅是把喜悦刺激传输到皮层的环路而已，真正完成喜悦的可能是腹侧被盖区和伏隔核。前扣带回完成的是悲伤的情绪，其原因可能是该区域参与了哭喊的发声反应，而且该部位参与了痛苦的耐受过程。

基本情绪是所有动物都有的，达尔文曾经提出即使是蜜蜂也有这些基本情绪。蜜蜂的大脑和人类大脑结构完全不同，但是其有着共同的神经递质：单胺类神经递质。当前的精神类药物主要是作用于单胺类神经递质，影响其释放、再摄取等功能。这说明单胺类神经递质可能是情绪的神经基础。单胺类神经递质包括多巴胺、肾上腺素、5-羟色胺等，蜜蜂也有多巴胺、五羟色胺和肾上腺素。基本情绪对应的神经递质基础可能是：喜悦对应的神经递质是多巴胺，悲伤对应的神经递质是五羟色胺（Guo et al., 2014），肾上腺素介导愤怒和恐惧，乙酰胆碱介导忧思（图6-1）。喜归心属火，它对应的神经递质是多巴胺。喜悦本为好事，使气和志达，营卫通利，但是喜气太过则缓，心气耗散，这一点也和多巴胺具有的放松功能有关。悲哀属金，归于肺，肺为相傅之官，哀伤肺气，它和五羟色胺有密切的关系。忧思归脾属土，思伤脾，气留不行，积聚中脘，不得饮食，腹胀满，四肢倦怠，故曰思则气结。实际上，思和思考、思虑有关，和相思也有关。关于思的实质，杜文东教授曾有专门讨论，他认为中医情志中的"思"不是思维的思，而应归于情志的范畴。同时，他还把思伤脾的病机与抑郁症相联系，得出了中医的思类似于抑郁情绪的结论（杜文东，2005）。思对应的神经递质是乙酰胆碱，乙酰胆碱是自主神经递质，主要参与副交感神经的活动。在大脑中枢，乙酰胆碱和思维认知密切相关，是阿尔茨海默病的主要神经递质（Chau et al., 2011）。愤怒归肝属木，恐惧归肾属水，二者对应的神经递质都是去甲肾上腺素，只是个体产生应激以后不同时段的反应。一般是应急事件出现之后，首先表现为恐惧，然后转变为愤怒。"战斗还是逃跑"行为反应和"恐惧-愤怒"情绪反应经常相互转变，恐惧情绪可以诱发愤怒情绪，愤怒是恐惧的出口。

四、中医情志的"五行相生"关系

根据中医五行的相生理论，根据火—土—金—水—木的相生关系（图6-1），可以得出五种基本情志的相生关系：喜悦—忧思—悲哀—恐惧—愤怒。比如，恐惧和愤怒的相生关系如下：恐惧往往能衍生出愤怒。众所周知，肾上腺素是应激的神经递质，主要行为反应就是战斗或者逃跑，引起的情绪是恐惧和愤怒。外周的神经肾上腺素也参与了下丘脑-垂体-肾上腺轴，是一种非常重要的自主神经递质，参与交感神经反应。它们的主要功能是导致心跳和呼吸加快，提高血液流速，加快机体的能量代谢。Lazarus（1991）认为，愤怒和恐惧如同一枚硬币的两面，是人类和动物在进化过程中产生的一种适应反应。比如，当一只羊与一头狮子在非洲大草原上相遇，它们都会表现出肾上腺素分泌的增强，羊的反应是逃走，狮子的反应是追赶，这就是肾上腺素产生作用的结果。愤怒和恐惧的区别在于，愤怒引起攻击，而恐惧引起逃离。实际上，这两种情绪的最终目的均是试图把危险的事物和自己分开，只是作用的对象不同：愤怒作用于危险事物，恐惧作用于自己。需要提出的是，愤怒和恐惧可以互相转换。事物的不确定性会引起恐惧，而愤怒在于对事物不确定性的原因产生不满。因此，恐惧总是在愤怒之前出现，我们认为恐惧引起愤怒，或者说愤怒是恐惧的第二位情绪。同样，根据中医五行的相生理论，恐属水，怒属木，水生木，恐生怒，亦符合上述愤怒与恐惧的关系。

世界上所有的事物，无论人们喜欢还是不喜欢，无论是能满足人的需要还是不能满足人的需要，都会按照人们预期的方式或者非预期的方式出现。我们的祖先生活在充满危险的自然环境中，学会了一种首先对周围环境进行检查的适应行为。美国一位心理学家曾经说过，自然界中的动物要做两件事情，即寻找吃的和避免被吃。这两种需要也是马斯洛需要层次理论中最基本的两个需要：生理的需要和安全的需要。我们很难区分这两种需要哪种更为重要，但是所有动物都会进化出一个快捷的用于检查安全的神经通路，这个通路直接从丘脑到达杏仁核，使机体产生应激反应。这个通路比较便捷，没有经过意识，不经过大脑皮层，产生的情绪是恐惧和愤怒。随后，当动物感觉到安全以后，才开始考虑这个事物是不是个体需要的，能不能满足生理需要（图6-2）。因此，"安全第一"，也就是说安全的需要比生理需要更为重要。因此，恐惧和愤怒是由于事物以非预期的方式出现而诱发的。当非预期的事物出现时，人就会感到不安全，因此感到恐惧，并且会责备这种非预期出现的原因（愤怒），甚至会出手打架，如果能够成功应对，就会高兴了，否则就会悲伤。目前的情绪心理学认为，喜悦情绪包括两种：一种是生理性需要得到满足；另一种是凭借自己的能力完成了某件事情后的满足。王充在《论衡·祭意篇》中提出："凡人之有喜怒也，有求得与不得，得则喜，不得则怒。"总之，人的情绪变化经常来自恐惧，这符合中医的"肾乃先天之本"。恐惧—愤怒—喜悦—忧思—悲伤这个情绪流体现了中医情志的相生过程（图6-2）。

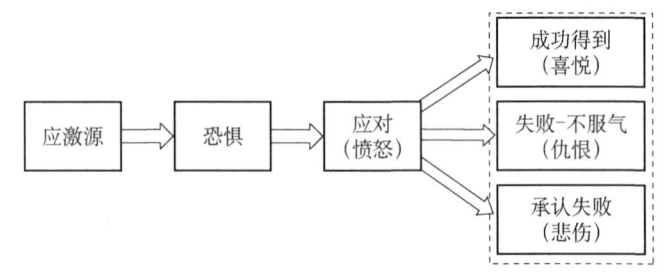

图6-2　应激事件导致的情绪的变化过程

注：首先应激事件（非预期的事件）导致恐惧，恐惧结束之后，人就用愤怒来责备应激事件的出现，随后根据是不是符合自己的需要表现出喜悦（得到想要的东西）或者仇恨（思考没有得到的不满）、悲伤（接受失去想要的东西）。这个情绪流过程体现了中医情志的相生过程（王福顺，2018）

五、中医情志的调节

根据情绪的五行相克理论，古人发明了以情胜情疗法，其基本原理是中医的脏象论和五行理论。根据图6-1五行相克的关系，五行相克顺序是木—土—水—火—金，由此产生的情绪相克顺序是：愤怒—忧思—恐惧—喜悦—悲哀。愤怒的情绪可以冲破忧思，思念的情绪可以制约过度恐惧，恐惧可以抑制过喜，喜悦可以改变悲伤，悲伤可以抑制愤怒。《黄帝内经·素问·阴阳应象大论》记载："怒伤肝，悲胜怒"，"喜伤心，恐胜喜"，"思伤脾，怒胜思"，"忧伤肺，喜胜忧"，"恐伤肾，思胜恐"。根据现在的神经体液机制，肾上腺素会使人怒气上串，而伤感或思乡的情绪会使人气沉丹田，没有斗志，二者是一种相克的关系。

如果联系到气血循环的话，五种基本情绪的调节可能更有趣。不同的情绪有不同的气机，喜则气缓，怒则气上，思则气结，悲则气消，恐则气下（图6-3）。气最初可能指天空中的云气，即人类及牲畜呼吸的气息和天地之间的风气，古人认为世界上的一切物质都来源于气。使用现代科学的语言来说，气是自然界所有物质的微小分布状态。几乎所有的物质都可以蒸发为气（体），也可以溶解到水溶液中表现为一种稀释状态（气）。道家认为的小周天，本义指地球自转一周，即昼夜循环一周，后经引申，被内丹术借喻内气在体内沿任、督二脉循环一周。李时珍在《奇经八脉考》中指出："任督两脉，人身之子午也。"就正常人而言，任、督两脉本来就是通的，无须专门打通。无奈人有七情六欲，这些情绪会阻挡经气流行。《黄帝内经·素问·举痛论》说："百病生于气也，怒则气上，喜则气缓，悲则气消，恐则气下，寒则气收，炅则气泄，惊则气乱，劳则气耗，思则气结。"

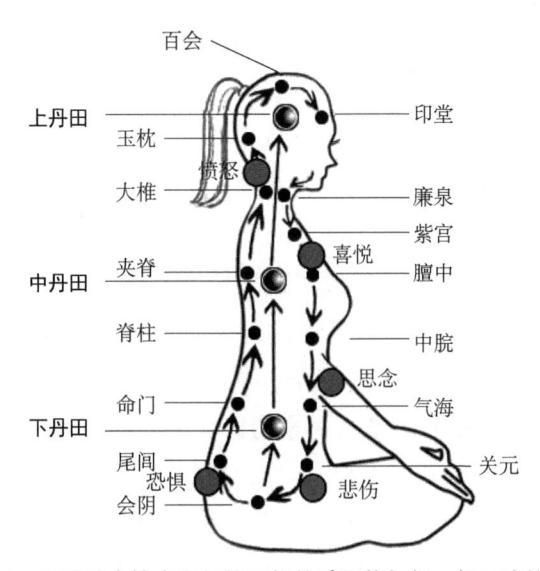

图 6-3 五种基本情志和气的可能关系及其与任、督二脉的关系

注：中医认为怒则气上，愤怒的情绪会导致气血集中于颈部，动物会表现出颈部毛发竖立。恐则气下，恐惧会表现为缩头夹尾，两耳竖立。喜悦的情绪导致放松。伤感的或思乡的音乐会使人气沉丹田，没有斗志。悲哀的情绪会让人气馁

  人体气血通畅，正气内存，脏腑功能正常是情志健康的基础。基本情绪可以影响任、督二脉气血的流行，使气血被阻挡在某个部位，时间久了，会直接或间接地引起人体自主神经功能紊乱，脏腑机能内分泌异常，免疫力下降等症状。中医常讲"不通则痛"，这里的"不通"指的是血与气的堵塞。另外，情志也可以通过调节任、督二脉的精气循环，从而达到一定的治疗作用，特别是对神经精神系统疾病疗效显著。任脉穴治疗气虚、气滞、气陷、气逆所致的各种气机失调病症，以理气、益气为主要功能，上有天突、膻中诸穴理宗气；下用神阙、关元诸穴壮原气；中选上中下三脘调水谷之气。气机疾病多由于情志不顺达所致，通过任、

督通调可以改善气的运行、生成与变化，进而达到人体的情志转化以及对疾病的诊断治疗和养生等目的。《黄帝内经·素问·上古天真论》说："是以志闲而少欲，心安而不惧，形劳而不倦，气从以顺，各从其欲，皆得所愿。"在这里，"以顺"是以人体自身气血津液和经络脏腑为整体的一种动态平衡。

正念疗法是佛学禅修，是从坐禅、冥想、参悟等发展而来的，是指有目的、有意识地关注当下的一切，不做任何情绪反应，只是单纯地认知这些当下的事物。禅定是指"心一境性"，让混乱的思绪平静下来。后来，这种思维被卡巴金（Kabat-Zinn）发展为一种系统的心理学治疗方法。目前，正念训练已经在西方心理学界成为一种主导的心理疗法，比如，PubMed数据库收录的关于正念的文章已经从1990年的几篇发展到现在的几千篇。正念疗法已经从刚开始的减压训练发展为正念认知疗法、正念行为疗法。目前，正念疗法除了有佛学的禅定以外，还加入了道家的气功：排除杂念、注意自己的呼吸、注意自己的身体、注意此时此地。禅定和道教都重视入静，禅定的入静讲究从"身空""心空"进入虚空法界，从而达到一种"忘我"的境地。《心经》认为，行般若波罗蜜多时，照见五蕴皆空，度一切苦厄，也就是达到"无我"的时候，一切烦恼和痛苦都没有了。道教是中国唯一的本土宗教，道教始源于黄帝，集大成于老子，发扬于张道陵。道家认为人应该无为无欲，清净自然。与佛学不同的是，道家的修身讲究外丹术和内丹术，后者讲究注意自己的身体，注意自己的呼吸，修炼神气。自唐末五代以来，以内丹说理解《周易参同契》的流派逐渐压倒外丹派，成为道学的主流。关于这些内丹门派，可以追溯到黄帝、彭祖、老庄等。内丹学讲究调心、调息、调身这三项练功的基本过程，也就是意守、呼吸和姿势三个环节。老庄思想认为，"通天下一气耳"，认为道就是气，提出"精也者，气也者，气之精者也"，把天下万物视为精微之气运动变化的结果。总之，道家认为，存我之神、想我之身，达到入静之境，运用意念导引气流运行，得以修炼阴阳，返璞归真，最终达到天人合一的境界。

除了正念认知、正念行为以外，还有正念情绪，即享受此时此地（enjoy now and here）。正念情绪如同道家修炼功法一样，保持心斋、缘督、导引、吐纳、听息、踵息、守静、辟谷、房中、胎息等。踵息认为呼吸功深而达于踵。《庄子·大宗师》曰："古之真人，其寝不梦，其觉无忧，其食不甘，其息深深。真人之息以踵，众人之息以喉。"一般人的深呼吸只能达到丹田，而有道真人的呼吸可以达到脚后跟。练气功的人把真气沿经络循行一周，称为周天，一般将真气沿任、督二脉循行称为小周天。我们发现，人可以根据情绪的相生相克（图6-3）有意识地产生某些情绪，从而自动导引气血在小周天的流动，达到通过情绪导引气血的目的。比如，首先想象悲观的事情或音乐，诱导气血下沉到关元穴附近；想象恐怖的事情（比如，车祸），导致气血集中于长强穴附近；想象愤怒的事情，导致怒发冲冠，摆出要打架的姿势；然后想象胜利的事情，气血沿任脉而下，最后续存于下丹田（气海穴）。周天搬运法的特点是用呼吸催动或用情绪的意念调动体内真气按周天路线运行，练气修脉，使内气充足，经脉通畅，最后达到精、气、神合一的境界。

第三节 慈心禅与心身健康[①]

一、慈心禅的心理学内涵及其机制

（一）慈心禅的概念内涵

"慈心"这个词源自巴利文 Mettā，其英文为 loving-kindness，是指希望所缘众生幸福、安宁的意识状态。慈心禅作为一种经典的佛教禅修教学，是让修习者不断练习，祝愿自己和他人获得愉悦、幸福，并能随时随地维持这种情绪状态的修习。简单来说，慈心就是一种善意的态度，但它又不仅仅是一种愉悦的情绪、安宁的心理状态，也不是一种多愁善感的人格特质、情感体验，而是一种趋于成熟、精神臻于健全无碍的人格形态，故慈心也称"四无量心"。所谓"无量"，就是没有任何局限，无论对自己、对所爱之人、对所恨之人，都可以怀有慈、悲、喜、舍之心。具体来讲，慈心是用包括慈、悲、喜、舍四种心理状态来对待自己、他人、所有众生、所有事件，以及各种负性情绪（如人生三大根本烦恼——贪婪、嗔恨、愚痴）。

首先是"慈"与"悲"，《大智度论》曰："大慈与一切众生乐，大悲拔一切众生苦"[②]，即"慈"是指给予包括自己在内的众生快乐，"悲"是指拔除包括自己在内的众生的痛苦，慈悲心能够对治"痴"。何谓"痴"？《成唯识论》有云："我

[①] 本节内容基于如下研究改写而成：彭彦琴. 2018. 慈悲喜舍：慈心禅与心身健康. 南京师大学报（社会科学版），（3）：120-129

[②] ［印度］龙树. 1988. 大智度论（第27卷）. 鸠摩罗什译. http://tripitaka.cbeta.org/T25n1509_027

痴者，谓无明，愚于我相，迷无我理，故名我痴。"①痴是指愚昧无知、不明事理的心理活动，特别是错误地执持"自我"是真实不变、恒在的。这表明"我痴"主要表现为"我执"，在心理学上则意味着一种根深蒂固的自我中心情结。个体一旦陷于自我中心无可自拔，必定会将较多的注意资源分配给自我沉溺其中的事件，从而缩小了个体的认知范围，使得个体在特定的情境下只产生某些特定的行为。根据 Fredrickson 等的积极情绪扩展建构理论，积极情绪能够扩展个体的注意范围，增强认知灵活性（Fredrickson et al., 2017）。慈悲心作为佛教中积极情绪的一种，是指将众生等同于自身、利益众生就是利益自己、放下自己、心包太虚的情怀，能够最大程度地拓宽个体的认知范围，增强认知联结，进而促使个体摆脱以自我中心为框架的认知局限，将注意力的范围扩展至负性经历带来的消极情绪体验之外，以灵活应对各种环境的挑战。

其次是"喜"，《大智度论》曰："欲令众生离苦，心得法乐，故生喜心"②，即见众生离苦得乐而生喜悦之心，也就是指随喜自己及众生的成就，无论与对方的关系是亲近还是疏远。在顺境中保持快乐积极的情绪不难，但在逆境中仍然保持正面乐观的情绪则很难。因此，喜心强调的是一种完全没有冤亲分别的乐观状态，即无论处于何种状态下，均能以正面、积极的心态面对。喜心能够对治嗔恨，《大乘五蕴论》中说："云何为嗔？谓于有情乐作损害为性。"③嗔是指由对众生或事物的厌恶而产生愤恨、恼怒的心理和情绪，佛教认为对违背自己的众生或事物生起怨恨之情，会使众生身心产生热恼不安等。与怨憎、嗔怒相对的便是宽容、平和的心态，正面、乐观的积极情绪。此外，美国威斯康星大学麦迪逊分校研究小组对多年虔修的佛教徒的脑扫描证明：其左脑"快乐中心"经常处于高度活跃状态，处理恐惧和焦虑的脑部活动不及一般人。

最后是"舍"，《阿毗达磨大毗婆沙论》有云："舍谓平等作意相应，无贪善根为性"④，指对无量之众生无爱无憎，住于平等之心，即舍冤亲、喜乐、苦忧等念之心，并能舍贪、嗔、痴之烦恼。与之前提及的慈、悲、喜相比，舍强调的是不分彼此、无怨无诤的平和情绪状态，一言以蔽之，就是"提得起、放得下"。

---

① （唐）玄奘. 1988. 成唯识论（第 4 卷）. http://tripitaka.cbeta.org/T31n1585_004
② [印度] 龙树. 1988. 大智度论（第 20 卷）. 鸠摩罗什译. http://tripitaka.cbeta.org/T25n1509_020
③ [印度] 世亲. 1988. 大乘五蕴论. 玄奘译. http://tripitaka.cbeta.org/T31n1612_001
④ [印度] 五百大阿罗汉. 1988. 阿毗达磨大毗婆沙论（第 141 卷）. 玄奘译. http://tripitaka.cbeta.org/T27n1545_141

舍能够对治贪爱。《大乘义章》云："于外五欲，染爱名贪。"①贪爱是指一种超过了自己承受与获得能力的追求，有各种欲望，追求名声、财物等，没有餍足的心理活动。如果贪心得到满足，便会生起傲慢等情绪，如果贪心不能得到满足，便会生起嗔怒等情绪，由此会坠入负性情绪的深渊，所以佛说"有求皆苦"。过度贪爱是导致不少心理问题的根源所在，例如，偏执、抑郁、强迫症等。舍心的特征是对爱与恨采取中立的态度，不偏执任何一方，因此舍是消除心理疾症的一个良方。

四无量心的展开首先遵循了情绪呈现的规律，有严格的逻辑规定，绝非任意揣度。《大智度论》说："慈是真无量，慈为如王，余三随从如人民。"②四心以慈心为王，其实悲、喜、舍心是慈心的不同面向，是慈心的延伸——最初是希望自己与他人都能得到快乐，而施以慈心；继而看见有人不能得到快乐，悲心油然而起，生起尽力使他人免除痛苦的动机；有了为他人拔苦的愿望，看到他人都能离去苦恼，获得健全快乐的身心，喜心便油然而生；当一个人真正能以慈心、悲心、喜心应对人与事，就不会因个人喜恶对自我、他人产生强烈的爱憎，久而久之便可以达成平和稳定的心理状态，这就是舍。舍是四无量心的顶点与极致。

慈心作为佛教思想体系的核心概念，是佛教一切教义的根本准则。与其他宗教有关悲悯的学说不同的是，佛教慈悲不是一种居高临下的单向度的情感，而是以"无我"为基础的，即超越自我中心的，既可自利又可利他的双向情感融合。在看到众生受苦时就等同于自己受苦，内心油然升起一种悲天悯人的情怀，因而会真正地把自己与他人、众生放在一体的角度去思考，是对生命深切关怀的自然体现。

慈心（即四无量心）具有诸善根本、无漏解脱直至成佛成道的无上功德，即慈心是完美健全人格的根本，能够使人脱离自我中心，摆脱烦恼继而从苦难中解脱，直至成就完满人格。虽然其与我们通常理解的某种积极情绪及人格特质，如同理心、怜悯、关爱和宽容等有许多共性，但其差异更明显。

慈心不同于同情和怜悯。慈成熟时会对他人的困难产生同理心，这种同理心能够进入他人的内心，感知他人的情绪、想法和行为，也就是设身处地理解他人的立场和感受。所以慈心不是同情与怜悯，同情是人们对于受苦者和弱小者的一种怜悯和关怀的情感，有一种以自己的"身高"进行施舍的感觉。怜悯的根源是

---

① （隋）慧远.1988. 大乘义章（第5卷）. http://tripitaka.cbeta.org/T44n1851_005
② [印度] 龙树.1988. 大智度论（第20卷）. 鸠摩罗什译. http://tripitaka.cbeta.org/T25n1509_020

恐惧、傲慢和自大，有时甚至让人有一种沾沾自喜的感觉。

慈心区别于世俗的爱。一般所谓的情感，均是以自我的需要是否满足为立足点而产生的体验，而四无量心则完全跳出了自我的局限，是没有排他性、分别性的至高境界的情感。的确，日常中许多的爱往往都掺有很多杂质，处理不当，反而会变成痛苦和烦恼的根源，比如，占有欲望——如男女之间的爱情；带有条件——如只爱和自己同种族的人、同认知取向的人等，否则不但不能相爱，甚至还有怨恨杀戮；遮盖理智——如父母对自己的儿女过分宠爱、溺爱而不知；带来忧虑——如因为爱之深而感到担忧、挂念等。佛教的慈心是净化的爱、升华的爱，是无私且智慧的服务济助，是不求回报的布施奉献，是成就对方的一种愿心，只有集合了爱心、智慧、愿心、布施才是慈心。

慈心也异于宽容。宽容是对他人过错的一种容忍和妥协，有一种以上对下、以强对弱的意味。无论他人有无过错，有慈心者都会以平等的心对待他人，这是一种无分别的爱，不像宽容者以强者的身份自居。个体容易做到宽容他人，却很难做到慈心，由此可见，慈心的境界要远高于宽容的境界。因为真正的慈心缘起众生而不起分别，不含任何个人目的和功利性，是无污染的爱，即爱的升华。

我们日常生活中所说的积极情绪也能使人身心愉悦，那么它与慈心到底有何区别呢？有研究者指出，积极情绪即正性情绪是指个体由于体内外刺激、事件满足个体需要而产生的伴有愉悦感受的情绪。通过比较可以看出，积极情绪与慈心的不同之处在于，前者是问题得到解决、需要得到满足后，自我体会到的一种轻松、成就等愉悦感受，是基于"欲"而非由自己的意志产生，或多或少都带有执念和贪爱；后者却是自己的觉醒，由自己的意志达到的无私、无欲的精神境界。此外，研究表明，积极情绪的感受性与"大五"人格中的"外倾性"特质有关。也就是说，积极情绪有一定的先天性成分，外倾的人先天就喜欢与人接触，他们充满活力，会更多地感受到积极情绪，这种能力更多是一种天赋；而慈心则是后天发展而来，需要循序渐进地修习，在内心不断地散发慈心，祝愿众生快乐，才能不断增长慈心。另外，积极情绪是与某一种或几种相关人格特质（如外倾性）相关，而慈心的实质则为一种完整的人格形态，是个体通过持续的修习后人格趋于完善的状态。

因此，一般所谓的情绪，均是以自我的需要是否满足为立足点而产生的体验，而四无量心则完全跳出自我的局限，当个体从私己一隅转换至无限视阈，其体验到的是一种没有任何排他性（亲与疏）、分别性（人与我）的至高的情感境界。因而慈心是佛教的最高道德观念，是人类心灵深处最高尚的情操。慈心禅就是通过禅修将这种情操培育出来。换言之，慈心是佛教修持的意识内容，慈心禅是修持的一种方法，是修持过程中的外在形式和途径，意指通过禅修的形式向自己和他人祝愿幸福平安，进而达到一种安静、平和、无思无欲的修持境界。

值得注意的是，虽然慈心禅之"慈心"（即"四无量心"）包括慈、悲、喜、舍四种心，但因四无量心以"慈心"为主，故四无量心亦可简称"慈心"。西方对慈心禅的理解有所不同，对应的英文为 loving-kindness meditation，四无量心中的"慈"为 loving-kindness，因此研究者往往将慈心禅理解为培养四无量心中"慈心"的冥想方法，继而还发展出了专注培养"悲心"（compassion）的怜悯冥想（compassion meditation）。怜悯冥想在西方心理学文献中被表述为发自肺腑的分享他人痛苦的共情情感的冥想技术，而慈心禅则为培养对众生的爱的感觉的冥想（Zeng et al.，2015）。两者的差别在于，在集中注意力后，怜悯冥想是有意地将注意力集中于怜悯，而慈心禅是将注意力集中于无私的爱的感觉，继而将这种怜悯或者无私的爱指向特定的个体、群体或众生，或者某种情境，然后确信他们确实提高了所祝福对象的幸福感。概念理解上的偏差造成了实证研究内容的不准确，比如，虽然有的研究探讨的内容为慈心禅，但是使用的是怜悯冥想。对于这种情况，西方研究者也有不同的观点，比如，Galante 等（2016）将怜悯冥想看作慈心禅的一种特殊形式，而 Shonin 等（2013）则认为在很多既有的实证研究中，已经明确区分开调动慈心与怜悯的冥想技巧之间的区别，因此 Galante 等的分类是不恰当的（Zeng et al.，2015）。此后，Zeng 等（2015）对 24 篇关于慈心禅或怜悯冥想对积极情感影响的实证研究进行了系统的文献综述，发现专注于培养慈心的干预方法对于促进积极情绪有中等效应量的影响，而专注于培养怜悯的干预方法对于促进积极情绪只有低效应量的影响，也显示出两者对积极情绪的影响的确是有区别的。本节涉及的实证与干预研究文献都明确表明是以培养慈心为核心的研究，怜悯冥想不包含在其中。

（二）慈心禅的操作方法

慈心禅主要由三个部分组成：观想——以内在的心眼（即意识）看到你自己或修观的对象，感觉愉悦即可；回忆——回忆某人的优点和善行义举，并用自己的话对自己做肯定；持诵——这是最简单却可能最有效的方法，即反复诵读已经内化的话语。根据经教，慈心禅运用四愿来祝福自己，分别为愿我平安，无有怨敌危难；愿我平静，无有心苦；愿我健康，无有身苦；愿我善自珍重，守护快乐。

修习慈心禅通常是闭着眼睛,在一种非集中的初始状态下安静沉思,然后把注意力转向内心,想象某个感到温暖、平和、富有同情心的存在(如家人、孩子),通过某些话语(如"我是快乐的"、四愿等)让自己持续感受这种温暖。观想、回忆和持诵,可以帮助人生起慈心的这种温暖感。三种方式都可以使用,也可以选择其中最适合的一种。当温暖的感觉生起时,把注意力转到感觉上,静静感受,感觉才是主要的焦点。随着练习的深入,修习者要将这些温暖的感受扩展开来,具体包括:①自己(传统修习慈心的方法,最重要的就是对自己散发慈心,用善良的心愿带出慈心);②喜爱的人(如亲密的家人或朋友);③中立性的人(即认识却没有特殊感觉的人,如柜台接待员);④敌人(即目前难以相处的人);⑤自己喜爱的人、中立性的人和敌人;⑥最终专注于整个宇宙。从中可以看到,温暖的感觉最初指向自己,然后扩展到一个圈的其他人,最终辐射至四面八方。此顺序也可以按个人偏好变换。当修行成熟时,无特定对象的扩散就可以自然发生,这是无分别的,没有特别对象,只是把博爱的感觉自然地辐射出去。这时执着的偏爱变为包容一切、无条件的大爱。这些练习可以在任何时间以任何姿势进行(坐着、躺着甚至步行时)。

Salzberg(1995)设计的慈心禅训练课程,总计 12 周的课时,分组培训,每组分配有 12～15 人,分别由富有经验的讲师进行培训。每课都包含关于如何将慈心禅融入日常生活的提问与经验交流环节。每课时包括 10 分钟的正念呼吸,20 分钟的授课,30 分钟的慈心禅练习,15 分钟的小组讨论,最后再次进行 15 分钟的慈心禅练习,祝福的流程与对象同上。每个参与者都会获得与课程内容有关的 CD 和手册。总的课时结束后,参与者被要求每天在家进行 30 分钟的家庭作业,并尝试用不同的方式将慈心禅融入日常生活中(比如,在排队时等重复祝福的语句)。

在此基础上,Kang 等(2015)进一步区分了在一个与之类似的为时 6 周的慈心禅训练过程中,讨论环节与冥想练习环节对指向个体自身与他人态度造成的具体影响。慈心禅的讨论环节包括领会、培养指向自己与他人的慈心和同理心的潜在好处,并且确认参与者认识到了慈心禅的重要性和意义。讨论主要依赖于信息的共享,很大程度上是基于逻辑和演绎推断的思维过程;而冥想练习环节则更多依赖于个体的直接经验,是涉及更多直觉的情感过程。对自我和他人的态度的形成和变化,可能是因为通过讨论使来自意识的加工目标使用了基于信息理解的高阶认知和逻辑。Rydell 与 McConnell 的研究显示,参与者对一个虚构人物的初始积极或消极态度，会因为受到与对那个虚构人物的初始态度相反的行为信息的影响而改变，表明态度的形成与转变可以通过讨论或者信息理解的逻辑过程达成（转引自：Kang et al., 2015）。与之类似，在慈心禅的讨论环节，即便没有冥想练习，对具有同理心态度带来好处的认知理解也可能足以造成态度的转变。为了控制课程互动，参与者被要求报告在讨论环节与其他参与者交流的次数。该研究表明，讨论环节与指向参与讨论者自身的积极态度的增加、消极态度的减少相关，但对指向他人的态度无影响。混合了讨论环节与冥想练习的慈心禅训练的结果并不显著区别于无讨论环节的慈心禅训练。这说明尽管讨论慈心禅内涵，在某种程度上可以提升指向个体自身的自悯水平，但是练习慈心禅的冥想体验能产生更全面的指向自身与他人的慈心。

（三）慈心禅的修习功能

对大多数人而言，在自然状态下发展慈心可能不太容易，人们更倾向于感受善意或在受益之后表达善意，如心情特别好的时候或有人帮助了自己，人们就会对他人表现出善意。这里所说的慈心不是那种偶然发生或有外界刺激的情况，它是一种技能，可以被正确认识和开发，也可以通过练习而增强，并会给人带来益处。慈心能够帮助修炼者培养心灵智慧，而其是否能够有效地培养精神智慧，又取决于个体本身的智慧。换句话说，慈心会促进智慧的获得，而智慧反过来又会促进慈心的发展。此外，在传统佛教练习中，慈心禅对于那些对自己或他人怀有强烈敌意或愤怒（即嗔恨）的人尤其有帮助。Spinella（2010）在其研究中系统地提出慈心禅有以下一些益处。

第一，慈心禅能发展专注力和集中力。类似于其他冥想技术，慈心禅需要专注于某事，且在思想游离时需要重新集中注意力。这个过程虽然简单、缓慢，但需要重复集中注意力，这就逐步激活并加强了大脑的注意通路的活动。随着时间的推移，保持精力集中会变得越来越容易。

第二，慈心禅能发展积极的情感。慈心是化解嗔恚的最有效力量，能舒缓所有心灵和身体上的压力，带给我们向善、解脱的推动力。随着时间的推移，发展这种状态，会让人感受到更多的幸福和满足。随着关注和练习的增多，会产生敏感化作用，即在冥想和日常生活中，这种状态更容易被引发。

第三，慈心禅能发展社会性。培育慈心并不是为了支配他人、求取他人的回报，只是为了个人内心的净化和有益于他人。因为当个人内心充满慈心时，他的身（行为）、口（语言）、意（思维）三业都会流露出来：他不需要刻意地造作，自然能做出有益于自己、有益于他人乃至有益于所有众生的行为。同时，所有与慈心修习者接触过的众生都能感受到他们的善意，从而与其融洽地相处。Hutcherson 等（2008）的研究表明，短时间的慈心禅训练足以改善个体对陌生人的看法，对其产生积极的态度。Galante 等（2016）的研究也显示，慈心禅能够提升个体感知到的社会支持水平，并在一定程度上促进他们的亲社会行为。不少研究已经证明了慈心禅的确有益于建立良好的人际关系。

第四，慈心禅具有"净化"的作用。"净化"可能看似深奥，很难用通俗的语言来表述，但也可以用西方心理学的术语来简单地理解。我们经历的苦恼的意识状态（如敌意、贪婪、压力和抑郁）在某种意义上是精神污染物。其中，大部分"污染物"是由过去经验产生的适应不良的习惯性反应而导致的令人烦恼的后果。例如，我们经历一些令人不愉快的事，便会倾向于尽量避免或抵制这种不良体验（比如，一种痛苦的情绪、一段不受欢迎的记忆或一种令人不安的想法），但这种策略往往会使事情变得更糟。从长远来看，我们正在强化以这种方式回应的习惯。正如 Beck 等（1993）在其认知疗法中提出的"自动化思维"，人们从外界获取信息，结合经验提出问题和假设，进行推理得出结论并加以验证，但人们常常因为不加注意而忽略了一些细节，一些错误观念也被忽视并且形成了固定的思维习惯，而不良情绪与不良行为也可能因此产生。慈心则可以用一种温暖的方式指向这些经验，对消极情感进行疏导，甚至可能会用慈心替代这些负性的自动化思维。

（四）慈心禅的作用机制

修习慈心不是祷告，也不是祈求外力的帮助。相反，这是一个动态的过程，修习者会对他人产生同理心，感知他人的情绪、想法和行为，然后再将慈爱之心传送出去。因此，慈心禅的发生机制很可能是这种同理心在起主导作用。

早在 2002 年，Preston 和 de Waal 就提出了同理心的知觉-动作模型（perception-action model），如图 6-4 所示。该模型认为，当个体知觉到他人的行为时，会自动激活其与该行为有关的个人经验的表征。因此，当个体知觉到他人的动作或者情感时，其大脑中表征相应动作或情感的部位就会被自动激活，从而令个体产生同形的表征。随后，有学者发现镜像神经元系统能将观察到的他人的活动和体验转换成自身神经活动的形式，导致相同或相似运动和体验感受的产生，这便为知觉-动作模型提供了神经生物学证据，也被认为是同理心产生的可能的神经机制（孟景等，2010）。

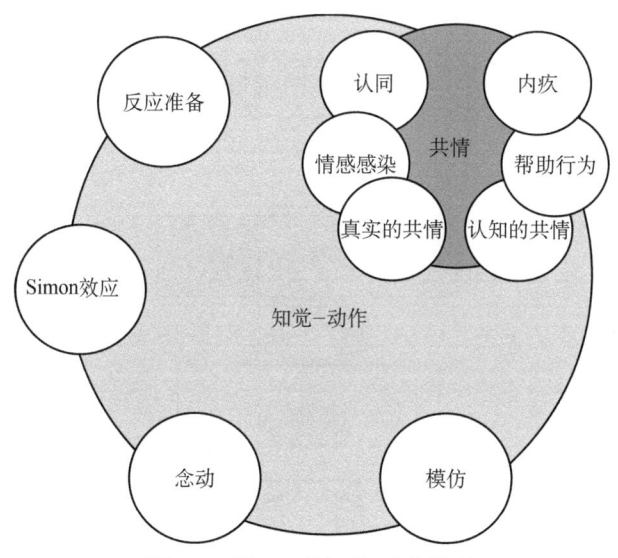

图 6-4 同理心的知觉-动作模型

刘聪慧等（2009）认为，同理心具有动态特点，并在前人研究的基础上提出了同理心的动态模型（图6-5）。同理心的动态模型涉及情绪、认知和行为三个系统，另外还有作为同理心起因的他人的情绪情感或处境以及代表同理心作用方向的投向性五个部分。个体在面对（或想象）他人的情绪情感或处境时，认知和情绪情感系统被唤醒，首先建立与他人的共享；然后在认知到自我与他人是不同的个体且自我的情绪源于他人的前提下，产生与他人同形的情绪情感；而后个体对他人的实际处境进行认知评估，结合自身的价值观、道德准则等高级认知来考察"我"共情他人的理由是否成立。若不成立，则过程中止；若成立，那么认知和产生的情绪情感相结合使得个体产生独立的情绪情感，可能会伴有相应的行为（或行为动机）（外显的或内隐的），最后将自己的认知和情绪情感向外投向他人，即同理心发生。

综合前人的研究，可以推测，慈心禅修习者看到或想象他人的情感、动作时，其大脑相关认知及情绪情感区域被激活，由于镜像神经元系统的作用而产生与他人同形的感受，然后自我会对其进行认知评估，利用慈心把这些感受包围起来，用强大的慈爱之情来接纳他人现有的状态，阻断不良情绪、行为的继续扩散，同时慈心的状态也会外化为行为指向他人。当然有关慈心的具体的心理机制，还需要在后续的研究中进一步获得证实。

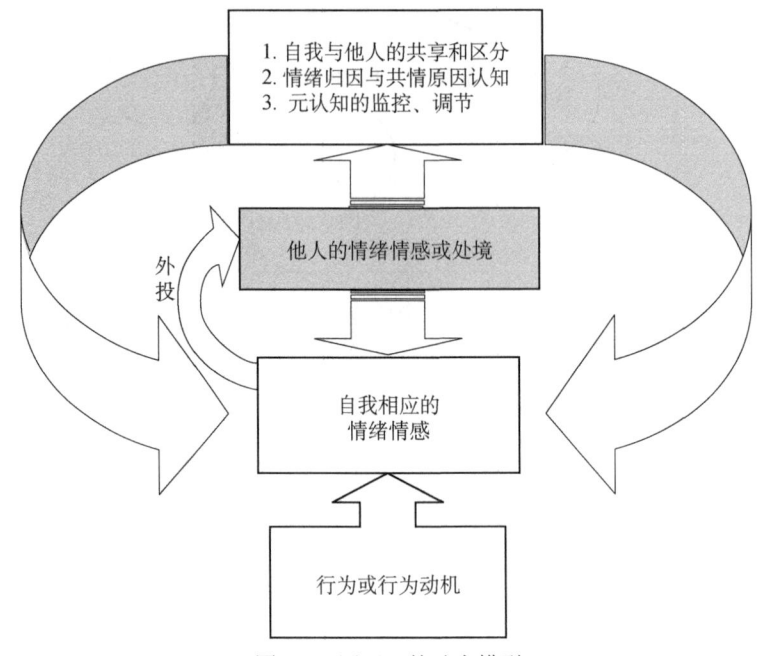

图 6-5　同理心的动态模型

二、慈心禅的实证研究及临床应用

（一）慈心禅的实证研究

大量研究表明，慈心禅具有产生积极情绪、缓解或消除消极情绪的功效。Hutcherson 等（2008）的研究使用一个简短的慈心禅训练来检验在可控的实验室环境中社会联系可否向陌生人创建。他们采用了实验组、对照组随机分配的前后测实验研究，其中实验组（慈心禅组）的指令是想象一对恋人正在传送他们的爱情，并给予祝福；而对照组（想象组）的指令为想象两个认识但不熟的人，并专注于其外貌。在随后的实验检验中，相对于对照组，实验组对中性陌生人的照片无论在外显态度还是内隐态度上都表现得更加积极，且实验组对于自己的隐性评价也提高。因而即使是一段短暂的 7 分钟练习，慈心禅仍然可以改善对自己和他人的评价。

在此基础上，Hunsinger 等（2013）以 97 名本科生为实验对象，探讨了短期慈心禅训练对情感学习与认知控制的影响。情感学习是指将中性刺激与积极或者消极情感重复配对建立联系的过程。情感学习过程在某些心理过程中至关重要，例如，态度形成。研究人员以情绪条件反射易感性任务来评估被试的情感学习，实验中，9个中国象形文字分别与三张积极、消极、中性灰色的图片相搭配，形成9组不同的象形文字-图片组。实验中，这些刺激随机呈现，呈现完毕后，被试需要从1（非常不喜欢）到7（非常喜欢）对9个汉字进行评分。结果慈心禅组虽然在将中性刺激与消极情感联系方面和对照组无显著差异，但是更容易将中性刺激与积极情感相联系。该研究还以Stroop任务来评估慈心禅对被试认知控制的影响，认知控制涉及一个人必须专注于刺激的特定特征而忽略不相关的特征。具体实验方法为：实验者在白色背景上展示红色或绿色的单词"红"与"绿"，而被试则被指示在忽略单词本身意思的前提下，根据单词的颜色按下红色或绿色的按键。结果表明，慈心禅组的反应受色词不一致的影响更小，3天的慈心禅训练足以提升被试的认知控制水平，这也意味着即便慈心禅的重点在于培养积极状态，也能够在训练初期增加个体的认知资源。

Leary等（2007）也做了不少以大学本科生为主体的研究，这些研究主要通过自我报告来测量自悯这个特征性变量。这些研究均表明，自悯改善了被试对于烦恼的反应，包括对失败、被拒和尴尬的反应。这些研究结果表明，当碰到真实、想象或回忆中的负面事件时，自悯程度高的个体出现的糟糕情绪更少，并且更乐于对负面事件承担责任，但他们更不愿意对不愉快事件做深入思考。

关于提升人群幸福感的干预，引起了卫生政策制定者的兴趣，因为这可能有助于减弱躯体和精神障碍的流行。但从公共卫生角度来看，面对面的慈心禅训练成本过高，随着当今互联网用户的大量增加，互联网已经成为一种很有前景的公共卫生干预渠道。因此，慈心禅训练是比较初级的训练，可以通过远程学习完成。在线冥想课程可能是一种比较有效、易于获得且成本较低的方式。

对此，Galante等（2016）将轻度的身体锻炼作为对照状态，以基于互联网的随机对照实验探讨了慈心禅对幸福感与利他主义的影响。鉴于迄今为止的慈心禅研究实验一般规模较小，这次实验募集到了809名被试，并将被试随机分配到慈心禅组与轻度身体锻炼组，所有课程均通过网络教学完成。最后两组分别有72人和71人完成了全部的实验，实验组与控制组被试的压力水平得到降低，幸福感也得到了提高，但是两组间的差异并不显著，考虑到网络实验中难以控制的因素较多，这样的结果也难以避免。但是对被试同步进行的质性研究显示，慈心禅练习给他们带来了很多积极体验，这些积极体验涉及两个维度：一个是独立维度，主要由自省内容组成；另一个相关的维度则聚焦于与他人的交流，其中前者被更多地提到。对于自省维度，参与者大多表示慈心禅使得他们内心平和，提高了自悯和自我接纳感，能帮助他们更好地应对困难。也有一些参与者表示，慈心禅能够提升他们的睡眠质量与专注力，让他们更积极地面对生活，感激生活的各个方面。在与他人联系的维度，慈心禅则有两个方面的影响：一方面，是参与者感受到与他人更多的联系感，并且总体能更加宽容地对待他人；另一方面，在面对涉及他人的负性情景时，慈心禅帮助他们减少了判断，增加了共情。也有一些被试表示，慈心禅帮助他们改善了亲密关系，并且能帮助他们更好地应对他人的痛苦。该实验还研究了慈心禅对利他主义的影响，在原有实验报酬的基础上，给予被试额外10美元/英镑，被试可以选择接受全部的钱，也可以选择将这笔钱的全部或者一半捐献给英国或美国的任何慈善机构，研究团队向参与者强调该善举是匿名的，以此来降低社会赞许性的影响。结果慈心禅组的被试有 2.6 倍的可能性选择将 5 美元/英镑捐献给慈善机构，与控制组之间的差异接近显著，这表明慈心禅的确能在一定程度上促进练习者的利他主义。

必须指出的是，将在短时间内进行慈心禅实验的影响研究用于验证长期的慈心禅修习疗效或许并不恰当，因为两者的机制可能很不一样，短期的研究是在几分钟内将陌生人作为对象，而完整的慈心禅需要长期系统地将更广泛的对象作为祝福对象，即便是为时几个月的慈心禅练习，其造成的影响可能也与对有数十年禅修经验的人造成的影响有所不同。

研究者发现慈心禅对修炼者确实有积极的功效，因此慈心禅受到越来越多学者的关注，还有研究人员利用大脑形态测量方法及脑成像技术探讨了慈心禅训练对于大脑机能的影响。神经影像学的研究表明，慈心禅修习者与普通人在神经生理活动和脑功能及结构上存在明显差异。EEG、ERP 和 fMRI 等科学技术的应用为认识慈心禅的生理功效提供了确凿的证据。例如，Davidson 小组（Davidson et al., 2003）使用 fMRI 研究了西藏僧侣（都有 10 000～50 000 个小时的禅修经验）练习慈心禅时的脑激活和其他生理指标（如心率的变化）。研究中，Lutz 等（2009）请 15 位禅修专家和 15 位新手在扫描仪内做简短的慈心禅，并随之给予其以下三种声音刺激：积极的人的声音（婴儿笑）、中性的人的声音（餐馆中的背景噪声）或负面的人的声音（失控的女人声）。结果发现，呈现负面声音（相对于积极或中性声音）时，专家（相对于新手）脑岛的激活更强，且两组被试脑岛激活的程度与自我报告的禅修专注度相关。进一步分析表明，背侧前扣带回皮层的激活与禅修有关，专家组表现得尤为明显。此外，对所有被试的数据进行分析发现，脑岛右中部与心率之间表现出较强的相关，然而专家脑岛左中部的激活更强。另外，禅修也增强了杏仁核和右后脑颞顶枕联合区的活跃度。脑岛在察觉情绪、情绪的生理症状反映（如心律）以及将信息传输给大脑其他部位等方面起着重要作用，杏仁核在处理情绪性刺激时扮演着至关重要的角色,而右后脑颞顶枕联合区被认为是同情并感知他人的心理、情绪状态的区域,因此以上这些分析均表明,慈心禅有可能会提高大脑相关区域的活力,其中涉及情绪情感和同情心的处理。

总体来看,科学心理学关于慈心禅对心理影响的结论是一致的:慈心禅在改善情绪、心理痛苦等方面都具有积极的作用。因此,慈心禅可以被看作一种有效调节情绪、心理的策略与方法。研究还表明,慈心禅适用于不同年龄、健康或亚健康的个体,而且授课时间可以短缩至20分钟1课,在课程开始后3~12周便能看到效果。值得一提的是,所有涉及跟踪研究的文献都显示,在干预后积极情绪仍然保持。另外,由慈心禅的生理机制研究可以看出,慈心禅会导致人的躯体及大脑发生一定的积极变化。同时,慈心禅能激活脑岛等区域也能解释为什么慈心禅能促使人们产生积极情绪。因此,慈心禅不仅仅是一种简单的宗教行为,其科学性决定了其能为临床心理学借鉴和运用。

(二)慈心禅的临床应用

研究者发现慈心禅确实有心理和生理方面的功效,对促进人们的心身健康有着良好的效果,因此,许多研究者开始探讨将慈心禅作为一种治疗的方法用到临床上,以便开发出一种新的有效的治疗措施。

在医学方面,Johnson等(2009)研究了慈心禅对于长期伴有阴性症状(如兴趣缺失、动机缺失、无社会性)的精神分裂症患者是否有疗效。在慈心禅练习中,禅修的目标不一定是改变思想和感情的内容,而是增加积极单纯的情感,因而对于那些推理能力受损的人而言,此种治愈实践可能比西方的谈话疗法更有效。结果初步证明了慈心禅可能会减少精神分裂症患者的阴性症状,使患者的精神状况有所好转。另外,Gilbert和Procter(2006)检测了慈心禅对偏执型分裂症患者的影响,结果显示被试的抑郁、焦虑、偏执水平都有所降低。

在心理治疗方面,慈心禅作为临床干预方法仅有非常少的研究,大多为先行研究,在控制方面有着各种各样的不足,需要进行进一步的临床检验。

关于慈心禅对心境障碍的干预,目前有一些先行研究。最近的研究模型显示,抑郁不仅与消极情感的调节异常有关,也与积极情感的缺乏有关。慈心禅与既有的用于治疗心境障碍的心理疗法有所不同,既有的心理疗法大多注重减少消极情感,而慈心禅同时还注重对积极情感的培养,因此对于治疗心境障碍可能具有独特的优势。于是,Hofmann等(2015)分别在美国和德国两地尝试对经量表测量发现有较高抑郁水平的非临床人口小样本进行为期12周的慈心禅研究,结果表明慈心禅在大大减少了参与者的消极情感、反刍以及抑郁症状的同时，还显著增加了其积极情感，质性研究的结果也与之一致。既有研究表明，虽然消极情感和积极情感呈负相关，但消极情感的减少未必会增加积极情感。参与者抑郁症状的减少，可能是修炼慈心禅造成的消极情感的减少与积极情感的增加两方面共同作用的结果，这显示出了慈心禅潜在的心境障碍临床治疗功效。

自我批评曾被主要当作抑郁的风险因素来研究，近年来，越来越多的研究显示，自我批评在解决其他心理问题的过程中也扮演着重要角色，例如，社交焦虑、创伤后应激障碍（post-traumatic stress disorder，PTSD）、边缘型人格障碍、自残行为、自杀、双相障碍、精神分裂等。因为慈心禅注重培养指向包括个体自身在内的众生的温暖与善意的情感，与自我批评的一些典型特征截然相反，如反刍与自责，因此能帮助有较强自我批评倾向的个体更加善意地对待自己，可能有潜在的临床疗效。于是，Shahar 等（2015）对自我批评倾向较重的个体进行慈心禅干预，将被试分为慈心禅组与控制组，当控制组等待期结束后，实验者亦对他们进行慈心禅干预。实验结果表明：慈心禅的确减少了被试的自我批评并且提升了他们的自悯水平。干预结束 3 个月后，实验人员对被试进行了追踪研究，发现这种良好的状态仍旧持续着。该研究进一步表明，慈心禅对于治疗其他一些心理问题同样有着潜在的功效。但必须指出的是，研究人员在该研究中使用了 Gilbert（2009）开发的"自我批评与自我再保证量表"（The Form of Self-Criticism and Self-Reassurance Scale），测量自我批评的具体表现，结果 HS（Hate Self）分量表不受慈心禅干预的影响，这个维度测量的是自我批评中严重的、更加具有毁灭性的内容，该维度高分个体往往有严重而持久的精神病理学问题。这个维度能够捕捉到更加极端的指向自身的愤怒，以及自伤和自我惩罚的意图，而不仅仅是一种不适感，这可能需要更持久、更深层次的慈心禅练习才能解决。此外，2006年，Gilbert 与 Procter 开发了一种名为"慈悲心训练"（compassionate mind training）的疗法，这种疗法包含持续 12 周、每周 2 小时的单独辅导，主要用于干预有着高自我批评水平与羞耻感的个体。在被试感到焦虑、愤怒与厌恶时，该疗法鼓励其自发升起内在的温暖、安全和舒适的体验，提高自悯水平。这种疗法融合了监控与认知行为疗法、辩证行为疗法、接受与承诺疗法的技术。在其验证中，被试自我报告焦虑、抑郁与自我批判有显著的变化，但是该研究最大的不足在于缺乏一个标准诊断评估程序。

有一些学者初步研究了慈心禅对由于情绪原因造成的一些身心问题的影响，比如，疼痛。慢性疼痛作为一种综合征，其病因非常复杂，既可能是先天的，也可能是后天的，既可能是躯体疾病所致，也可能由精神疾病引起；疼痛常与其基础病变不相符或没有可解释的器质性病变；其发生、发展、持续或加重与心理因素如焦虑、抑郁、情绪应激等密切相关。早期，Carson 等（2005）对慢性腰背痛患者进行了为期 8 周的干预，内容包括每周 1 次团体活动（90 分钟），主要练习慈心禅，辅以知识讲解、小组练习讨论、家庭作业等。干预结果显示，实验组（慈心禅组）的疼痛和心理痛苦显著好转，但是对照组（常规护理组）没有变化。被试练习的慈心禅次数越多，则当天的疼痛感以及隔天的愤怒就越少。国内的史春娇（2014）使用慈心禅较为系统地对慢性疼痛患者进行了为期 6 周的干预，与 Carson 等的研究结果一致，患者的总体疼痛指数、疼痛情绪、现有强度三方面得分均显著下降，而且患者疼痛情感因子得分的差异性比视觉疼痛评定因子得分的差异性大，说明慢性疼痛患者在练习慈心禅后，其实际的疼痛水平没有改变，改变的是认知，这与 Malone 提出的心理治疗更多的是对患者认知行为的调节而非减轻疼痛本身这一观点相吻合。换言之，心理治疗能让患者重新认识疼痛，改变对疼痛的看法和态度，学会与疼痛和平共处，以此减轻患者对疼痛的感知。慈心禅对于改善慢性疼痛患者的情绪也有多方面的效果，包括愤怒、恐怖情绪的减少，焦虑情绪的减少，且均达到统计学上的显著水平。其中，愤怒和怨恨情绪是慢性疼痛患者的显著特征，但愤怒情绪对疼痛感受和治疗效果的影响至今并未得到足够的重视。虽然慈心禅训练对改善慢性疼痛的效果达到了统计学上的显著水平，但是因为该实验设计为前后测的准实验设计，对环境和其他因素很难进行严格控制，因此需要有进一步的研究加以探索。

  慈心禅在辅助治疗 PTSD 方面有一定的前景。Kearney 等（2013）对患有 PTSD 的退伍军人进行了慈心禅干预，作为以慈心禅辅助治疗 PTSD 的初步研究。美国退伍军人事务部发展了多种 PTSD 疗法，为了满足为数众多的患有 PTSD 的退伍军人的需求，需要有额外的较为经济的疗法来治疗 PTSD。慈心禅训练往往被设计为小组形式的课程，一次有 12～15 人参与，比较符合节省成本的需求。此外，许多患者更喜欢通过除药物以外的手段来治疗焦虑和抑郁的症状，并且关于退伍军人的质性研究表明，对处方药物的不满以及社会卫生服务对社交和精神方面的忽视也是他们的动机。干预结果为：患者的 PTSD 水平有高效应量的降低，而且在干预结束 3 个月后的追踪研究中，其 PTSD 症状继续减少，抑郁水平也有中等效应量的降低，而研究者发现患者的自悯水平的提升是中介变量。此外，研究者尝试用积极情绪的拓展建构理论来进一步分析慈心禅带来的益处，结果慈心禅还增加了练习者的个人资源，这表明积极情绪导致注意和思维的变化，继而可以进一步提升生活质量。该干预最大的问题是缺乏控制组，但也能显示出慈心禅的确有辅助治疗 PTSD 的潜在功效。

值得一提的是，慈心禅在心理咨询的咨访关系中也有着一定的应用潜能。李孟潮在其多年的咨询临床实践中发现，女性害羞自恋人格来访者往往伴随"慈母意象"记忆缺失。[①]由于中国特殊的历史背景和现代化进程，这些女性承受着母爱缺失造成的代际创伤，继而厌弃"慈爱母亲"这种传统文化的理想母亲意象。对慈母身份的厌弃，促使其产生了原始依恋创伤。这种创伤演变成成年后的自身价值核心空洞感，自体脆弱，受不了日常性的批评，以及对无条件母爱的贪婪性渴求，即形成低自尊、高敏感、怕人笑的所谓害羞自恋人格。她们在心理咨询过程中会对咨询师产生移情，幻想与咨询师建立永远的无条件的亲密关系，弥补童年母爱的缺失。此时，如何处理与来访者的关系，对于咨询师来说是一个考验。李孟潮认为，慈悲喜舍是一种反移情防御，咨询师应该通过培养四无量心，针对来访者的情况适时地分别向其发送慈、悲、喜、舍四心，以灵活应对。一个长程治疗的终结，治疗师的心态必然是会进化到平等舍弃的层面，但对于神经症性人格结构和边缘人格结构者而言，平等舍弃的治疗师心态往往会被体会为来自父母的抛弃。另外，很多治疗师因为无法承受平等舍弃心带来的悲凉感，从而会退行到慈心与悲心阶段，这都会阻碍治疗进程。正如前文所说，舍心乃四无量心的顶点与极致，也是最难达到的境界，因此咨询师应该如何参考佛教传统中修炼四无量心的技术（如慈心禅）提升自己的四无量心水平，继而更好地处理咨访关系，使得咨询更有效果，这都是未来值得探讨的。

三、存在的不足及未来展望

佛教的慈心禅超越了一般人心中的"慈爱"的范畴，是一种冲破所有界限的善意、怜悯、随喜和平静。实证研究用科学可查的方法证实：慈心禅在提高积极情绪，减轻压力、焦虑等负面情绪方面是一种非常有前景的实践。同时，其也能缓解由于负面情绪带来的身心疾病和人际交往问题，如愤怒的控制等，这对于每个人来说都是非常有益的。更值得一提的是，慈心禅非常适用于一些特殊岗位，可以作为从业者的职业培训方式。比如，心理咨询是一份需要具有慈心或者同情心的工作，对于自我成长与发展而言，心理咨询师的首要任务是需要建立对于自己的关怀，由此才能正确发展出对他人的关怀。然而，这一点却是目前治疗师的

---

① 李孟潮. 2015. 母爱缺失与慈悲认同. http://www.psychspace.com/psych/viewnews-12008

培训中缺乏的。这也是美国麻省大学医学院在Kabat-Zinn的倡议下对医学生进行慈心禅练习的原因，因为Kabat-Zinn发现现代的医学教育缺乏对医生慈爱和同情的教育。由于我国的心理咨询业还处于初级阶段，这个问题似乎还没有引起人们的重视。一名治疗师如果缺乏对自己和他人足够的关爱而开始做创伤治疗的话，很容易导致心中充满焦虑和嗔恨，后果可想而知。所有这些都让我们确信未来慈心禅研究可以有广阔的空间。

然而，目前慈心禅研究仍处于初始阶段，势必存在许多问题与不足。首先，相对于国外的研究来看，国内的研究少之又少，且慈心禅技术仅仅停留在如何操作的层次，缺少实证性的研究，没有深层挖掘其作用机制，从而造成其只能以宗教的面目示众，因此遭到了很多误解，人们可能觉得这仅仅是佛教修习的一种手段，而不愿意去接触它，限制了它的普及。与之形成对比的是，西方的实验研究突破了东方慈心禅的使用范围，研究者纷纷鼓励病人培养自我同情，感受慈心，练习慈心。但此类研究也存在一些问题，例如，国外的慈心禅研究可能运用了不符合传统的方式和程序，实验程序设计没有关注练习者的感受，仅仅强调想象过程的训练，忽视了将训练焦点放在练习者的主观感受上，导致相关实验无法得到显著的结果。因为慈心禅要发挥功能，被试在练习中一定要有感同身受的体验，而不仅仅是技术操作流程或认知层面的，必须由情感体验、身心感受等指标来检验。此外，把借助短期训练引发的暂时的积极情绪误解为慈心禅训练生成的持续性慈心是不准确的，因为这两种方式激发的心理机制可能完全不同。

因此，针对上述问题，本研究尝试提出以下几点建议。

第一，进一步确证慈心禅的临床功效。目前，关于慈心禅的临床效果的实证研究数量较少，而且研究中样本过少、被试中途退出率高、实验控制设计不足以及评估方法不足。未来应该尽量克服这些问题，对慈心禅的有效性进行更加严谨的验证。

第二，完善慈心禅的实验操作程序。慈心禅技术已经引起很多西方学者的关注，他们在去除慈心禅的宗教色彩而使之更易操作、推广的同时，实验操作程序不符合规范，与佛教禅修的实质内涵有一定的差别，如此便极可能偏离禅修本身的理论精髓，最终得出不恰当的研究结论。在未来的研究中，研究者需要开发出一套切实吻合佛教教理且具有可操作性的程序，方可真正得出有效的研究结论。

第三，深入挖掘慈心禅的心理机制。心理学界对于慈心禅的理论研究水平不高，特别是在慈心禅的运行机制方面，基本没有进行深入探讨，西方对于慈心禅的一些脑生理机制的探索也仅仅停留于现象层面，远未触及慈心禅的深层本质。例如，对于慈心禅引发的情绪到底是什么，它是如何运作的，慈心禅的机制与其他基于佛教的冥想技术之间究竟有何区别，又有怎样的优势，都需要更加准确地了解，才能更好地将其运用到临床实践中。比如，May等（2011，2014）将健康成年学生参与者被随机分到为期5周的正念组与慈心禅训练组中，两组参与者的正念水平都提到了显著提升，但是在5周的干预结束后，正念组的正念水平显著下降，而慈心禅组则没有出现这种情况。而且，在干预结束后，冥想组的积极情感水平有下降，而慈心禅组的积极情感水平仍旧上升，慈心禅组在干预后也显示出消极情感水平的下降，而正念组没有明显变化。为什么会造成这样的结果，研究者并不清楚。

第四，与其他疗法相结合。当下正念训练已经开始被运用在心理治疗中。但有临床工作者发现，在正念练习和运用中，练习者经常会出现思绪散乱的情况，佛教中称之为妄想或散乱掉举。绝大部分初习者对这些散乱掉举的心念采取的心理动作是严厉地自我压制、自我谴责或者干脆是昏沉入睡。这往往会导致正念的练习和运用达不到预期的效果，甚至会产生焦虑、沮丧的感受。此时，如果先培养以慈心的态度去接纳这些身心现象，特别是接纳那些散乱掉举的心念感受是十分重要的。对待自己的心念了了分明，能够接纳而不是压制谴责，则渐渐能够理解这种自然规律。因此，慈心的态度有助于促进练习者对正念的运用。同时，在佛教不同的分支传统中，练习慈心禅必须拥有的集中力和专注力也常常需要通过正念来获得。Fredrickson等（2008）检验不包含正念练习步骤的慈心禅的影响时，发现积极情绪的增加虽然显著，但是不如融合了正念练习的慈心禅的增加幅度大，这表明慈心禅的技巧可能需要与正念训练融合在一起进行，效果也许会更显著。根据Kuyken等（2010）研究的建议，以正念为基础的干预本身就可以作为慈悲训练的形式。

第七章

为人之道

儒学是反躬修己之学，有一套严整的修身工夫体系。致良知是明代王阳明提出的道德修养方法。从心理学角度看，致良知也是一种心理过程。研究者借助现代认知神经科学成果发现，致良知与幸福感存在密切的内在联系。幸福感是现代人的内心渴求，毫无疑问，致良知能增强人的幸福感。

儒家推崇"孔颜之乐"，提出了"智者乐，仁者寿"、"仁者无忧"、"乐以忘忧"等命题。《礼记·大学》说："富润屋，德润身，心广体胖。"即认为人的德行有利于身体健康。"圣贤必不害心疾"，即道德高尚的人是不会患心理疾病的。儒家伦理文化中这些丰富的精神性思想是中国人精神性发展的宝贵财富，对于解决现代人由于精神性缺失造成的疾患大有裨益。

天地之间人为贵，中国古代思想家一直高扬人的价值。人何以为贵？2000多年来，中国古代思想家给出了得气说、直立说、劳动说、群聚说、情感说、语言说、智慧说、道德说等多种不同的解释。这些不同的解释可以通过现代心理学和认知神经科学的研究加以论证，同时进一步表明，儒家（孟子以及宋明理学家）关于人之所以为人的论证是十分深刻的。

第一节 致良知与幸福感[①]

随着中国心理学研究的蓬勃发展，一部分心理学研究转向中国传统文化，尤其是以儒道佛为代表的中国传统文化引发了研究者的兴趣。如"言行一致"、

---

① 本节内容基于如下研究改写而成：舒曼. 2018. 致良知与幸福感. 南京师大学报（社会科学版），(4)：92-99

"说得好，还要做得到"等古训与阳明心学"知行合一"的思想具有高度的一致性，至今不仅被人们广为称颂，还被许多人视为安身立命之本、追求幸福生活之源。

"龙场居南夷万山中，书卷不可携，日坐石穴，默记旧所读书而录之。"[①]王阳明深邃的目光仿佛洞穿尘寰，这一画面是阳明心学臻于化境的明证。对此，我们也许会觉得意犹未尽，致良知为王阳明"真圣门之正法眼藏"，业已成为我们追求幸福的一种生活方式。我们不禁思索，致良知与幸福感具有怎样的关联？有趣的是，不同文化中的人对此问题有不同的回答，东方文化针对"致良知"的思想多侧重于修身养性，以及如何进行道德践履以转化自己的生命使之"内圣外王"；而现代心理学的研究多侧重于实证研究，以探索传统文化中的心理学思想是如何抑制消极情绪和培养积极乐观情绪的，这样的研究有助于人们提高生活满意度，在宏观层面促进社会和谐，整体提升人类的主观幸福感水平。由此可见，不同的研究进路殊途同归。

本研究试图从认知神经科学的角度来理解致良知思想的内涵及其与幸福感的内在关联，进而从应用视野来诠释阳明心学致良知思想对于提升幸福感的价值，这不仅是心理学研究中国化的需求，也是共创智慧共享传统文化的需求。

一、致良知与幸福感联系的机制

阳明心学致良知思想与幸福感具有哪些内在联系，这是首先要解答的问题。本研究将在以往研究的基础上，借助认知神经科学的研究成果，使致良知思想为促进幸福感的研究提供更有说服力的证据。

（一）良知直觉的价值

"良心正性，人所均有"是良知的本体内涵，如看朝阳之景，在光芒之下，会消融你我，整个人会产生对生命的感恩，以及对现实及未来负责的心态。"见父自然知孝，见兄自然知弟，见孺子入井自然知恻隐"[②]，自然而然超越了认知判断，是对良知最纯净的表达，这便是良知的直觉。由此可见，良知难以通过概念来理解，主要是通过直觉来感受。良知作为一种直觉道德行为，强调直觉在道德判断中的主导作用。直觉就是从语言文字的约束中跳出来，进入一种全新的领悟模式，

---

① （明）王守仁.1992.王阳明全集（上）.吴光，钱明，董平等编校.上海：上海古籍出版社，876
② （明）王守仁.1992.王阳明全集（上）.吴光，钱明，董平等编校.上海：上海古籍出版社，6

犹如手指接触烫的东西会立刻缩回，几乎没有理性思考的成分。脑机制的双加工模型也为此提供了相应的证据支持。道德品行作为一种善行，主要涉及两个方面：一是德的习得与模仿有关，主要是在认知推理层面上发生的；二是较为内隐的情绪过程（李万清，刘超，2012）。当然，我们不能过分地夸大直觉的价值，不应完全摒弃认知。因为大多数情况下，面对相应的情境，这两种心理过程的脑机制会同时发生作用。

肉眼所见的是行为，道德判断却是在意识之外，我们时刻对不断发生的事情进行即时"正性或负性"的情感评价，比如，当行动迅速时，身体的情绪知觉会启动人的积极认知。Kahneman等认为，潜意识会有一种即时效用，即能激发人的愉快体验，这样个体就能产生快速的反应。我们对是否为"至善"的判断会在极短的时间做出"好与不好"的评判，这几乎是一个自动化的过程，并伴随相应的情绪化过程（Kahneman et al.，1997）。研究表明，大脑左右半球对于即时情绪加工过程是不同的，大脑左半球与积极绪情有关，更能激活额中回、杏仁核、扣带回等复杂脑区（Craik et al.，1999）。有研究发现，正性词汇及积极情绪能诱发杏仁核的活动，并通过与海马、前额叶的相互作用产生正性情绪。为此，心灵直觉的状态有助于提升幸福感（Kim-Prieto et al.，2005）。

所有的人都会承认，直觉对于生命具有重要的价值，尽管其某些价值较为隐蔽。例如，对迎面而来的汽车做出快速反应，对落水儿童即刻进行救助，直觉不仅有助于保护自我，更可以做出至善之举。从进化论角度进行理解，直觉不仅有助于我们更好地适应环境，增加他人的福祉，同时也能激荡起精神性情感，从而提升主观幸福感（刘文利等，2017）。与此同时，行为产生的正效用也能为我们带来快乐，无论是在心理还是生理上都会产生更为强烈的反应。美国学者的研究发现（Cowell，Decety，2015），个体产生亲社会行为是一个自动化的过程。当我们全神贯注地工作时，偶尔听到一些如"爱情""幸福"等词语，尽管我们没有意识到自己听见了，然而这些词却会启动我们对整个句子的理解。神经系统是一个相互联结的网络，一些特定的信息激活了其中的某些神经突触的联结，就会自动启动相应的神经网络。潜在的信息会影响具体的行为，与之相关的实验也证实了这一点，如请人在行走时同时补全含有"聪明的""可爱的"等词语的句子，研究者发现这些人行走的速度会发生明显改变，但这些人并没有明显的意识。这与我们现实生活的经验较为一致。通常无意识会启动相应的行为，在洁净淡雅的环境中工作，即使工作一整天，也会保持桌面的整洁，而且对于这种现象，许多人并不知情，大多是在无意识的神经机制中启动的。直觉会激发无意识的情绪，并会对知觉产生影响。例如，在家看恐怖片会无意识地将风吹动房门的声音误认为是有坏人闯入；而心情好的时候，会觉得一切都很美好，"我见青山多妩媚"，甚至一整天都会过得很有意义。

作为一种普遍的直觉，致良知同时会激活相应的神经功能使人产生幸福感。个体在做出某种正性评价时，如遇到奖励性事件，正性刺激也会激活杏仁核，从中脑的伏隔核投射到腹侧被盖区的多巴胺系统会被激活，已有神经电生理学的证据对此进行了验证；某种负性评价的产生，例如，接触到令人厌恶的东西，则与乙酰胆碱的生成密切相关（Hoebel et al., 2007）。

Hoebel 等（2007）的研究也证实了这一点，即人脑中存在两个可分离的、不断竞争的系统，遇到奖励性事件，正性刺激就会激活杏仁核，从中脑的伏隔核投射到腹侧被盖区的多巴胺系统会被激活，产生幸福感；而负性评价则需要一种功利判断，尽管也可以激活背外侧前额叶皮层、前部扣带回、右颞顶联合区等与认知控制加工相关的脑区，但相对于类似于"良知"的至善体验，这种情绪直觉会保持得更为长久。这与我们在现实生活中的体验是一致的，比如，我们在回忆时经常会把一些细小的令人愉快的事件回想得比实际经历的更为美好，而且通常会对不愉快的事件进行过滤和最小化，愉快的细节存留在脑海里，泛化为美好的感受。此外，这也进一步说明，良知是一种普遍的亲社会行为，如主动帮助他人、见义勇为等善行义举，从古至今，是具有高尚品格的圣贤、平凡之人都有的一种道德情怀，在一定程度上被视为积极情感，从更广的意义上体现了"自我服务"的倾向，从而提升了人的幸福感。

（二）共情的效用

王阳明的致良知思想的实质是站在"心即理"的心学立场上，赋予心的至善之理，"鸟兽犹有知觉者也，见草木之摧折而必有悯恤之心焉"[①]。因而，一般认为，良知是自然产生的，同理心也是与生俱来的本能，刚出生的婴儿对其他婴儿的哭泣也会做出类似的情绪反应，甚至灵长目动物也表现出了共情的能力，黑猩猩会更多地选择自己和另一只黑猩猩获得食物代币，而不选只有自己能获得满足的代币（Horner et al., 2010）。共情是一个自动的、无意识的过程，当个体置身于道德情境时，大脑与情绪相关的脑区，如后部扣带回以及角回会进一步被激活。接下来，我们将试着从共情角度来诠释这一现象。

---

① （明）王守仁.1992. 王阳明全集（上）. 吴光, 钱明, 董平等编校. 上海：上海古籍出版社, 968

共情能激发强烈的情感,从而增加积极情绪,认知神经科学领域有关的共情研究提供了相应的证据。至善可被视为一种积极情感,有关情景性共情的研究发现,由于正性情绪的参与,杏仁核和视觉皮层活动会明显地增强。杏仁核是人类情绪系统的核心结构,对情绪的激发起着至关重要的作用。研究者对有品行障碍的青少年与正常青少年进行对比发现,有品行障碍的青少年的杏仁核灰质体积相对于正常青少年而言更小。由此可见,杏仁核灰质的体积与共情能力呈正相关(LaBar,Cabeza,2006;Greenberg,Rubin,2003)。共情能激活大脑神经元的生理及情绪唤醒,同时进一步拓宽了我们的认知,激发了我们的积极行为。因为共情的认知神经基础是由动作知觉和情绪分享系统构成的,这与致良知是一种极为类似的体验,其作用是整体调节和控制意识,从而产生更好的适应行为,以获得一种愉快的体验。产生这种体验时,大脑中与动作或情感相关的部位会被激活,这种能力是与生俱来的,从而产生亲社会行为。共情能力越强的个体,会在他人需要帮助时付诸行动,这与致良知"知行合一"的思想相吻合,天赋良知同时要进行道德践履。

从上述观点来看,共情产生的效应是良知与幸福感的中介。认知神经科学研究表明,知情交融的情绪共享是由于外界的情绪同样激活了大脑相关区域的活动,Rizzolatti 等(1996)与 Gallese 等(1996)借助行为实验以及脑成像技术,通过巧妙的实验观察到在其他同伙做出相应的动作时,恒河猴大脑腹侧前运动皮层的神经元就会被激活。同样,在进行足球比赛时,运动员会被热情的观众感染,触发其产生强烈的情绪共鸣,哪怕是一个较为内敛的人,也会情不自禁地热血沸腾,情绪是从一个心灵传递到另一个心灵,或者从此刻传递到彼刻的事物。例如,我们获得善意的关爱,内心也拥有了爱,并学会了关心他人。这说明情境引发情绪共情,相应的大脑区域也被激活了。这些研究说明,我们关注心灵的至善与美,就会获得持续的愉悦感受,在精神上得到成长的同时,也提升了幸福感。

我们还应该注意到,除了感受他人的情绪,人类还具备观点采择能力——"认知共情"(cognitive empathy)。认知共情是在信息加工的基础上,能够理解他人(Craik et al.,1999)。一项 PET 研究也发现了知与行的转换会促进认知共情并进一步激活了大脑右侧额叶,由此可见,培养理性情感及善良品德,有助于提升幸福感的水平。认知共情在致良知上具有独特的价值,从认识论角度来说,它是关于良知的高境界的道德修养。

（三）知的路径

王阳明说："'知止而后有定'……所谓'尽夫天理之极，而无一毫人欲之私'者得之。"[1]在物欲横流的现实世界，纯净的内在精神在清扫杂欲中被认知，不断趋善避恶，进行道德修行。对于具有强烈反省倾向的至善追求者而言，认知具有道德转化的力量。在现实生活中，认知会产生实际效用，心智会激活生命的活动，通过长期的、深切的反省，"知善就能为善"，将生命引向王阳明所说的"大人"境界。

"知"首先认知内心真实的呼求，在混沌未开的时代，由于人们关于科学方面的知识缺乏，对心灵事件的解释缺乏相应的材料和依据，常会体验到恐惧和困惑。听起来简单，其实质是深刻的。假如对黑屋子一无所知，我们走近它就会感到害怕，一旦我们熟悉它，就会感到安适自在。情同此理，我们对不确定的事件往往难以释怀，比如，患病确诊后，人们心理更加安宁；考试结束后了解结果可以促使人对未来状况的掌握，并获得安全感。由此可见，反观自身的"知"就是对自己的一种尊重，从而可以获得更愉悦的情绪体验。

王阳明认为，只有构成社会的人进行积极认知并进行道德修行成为君子，世界才会趋向和平，人们才能得到幸福。幸福是个体的一种主观体验，尽管生活艰难，我们仍拥有提升与改善生活质量的优势力量。在进行自我探索时，多采用积极的语言，就能不断获得新的感悟，积极的认知可以消除我们对未来的恐惧，产生自我赋能，而消极认知是潜在威胁的信号（Lyubomirsky，2012）。fMRI研究结果显示，积极认知不仅可以激活相应的脑区域，还会引发更多改变的动力，如母亲对青春期叛逆的孩子进行不同的认知，会有不同的反应，如果母亲将对孩子叛逆的认知构建为"独立""成长""自主探索生命的意义"，则激活了与愉悦情绪及认知密切相关的眶额叶皮层、内侧前额叶等脑区，多巴胺系统被激活，产生愉快的情绪体验；假如母亲将其行为构建为"不听话""顶撞家长""不道德"等负性词语，则会产生令人厌恶的负面情绪（Hoebel et al.，2007）。

良知是身体的主宰，从现代心理学来看，至善的品德是人格中一个稳定的维度。但就良知和形体的关系而言，思想行为受良知的指导，王阳明认为人的相关言行都会受到良知的支配，提倡在心上下功夫。当为一些问题苦思冥想时，我们经常要花很多时间来考虑，甚至吃饭、睡觉也在思考，突然脑海中出现了我们想要的答案，这是因为我们的大脑一直在无意识层面进行信息加工。已有

---

[1] （明）王守仁. 1992. 王阳明全集（上）. 吴光，钱明，董平等编校. 上海：上海古籍出版社，2

的脑成像研究发现（Grant，Gino，2010），前额叶、边缘系统在道德认知活动中扮演了重要角色。

二、致良知提高幸福感

如前所述，致良知与幸福感是有渊源的。特别是在早些时候，人们对心理治疗讳莫如深，要消除负面情绪，增加正向情绪，人们会采用静坐、禅修、行善等方式，以获得心灵的慰藉。即使在今天，只要我们虔诚地在个人修行下功夫，使不断出现的私欲与恶念被抑制，让善行成为我们心灵的一部分，并付诸实践，对于提升幸福感也是有效的。

（一）致良知为幸福感提供了基本的土壤

王阳明曾说"吾生平讲学，只是'致良知'三字"①。尽管我们大多数人都难以体会"致良知"提倡的"至善"的深刻内涵，但追求幸福是人最基本的动力，而个体内心总是心存善念的。更为有趣的是，新近的心理科学研究表明，良知是每个人天生就具有的，如孩提之爱与路人之知是良知本体的自然呈现，尽管这不是良知的全体。因此，只有把心从世界的"强光"中收回，聚焦于灵魂深处，进一步扩充至极，良知本体才会像既深且纯的池水一样呈现。根据人性"趋乐避苦"的基本法则，引发善行的基本动机是"自利"。当然"自利"不同于自私，例如，看到他人有痛苦而不伸出援助之手，心灵则不得安宁，假如施以善行，就会产生良好的感觉，从而解除心里的痛苦。人本主义心理学家罗杰斯认为，当我们发现有人需要帮助时，站在他人的立场就会产生同理心式的关怀，这种普世情怀人皆有之，"人性本善"的思想在一定程度上为人们提升幸福感奠定了基础。致良知思想中的"天命之性，粹然至善"②，为人们获得幸福感提供了相应的指导，我们要做的就是按照德行实有诸己的本原，去除积淤，不断获得成长，以完善生命的意义，实现至善之理，达到自我完善之幸福。

"性无不善，故知无不良"③，良知作为本体构成了无限微妙的意义世界，心灵受此力量的滋养，会散发无穷的活力，退则以事父母，扩而充之则治天下、保四海。从这个意义上来说，致良知思想在现实生活中的表现可以在一定程度上被视为一种积极情感。当然，积极情绪也会促进善行，例如，处于热恋中的恋人常

---

① （明）王守仁. 1992. 王阳明全集（下）. 吴光，钱明，董平等编校. 上海：上海古籍出版社，990
② （明）王守仁. 1992. 王阳明全集（下）. 吴光，钱明，董平等编校. 上海：上海古籍出版社，969
③ （明）王守仁. 1992. 王阳明全集（上）. 吴光，钱明，董平等编校. 上海：上海古籍出版社，62

会给予乞丐更多施舍。由此可见,良知与幸福感之间具有正向的关联。但更多的时候,这些潜能无法实现,是因为各种私欲杂念使之无法专注于目标活动,无法获得满足感和幸福的体验。正如王阳明所说:"若良知之发,更无私意障碍,即所谓'充其恻隐之心,而仁不可胜用矣'。然在常人,不能无私意障碍,所以须用致知格物之功胜私复理。即心之良知更无障碍,得以充塞流行,便是致其知。"①由此可知,我们要不断学会克制私欲、清扫障碍使"良知"恢复本来面目并得以"昌盛",从而重现良知本体,这不仅是"格物致知"工夫复归良知本体的过程,也是促进个体潜能、善意、才华实现的过程,是良知本体朝向自我实现的本能倾向。因而,从积极方面来说,"致良知"思想是扩充良知到至极以提升幸福感;从自我实现方面来说,是去除私欲障蔽,使得良知本体归于本来面目的过程。这说明良知本体充拓得尽的过程充分体现了良知本体与幸福感的关系,即本体与工夫的统一。

可见,"良知"为幸福感提供了心之本体,为追求幸福奠定了基础。正如王阳明所说:"性无不善,故知无不良,良知即是未发之中,即是廓然大公,寂然不动之本体,人人之所同具者也。"②从这个意义上来说,良知作为先验的道德主体,存在天理之昭明灵觉处,通过后天的道德修养及实践践行,至善心体就会自然而然地呈现。良知为德性的内在之源,为提升幸福之本。"无人故意为恶",从认识论来说,人作为主体一旦对良知有了本质的认知,具备"善"的知识就不会任私欲遮蔽,同样具备成为圣贤的基础。对于弗洛伊德的人格结构论,也有类似的诠释,人格的构成包含本我、自我及超我三部分,超我是道德的我,本我遵循快乐原则,在现实生活中,只有超我得到表达,才会产生幸福感。比如,有人在公交车上犹豫要不要给老人让座,最后做出让座的行为后会产生道德美感,获得愉快的情绪体验。在现实生活中,只要我们遵循内在的道德良知,不断修行,就会形成高尚人格,同时也会获得幸福感。

(二)致良知为幸福感提出了践行的路线

关于王阳明的心学理论,一言以蔽之,曰良知与致良知,致良知与知行合一从思维方式到内涵的实质基本一致。所以,我们还可以说,追求幸福是人类与生俱来的、不可抹杀的本质特征。当然,在这里我们强调良知作为一种本能的存在,并非意味着人们的良知天生就具备而不需要后天的培养和训练。事实上,正好相

---

① (明)王守仁. 1992. 王阳明全集(上). 吴光,钱明,董平等编校. 上海:上海古籍出版社,6
② (明)王守仁. 1992. 王阳明全集(上). 吴光,钱明,董平等编校. 上海:上海古籍出版社,62-63

反,良知彰显至善心体需要以"事"磨炼,通过道德践行才有成圣的可能。正如一颗饱满的种子,即使有了发芽、开花、结果的可能,但仍需要精心呵护、悉心照料。情同此理,幸福感蕴含的智慧与致良知蕴含的伟大智慧是相通的,亚里士多德提出的幸福论是建立在个体的自我实现基础上的,认为我们每个人都有获得幸福的倾向及潜能,能否获得幸福取决于人们是否能够按照内在的倾向性从事有益于心灵成长及适应社会的行为(冯俊科,1992)。

"如知其为善也,致其知为善之知而必为之,则知至矣……知犹水也,人之心无不知,犹水之无不就下也;决而行之,无有不就下者。决而行之者,致知之谓也。此吾所谓知行合一者也。"[1]知善、知不善是良知,致其知善或知不善之知而必为之,才是致知,由此可见,"致"就是指"为之"。知行合一,依良知持续地践行以体验到一种持续的心灵整合感和幸福感。良知人人本有,只是不能致其良知。在当今社会,面临各种诱惑时,当我们有不同寻常的投入,专注于内在快感(至善本体)的体验,就会获得幸福感。亚里士多德提出幸福是一种至善实现论,他认为要达到"至善"就要克服各种困难,追求人生的意义,像富兰克林等伟人一样充分秉承内心道德规范和抑制外在诱惑,努力践行"至善就是幸福"(冯俊科,1992)。从这个意义上来说,幸福是一种在现实生活中投入的活动,使自我的潜能得以挖掘,从而体验到人生的幸福感。

"止至善"是"穷理"与"格致诚正"的合题,"致良知"是"良知"与"知行合一"的合题。"穷理"与"格致诚正"的自觉统一性的知行合一,最终实现和完成的就是一个实有的最高具体性的统一,即为"至善"。"知而不行"有悖于"知行合一",并不能获得幸福感。马斯洛认为,幸福感源自真实自我潜能的实现,当我们从事与内心价值相一致的活动时,会产生强烈的自我价值感和心灵的至善感(马捷莎,2007)。Waterman将依照心灵体验全身心地投入活动中的状态称为"个人表现"(personal expressiveness),这种表现有助于自我实现的体验,是一种获得幸福的愉悦感。一名和尚走向师父说:"我刚来到这座寺庙,求你慈悲,给我一些指点,让我获得幸福。"师父问道:"你吃了早饭没有?"和尚答道:"吃了。"师父说:"那就去把你的碗洗了吧。"问道者犹如当头棒喝,说明用思想来填塞生命的贫乏,不如用身体力行的方式来践行。

王阳明说:"'未发之中'即良知也,无前后内外而浑然一体者也。"[2]良知不为人欲所蔽、私意所隔,良知就是天理。良知使其自然明觉处,只待到纯净的良

---

[1] (明)王守仁.1992.王阳明全集(上).吴光,钱明,董平等编校.上海:上海古籍出版社,277
[2] (明)王守仁.1992.王阳明全集(上).吴光,钱明,董平等编校.上海:上海古籍出版社,64

知意识出现时,个体不仅能见到被觉察的事物,也能见到与天地万物相通的真我。当心灵回到它原来的纯净状态,就会排除恐惧与欲望,在心灵与其宇宙的源头之间的和谐就会不求而得。因此,要自我反思并注意品德修为,保持赤子之心,像婴儿般柔软和轻巧,就是一种觉察状态及"无"的境界,即虚心而坐。至善是心灵的一种特殊状况,像火焰从一支蜡烛传到另一支蜡烛,这种内心的力量会给人带来前所未有的幸福。与此同时,将获得强大的力量,"无需举起一根指头",统治者善用静止就能以其神秘的道德力量自动地使人臣服,统治他人时,别人甚至不知道他在统治。

三、致良知提高幸福感的具体途径

伴随着物质幸福感时代的到来,人类世界迈入了一个前所未有的高速发展时代。我们正处于一个怎样的时代?无论是呈爆炸式增长的海量知识、信息,还是瞬息万变的生活、工作环境,都让人们切切实实地感受到了各种各样的变化。毫无疑问,我们正处于物质极为发达的时代。在褪尽铅华的夜晚,我们也许会扣问自己的心灵,我们是否也获得过这样的幸福?现代心理学很多调查得出了这样的结论:影响幸福感的因素众多,而且很难进行准确归类,其中一个重要的原因是幸福感是一种主观的体验,并不一定会随着年龄的增长而提高。柏拉图建议培养幸福感需要每天训练,在早期佛教传统中,培养内在的幸福要遵守八正道的要求。王阳明认为,要将"至善之理"作为依据去指导和展开道德人伦修行,并在此基础之上日积月累,以提升幸福感。

(一)"格物致知"改变认知思维

"析之有以极其精而不乱,然后合之有以尽其大而无余"[1],格物穷理是良知思想的精神实质,也是提升幸福感的内在逻辑。"物格而后知至,知至而后意诚,意诚而后心正,心正而后身修,身修而后家齐,家齐而后国治,国治而后天下平。"[2]认知是"天地之仁"的起点,欲"止至善"必"穷其理"及"格致诚正"。首先,认知具有一定的局限性。在现实中,尽管很多人是各自领域的专家,但离开这个领域到另一个领域,那就未必是专家了,这就是格物致知的价值。一旦放下自我,不断穷其理,内心会充满幸福,这是智慧主体与人文精神的体现。

---

[1] (明)王守仁. 1992. 王阳明全集(上). 吴光,钱明,董平等编校. 上海:上海古籍出版社,15
[2] (宋)朱熹. 1983. 四书章句集注. 北京:中华书局,4

其次，认知与善意是不可分割的，我们都会注意到，如果一个人过于一意孤行、固执己见，那他的心就会自我封闭起来，无法看到问题的多个层面，也就缺乏"格物致知"的道德修行。反过来，真正心存善意的人会愿意与世界万物建立联结，就会看到很多的可能性。"格物致知"能帮助我们从不同的角度来看问题，认识到情况是不断变化的，理解我们如何与世界联结，最终会提升我们的幸福感。

为何要进行"格物致知"？未被注意到的刺激可以微妙地影响我们对事件的解释，只要持续不断地察觉每一个事物的意义及价值，就会把一些细小的令人愉快的事件回想得比实际经历的要美好得多。我们通常会对不愉快的事件进行过滤和最小化，愉快的细节存留脑海里泛化为美好的感受。如多年不见的老同学见面，总是兴致勃勃地聊着陈年往事，即使是枯燥乏味的小事，也会成为美好的记忆，这是因为脑内神经活动产生了一种积极构建作用。由于感知觉范围有限，个体在短时只能关注到有限的刺激，具体注意的事件才会引起情绪反应。这种行为模式将有助于个体体会到生命意义，其包含了更加细致的心理过程，如对行为结果的归因，从而产生积极的体验及有效行为的表达等。整个宇宙隐含在一事一物中，比如，地球孕育了制造纸张的树，石油产生电力推动了印刷技术的发展，货车司机将由纸张印刷的书籍送到我们手中，所以说我们生活在相互支持的圈子中。"格物""致知""诚意""正心"通过改变认知达到"天理"的自我实现。"心"在现实层面上则表现为知觉、情感、判断等诸多方面，但"心"的本体即"性"。改变认知思维是提升幸福感的有效途径。想开了就是天堂，想不开就是地狱。比如，无缘无故被人骂了，如果认为那个人无理，必忿忿然；如果知道那个人智商低，同情心也就油然而生。善意催生美丽，恶意使人苍老。一个温婉善良的人会更幸福，一个内心充满恨意的人会过早地衰老。

（二）"静与停"扩充认知资源

"知止而后有定，定而后能静，静而后能安，安而后能虑，虑而后能得。"[1]一般认为，高创造力的人有较强的自我抑制能力，可以抵制及克服外在无关刺激及诱惑，因为认知资源是有限的（刘昌等，2014）。在现实生活中，只要有认知存在，无论什么过程都需要再认知。理性是静观的，不是感情的奴隶。为此，"静"可以节省认知资源，从而提升专注力，以获得一种不同寻常的平静与放松。在当前社会转型期，我们每天就像生活在一辆自行车上，匆忙地从当下离开，在时间中仓

---

[1] （宋）朱熹.1983. 四书章句集注. 北京：中华书局，3

皇前行却忘了欣赏当下的风景，我们忘情地追逐着而充满了焦虑。当意识到自己坐立不安时，我们要学会为自己腾出空间，让心灵的智慧和关怀出现，我们的生活就会变得有趣和充满可能。

当我们放松心情，将注意力放在呼吸调息及身体动作中时，如坐禅般静坐可以感知身体的变化。从心与身相联系的意识结构来说，任何一种情绪或思想的变化都会伴随着一种身体感觉，为此我们能够通过觉察身体的变化体会到情绪的纠缠。心灵的烦扰有时难以控制，但可以通过身体的放松达到心灵净化。忧心和干扰会导致心灵淤积阻塞，这些淤积必须去除，直到自我的本来面目得以呈现。

静坐体验在儒学中具有典型意义。王阳明提倡"身心上体履"，用"静坐"的方式补充"知行合一"为教的不足。通过静坐的基本修养方式而获得的内心体验是一种涵养，尽管静坐在为教方面有积极的意义，但王阳明发现许多学者在静坐时会产生思虑纷杂、不能强制禁绝的弊病。"宇宙便是吾心，吾心即是宇宙"[1]，在现代生活中，我们身处变化及复杂的环境里，一些人居无定所，又老无所依，加上纷繁复杂的网络信息也无时无刻不影响着我们，许多人迷失了自我，"我是谁"已不再是一个确切的命题。因以心统摄理和气显得弥足珍贵，为了涵养心体以求得身心安顿，在修养工夫上也强调要以治心养性为本。静可以使人达到不同寻常的平静和放松，遵从心灵的召唤改变自己的行为，以安顿心灵求得心灵的平衡和宁静。

"夫良知即是道，良知之在人心，不但圣贤，虽常人亦无不如此？"[2]王阳明甚至认为大奸大恶之人也具有良知："良知在人，随你如何不能泯灭，虽盗贼亦自知不当为盗，唤他做贼，他还忸怩。"[3]在王阳明看来，从古至今，无论是具有高尚品格的圣贤，还是品行低劣的恶贼，人人都具有良知。但更为突出的是圣贤、凡愚的区别不在于有无良知，而在于良知是否被私欲所遮蔽，以及它被遮蔽的程度。停是静的一种回归，这种回归可以在任何情况下发生，如在与伴侣争吵的中途，我们可以暂停，而不是继续去说一件事来证明自己是对的。在这种暂停中，我们会看到对方的善意与良好动机。这样的暂停打开了真诚交流和相互理解之门。暂停，当我们更有智慧的时候，"内心的我"就会更加放松、更有活力。"他快让我疯掉了"，一位母亲抱怨她的孩子。这句话包含了复杂情绪，她把对孩子的期待以及渴望压缩成具有爆发力的情绪，可惜的是，大多数孩子无法扫除障碍听到母亲

---

[1] （宋）陆九渊. 1980. 陆九渊集. 北京：中华书局，483
[2] （明）王守仁. 1992. 王阳明全集（上）. 吴光，钱明，董平等编校. 上海：上海古籍出版社，69
[3] （明）王守仁. 1992. 王阳明全集（上）. 吴光，钱明，董平等编校. 上海：上海古籍出版社，93

心灵的呼唤，因此冲突不可避免，这是很多家庭常见的"故事"。停，就是让母亲停下来，用正向的语言向孩子诉说爱与期待。为学工夫的关键在于发现心中的道德意识（良知），并自觉地去遵守它，依它而行。

（三）"知行合一"提升幸福感

"今人却就将知行分作两件去做，以为必先知了然后能行，我如今且去讲习讨论做知的工夫，待知得真了方去做行的工夫，故遂终身不行，亦遂终身不知。"①王阳明主张去恶致良知重在道德践履，实现知与行的统一。作时文、求功名、尚空谈、轻践履，不在身心上切实用功，会使注重道德践履的儒学思想日益沦为口耳之学，丧失其内在的精神活力。行是达到自觉的天赋之知的前提，而知（自觉到的天赋之知）又是行要达到的目标，如果把这个目标当作前提，势必会导致主体沉浸在对天赋良知的冥思苦想中而终身不行，终身不行的结果又会使主体终身不知，所以他主张要把知与行结合起来，在具体行的过程中，获得对知（天赋良知）的自觉。良知的发展犹如等腰三角形，底边是良知，两个斜边代表态度和行动。良知人人皆有，真正决定良知发展的是态度和行动，态度积极就会表现出强烈的意志力，这意味着要有意识地运用积极且有意义的行动，挑战原来的习惯，不断进行新的尝试，从本然走向明觉，实行这种转换依赖于知与行的互动。这种思想对于现实社会同样具有十分重要的启发意义。

从神经机制来说，行动可以通过激活生理唤醒进而强化情感反应。行动能释放神经递质多巴胺，这是一种使人幸福和愉快的激素。当个体采取某些行动后能实现其积极的预期，便会产生愉悦的感受，内心充满着激情和活力，在某种程度上行动是幸福的催化剂。"如知其为善也，致其知为善之知而必为之，则知至矣……知犹水也，人之心无不知，犹水之无不就下也；决而行之，无有不就下者。决而行之者，致知之谓也。此吾所谓知行合一者也。"②这符合心灵的法则，因为所有生命都是一个开放系统，像自由流动的水，知而不行导致的知行为二的割裂则远离了心灵的滋养。行源自无须间断的无穷活力，是知的完美结果，王阳明认识到了这一点，他曾面对亭前的竹子"穷格"了七昼夜，不仅毫无所获，而且"劳思致疾"。若行与知在现实中无法相互促进，精神的穷思竭虑反而会消解良知的天性。

"知行合一"是一种修行，需要通过三个层次才能达成。首先，要体会知的内

---

① （明）王守仁. 1992. 王阳明全集（上）. 吴光，钱明，董平等编校. 上海：上海古籍出版社，4-5
② （明）王守仁. 1992. 王阳明全集（上）. 吴光，钱明，董平等编校. 上海：上海古籍出版社，277

在意蕴,知并非知识的积累,它更多地指向诚意。凡人皆具有先天的本体,这种本体构成了德性的内在依据。其次,要长期深刻地反思,将虚无的概念转为现实。故王阳明说:"'未发之中'即良知也,无前后内外而浑然一体者也。"[①] 良知本体是真诚恻怛,由其自然明觉发见,而有孝有悌有忠。最后,要使行为主体和客体达到天然的统一。就道德践履而言,"凡有四端于我者,知皆扩而充之矣。若火之始燃,泉之始达。苟能充之,足以保四海;苟不能充之,不足以事父母"[②]。对于"行",王阳明说:"行之明觉精察处,便是知;知之真切笃实处,便是行。若行而不能精察明觉,便是冥行。"[③] 由此可见,王阳明对行有着自己的理解。与普遍意义上的行不同,在知行合一说中,如果"行"脱离良知明觉盲目行动,并不是真正的行。在现代社会,人们都处于一种快节奏的生活中,大多数人会采取有效行动来减轻工作压力或慰藉心灵,所谓有效行动是指那些在生存压力或心灵的指引下拼命工作以减轻压力的行为;而无效行为是指那些在高压下感到无望而放弃真正努力,只是在表面上进行某种形式的无效劳动,以安慰自己或不使自己受到别人的指责。当然,王阳明所说的行更多的是利他行为,遵循内在的良知选择最合适的方法帮助他人,对于提高社会凝聚力、提升幸福感具有重要意义。

四、结语

心理学的研究旨在帮助人们解决现实生活中的问题,更重要的是促进人们获得幸福感。认知神经科学的最新研究成果已为"致良知"提高主观幸福感提供了一定的证据,并证实了致良知的思想内涵与幸福感具有正向关联,这为诠释传统文化提供了新的路径,同时也拓展了人们对幸福感的认知。尽管如此,对于"致良知"思想而言,现代心理学仍有许多有待深入探讨的问题,现今对"致良知"脑机制的探索仍然处在浅显阶段,但在应用研究上存在很多亟待解决的重要问题。例如,在幸福感形成过程中,如何将理论与实际有机结合以提升生活质量获得幸福感?另外,在新时代情境下,如何获得幸福感,应该考虑具体的文化情境及不同的社会环境。对这些问题的探讨,将有助于人们更好地理解"致良知"。

总之,从认知神经科学的视野对致良知思想的诠释还处于探索阶段,仍有许

---

① (明)王守仁. 1992. 王阳明全集(上). 吴光,钱明,董平等编校. 上海:上海古籍出版社,64
② 《孟子·公孙丑章句上》
③ (明)王守仁. 1992. 王阳明全集(上). 吴光,钱明,董平等编校. 上海:上海古籍出版社,208

多值得研究的地方，需要不断深入。相信在不久的将来，博大精深的阳明心学能更好地服务于我们的幸福生活。

第二节　仁者何以不忧？[①]

世界卫生组织（World Health Organization，WHO）关于健康定义的发展，反映了人类对于健康问题的认识的进步。1946 年，WHO 认为，健康乃是一种在身体、心理上的完满状态，以及良好的适应力，而不仅仅是没有疾病和衰弱的状态。2003 年，WHO 提出了"心理健康"的概念，认为心理健康包括主观幸福感、自我效能感、自主性、胜任性、代际信赖，而不仅仅是没有心理障碍。

21 世纪的人类疾病正在从以慢性的、生理性为基础的疾病转变为以慢性的、情感性和精神性为基础的疾病。也正是由于人类的疾病越发地走向精神和情感层面，它导致的社会无序也变得更为内在、更为深刻和更为复杂。

因此，健康作为一种结果，不仅需要从个人的生理、心理和社会层面考虑，从整体护理的角度来看，也需要从精神性角度对其进行探讨。越来越多的研究表明，身体、心理和精神之间的平衡有利于维持个体的健康（Narayanasamy，Owens，2001）。

一、儒家伦理有助于心身健康

"仁者不忧"是《论语·子罕》中记载的孔子的著名论断。其意思是拥有仁道（良好的伦理道德修养）的人，内心坦荡而乐观，安宁而健康。《礼记·大学》说："富润屋，德润身，心广体胖。"其认为财富可以装饰房子，品德可以修养人格，内心仁厚的人身体也会安泰。可以说，儒家认识到了良好品德与健康之间的关系，对于个人健康来说，儒家认为良好的品德的重要性不亚于物质上的富足。

儒学的核心成分是"仁道"，仁道起源于孝道。《论语·学而》中有"孝弟也者，其为仁之本与"，认为孝道是仁道的源头，仁道是更宽广的孝道。仁道强调人与人之间的积极情感关系，突破了孝道的生物性血缘壁垒，使得人们能够分享与他人乃至万物的共情和感应。《论语·述而》有云："子钓而不纲，弋不射宿。"它

[①] 本节内容基于如下研究改写而成：郭斯萍. 2018. 仁者何以不忧？——试论儒家伦理与心身健康. 南京师大学报（社会科学版），(3)：111-119

是说孔子钓鱼不用很密小的渔网，不射杀休息的鸟儿，因为孔子有仁道，即具有与自然界万物共情合一的连通性能力。

有儒家伦理道德的人必定是一个孝道的人，一个孝道的人必定是一个安全的人。例如，在中国文化传统中有一种"圣人不遭横死"的情结或传承。圣人之所以不会死于非命，乃是因为圣人一生承担着文化传递的重大使命，只要上苍不想毁灭人类文明，自然是天佑圣人，故"圣人不遭横死"。《论语》中记载，孔子到陈国，途径匡地，被匡人拘禁起来。孔子身处生死不测的困境，以人类文明传递者自居，无所畏惧："文王既没，文不在兹乎？天之将丧斯文也，后死者不得与于斯文也；天之未丧斯文也，匡人其如予何？"①

可见，圣人的健康长寿不仅因为其有乐天知命的人格修养，还与其强烈的文化传递的使命感有关。孔子说："知者乐水，仁者乐山；知者动，仁者静；知者乐，仁者寿"②，"知者"和"仁者"不是一般人，而是孔子心目中的"君子"或"圣贤"，他们在自己的伦理道德修养与人生使命感上都达到了很高的境界。

孔子说："君子坦荡荡，小人长戚戚。"③又说："君子固穷，小人穷斯滥矣。"④可见，君子是不会因为现实的物质性困苦而放弃自己的道德操守的，这一点在孔子的学生颜回身上得到了很好的体现。儒家特别推崇"孔颜之乐"，如在《论语·雍也》中，孔子有云："贤哉回也！一箪食，一瓢饮，在陋巷，人不堪其忧，回也不改其乐。贤哉回也。"颜回在物质上的贫苦是十分明显的，但是这并不能改变他内心的快乐。

孟子也认为，人的生命是宝贵的，应该善加保护，避免遭受伤害而过早死亡，以完成自己的使命。他认为人生没有一样不是由天命决定的，顺从天命，接受的是正常的命运；因此懂天命的人不会站立在危墙下面。尽力行道而死的，是正常的命运；犯罪受刑而死的，不是正常的命运。

> 莫非命也，顺受其正；是故知命者不立乎岩墙之下。尽其道而死者，正命也；桎梏死者，非正命也。⑤

到了北宋，《二程遗书》中进一步提出了一个著名观点："人之血气，固有虚实，疾病之来，圣贤所不免，然未闻自古圣贤因学而致心疾者。"⑥即认为伦理道

---

① 《论语·子罕》
② 《论语·雍也》
③ 《论语·述而》
④ 《论语·卫灵公》
⑤ 《孟子·尽心章句上》
⑥ （宋）程颢，（宋）程颐. 2000. 二程遗书. 潘富恩导读. 上海：上海古籍出版社，66

德的修行虽然不能避免身体的疾病，但一定可以预防心理疾病的发生。

古人的上述观点在现代心理学研究中得到了证实。景怀斌（2006）选取 530 个样本的问卷数据进行的分析表明，儒家式应对反映了个人的意志、道德修养、情绪管理能力等可以从挫折和困苦中获得锻炼和提高，同时困苦也意味着个人有自我发展、自我实现的机会，它从积极的角度重新解释了个人应当如何面对逆境，消除不合理信念，使个人在心理上转换认知，而不是排斥和逃避客观事实，从而化解了个人因挫折等困苦事件而产生的心理冲突和压力感，进而削弱了因抑郁等不良情绪带来的身心反应。同时，儒家式应对以发展的角度看待挫折，对将来持乐观的态度，也起到了维护心身健康的作用。

儒家伦理为什么有助于心身健康？关键在于其精神性内涵。

二、精神性的相关研究

作为心理学研究的一个新兴领域，从 20 世纪 90 年代开始，心理学家尤其是宗教心理学、人本主义心理学、超个人心理学、临床心理学等学科的学者都开始积极引用精神性概念发展他们的理论。有学者甚至提出精神性可以作为人格的第六个维度（MacDonald，2000；Piedmont，2009）。

（一）定义与维度

精神性（spirituality）也被译为灵性。这个单词的词根来自拉丁文 spiritus，意思是呼吸、勇气、活力、灵魂、生命，或是来自 spirare，表示风吹或者呼（Eliason et al.，2001）。

公元 5 世纪，spiritualitas 被基督教用来指代上帝和神灵对人类生活的影响。在西方，精神性一般被划入宗教的范畴，更多地被理解为通过对"上帝""神灵"的信仰，接受这些至高无上的力量的指引，去追求理想生活。在此文化背景下，西方对精神性的研究多是基于西方的宗教背景，尤其是基督教。当人对某种神秘力量或权威产生敬畏及崇拜，从而引申出信仰认知及仪式活动的组织体系时，宗教便宣告产生。有学者认为，宗教为信仰的组织，它的教义、习俗等都来自精神性，这种精神性能够促进个人超越更大的实在（Emmons，Paloutzian，2003）。

总之，宗教的教义、活动、仪式等不仅是宗教组织存在的方式，也具有满足人们精神性需求的功能。宗教信徒通过宗教建立与神圣的连通、与他人情感的联结，通过宗教信仰获得内在的力量感、寻找生命的目标和意义，最终实现自我超越。这在很大程度上有力地促进了人的精神性的发展。

精神性的研究最初产生于人们对"自己死后会成为什么"的问题产生的疑问，后来逐渐发展为在哲学、宗教中探究关于"如何更好地生活"这一问题（Ho D Y F, Ho R T H, 2007）。科学与宗教在解释世界中出现过激烈的矛盾，因此为了追求科学化，科学心理学建立以后有意识地与宗教、哲学划清界限，保持距离。

早期的心理学家也关注到了宗教背景下人们的"精神性"，如詹姆斯的《宗教经验之种种》，弗洛伊德的《图腾与禁忌》《摩西与一神教》等，荣格的《东洋冥想的心理学——从易经到禅》《寻找灵魂的现代人》等，弗洛姆的《精神分析与宗教》，埃里克森的《青年路德》，冯特的《民族宗教心理学纲要》及弗兰克的《追寻生命的意义》等。

西方心理学对精神性的关注可以追溯到美国心理学之父詹姆斯。詹姆斯认为宗教是一种感觉、实践，是一种当个人独处时的神圣的体验。可见，詹姆斯把宗教更多地等同于与人的心理相关的灵性、精神性等，而不是制度上的宗教。20世纪，詹姆斯以及其他的学者把精神性、灵性与一个人的性格、个性、性情相联系，通常强调一个人的社会和情感方式以及其生活风俗。显然，人们的生活经历是了解人的精神性的主要因素。

后来，较明确与系统的研究则要算人本主义与超个人心理学等学派。超个人心理学尤其以对精神性的研究热情为其特色，在这方面做出了卓越的贡献，使得精神性在人格发展中的力量和在人格构架中的地位得以彰显。

过去对精神性研究的忽视主要是由两个设想导致的，一个是觉得对于精神性不能科学地加以研究，另一个是认为不应该对精神性加以科学研究。

这两个假设都是不科学、不合理的。尤其是前一个设想已被推翻，美国心理学家协会、行为医学协会等专家团队已开发大量有良好心理测量学标准的研究工具和仪器，开始了大范围的对宗教变量及精神性的研究。

近年来，心理学界关于精神性的研究逐渐增多。2003年、2004年的《美国心理学家》杂志指出，精神性是心理学研究的一个新兴领域。当前对精神性的研究主要包括认知、情感和行为三个层面。

从认知层面界定精神性的学者以 Morgan 和 Tanyi 为代表。Morgan（1993）认为，精神性首先表现为对知识的追求和对生命价值的探索，其次表现为对自我存在状态和利他行为的理解。Tanyi（2002）强调，精神性涉及个人对生活意义和目的的追寻。

从情感层面界定精神性的学者以 Dollahite 和 Greyson 为代表。Dollahite（2003）

指出，精神性代表了一种个人的生活方式和态度，它涉及对超自然现实的信仰，对神圣和世俗的区分，以及对内心和谐状态的体验。Greyson（2006）以濒死体验作为精神性存在的依据，认为濒死体验是一种天人合一、超越时空的积极情绪，这种情绪变化无常，对人具有神秘且持续的影响。

从行为层面界定精神性的学者以 Ellingson、Matthey 和 Deck 为代表。Ellingson（2001）指出，具有精神性的人并非与有组织的宗教完全脱离，但宗教圣会不再是他们寻求神圣的唯一场所，其他教派或非宗教的活动对其均具有吸引力。Matthey 和 Barrow（2003）提出，"我爱上帝，但是我厌恶教堂"是精神性与传统宗教信仰相区分的基本标志。

精神性理论现在仍然处在发展期。就像多数的心理学概念，发展出一个完善的为大多人接受的精神性概念需要一段时间，因此没有一个统一的广为接受的精神性的概念。

不同的心理学家对于精神性的定义的侧重点不同，除去把它定义为一种宗教的实践和体验或与上帝的关系外，一般来说均包含以下内容。

第一，精神性是一种信仰或信念，是对于某种东西的追寻，如生命的意义。Boscaglia 等（2005）认为，精神性是一个信仰和态度体系，它通过与自我、他人、自然环境、一种更高力量或其他超自然力量的联系感来赋予生活意义和目的，并体现在情感、思想、经历和行为中。

第二，精神性是个人对于内在、外在的整合和联通感的追求与体验。Eltic 等在他们的综述中把精神性定义为个人对于与自我的联系、与他人和自然的联系、与超越性的联系的追求和体验（de Eltica, et al., 2012）。

精神性是以与自我、他人、自然、生命或其他有限的事物联系的价值观为特点的。通过精神性，内在的（身体、思想、灵魂）和外在的（人、环境、生命体、宇宙）的综合体得以存在，赋予生命活力和意义（Almeida et al., 2013）。Chao（2002）提出精神性的维度包括：①自我与自我的联系；②自我与他人的联系；③自我与自然的联系；④自我与意识的联系；⑤认同与感激。

第三，精神性是一种内在的力量。精神性是人类自我超越的固有能力，通过这种能力，个人参与到比自身更伟大的神圣的事情中去。精神性可以被看作人类寻求意义和目的的基本内驱力，包括与自我、他人和现实的连通性（Hodge, 2013）。它驱动了对连通性、意义、目的和道德责任的寻求（Carter, 2013）。

虽然关于精神性的定义多样，但它们还是有共同之处，即倾向于包括目的、价值、意义制造、是好的或道德的、连通性、超越性、自我实现和超脱尘世

(Ratnakar, Nair, 2012)。

MacDonald(2000)在分析已有文献的基础上,得出了关于精神性的一些认识:①精神性是多维度的,包含一些复杂的体验、认知、情感、生理、行为、社会等组成部分;②精神性包含这样一些体验,如精神、宗教、巅峰、神秘、卓越、神圣;③精神性是每个人都可以达到的,精神性的量和质的差异可以通过个人测量得知;④精神性和宗教不同,但是包含虔敬;⑤精神性包含超常信念、体验和实践。

综合不同心理学家的观点,我们可以对精神性有一个更加全面的理解:精神性是每个人固有的、可以发展的;是独立于心理和生理的位于更高层次的一种存在,同时又会影响心理和生理;对于人的生命有指导作用,会影响人们与自我的关系(如身心和谐、内心平静等),与他人的关系(如同情心、共情等),与自然和其他超越人类的事物的联系(如宇宙),影响人们对生命意义的理解和追求,影响人们面对困难和疾病的态度和毅力。

(二)实证研究

直到20世纪上半叶,精神性还未从宗教性中脱离出来,所以在此之前,学者主要以人与上帝或神的联系为关注点来理解精神性。比如,人们很难区分自己的精神性和宗教的区别(Scott,2006)。Koenig等(2001)认为,宗教是已成为一体的系统化的信念、宗教实践、仪式、象征等,这一系统促进了个人与上帝、更高力量、终极真理等神圣超越体验的接近。精神性则是个人对人生终极意义的答案、超越体验的追寻,它并不会促进宗教仪式、社区组织的发展。Koenig等(2001)将宗教与精神性相区分,试图缩小精神性的内涵,使之更紧密地与"终极""超越体验"等联系,也就是精神性更多地与个人的内在追求和信仰有关,而宗教则更多地与正规的、制度化的宗教要求相联系。

人们越来越发现,宗教的精神性与人们的心身健康有密切的关系。西方人把宗教信仰看作生命中最重要的决定因素,有关研究证实宗教信仰是对抗慢性和重症疾病过程中最重要的精神源泉,甚至能够延长人的寿命。已有研究表明,心理、身体和精神之间的平衡有利于维持个人的健康(Narayanasamy,Owens,2001)。

积极的宗教精神性有利于促进人们的心身健康,如提升人们的主观幸福感,帮助人们管理和控制自己的情绪,培养宽容、感恩、仁慈等积极的品质。因此,对精神性的研究重新吸引了心理学研究者的目光。

当代西方心理学对精神性的实证研究较重视,把它纳入了衡量心理健康的标准，并成立了美国心理学会（The American Psychological Association，APA）第36分会，研究宗教心理、精神性与心身健康的关系。

国外对于精神性与健康的研究，往往集中在药物成瘾、临终护理、癌症以及慢性疾病等方面，并且取得了相当多的成果。De Oliveira等（2017）的研究显示，精神性是防止药物成瘾的一个可能的保护因子。我们可以看到，精神性在让人远离药物成瘾上有一定的作用，可能让人觉得吸毒或者酗酒是违背了自己生存价值和意义的事情，故而选择远离。

心理学的实证研究发现，精神性与心理健康有密切的关系，精神性可以通过积极的应对方式、幸福感、支持、积极的信念等方面促进个人的心理健康（Weber，Pargament，2014）。

Perera和Frazier（2013）以最近经历潜在创伤事件的实验组和匹配的对照组为研究对象，研究了逆境中的个人的精神和宗教的变化，他们发现个人的自我感知会随着精神性的变化而变化。两组被试在痛苦体验上存在显著差异，并且精神性在应对潜在创伤事件中具有积极的效果。

Unantenne等（2013）的研究显示，将精神性吸收到个人的自我管理的体系中，可以对那些慢性疾病的病人的身体产生有利影响，并且还会提升他们的幸福感。特别是在对于抑郁症患者的研究中，发现与那些认为精神性或宗教是十分重要的人相比，认为精神性或宗教不重要的人的大脑皮层会更厚。

Lucchetti等（2011）对1994年1月至2009年4月的文献进行检索，发现精神性对于降低死亡率具有相当大的作用，通过对精神性与其他降低死亡率的干预措施进行比较发现，具有较高精神性的人的死亡率降低了18%。

越来越多的研究证实，生活有了意义，潜在的自我伤害行为如酗酒、药物依赖等就会更少发生（Shorkey et al.，2008）。

Simpson等（2007）根据这一领域最近的研究发现，精神性与人格在许多方面呈现相关，这在过去是没有报告的。Piedmont（2009）在对精神性和人格特质两个独立变量的相关数据的研究中，得出一个比较令人信服的观点，即精神性可以作为人格的第六个维度。

对于患病群体的研究发现，精神性对于他们保持健康、战胜疾病有着积极的影响。Csef等（2007）的研究则显示，有宗教信仰或者精神性高的癌症患者群体的痛苦水平和死亡率会比普通的癌症患者群体低。

Koenig等（2001）分析了超过1200项研究和400篇综述，发现精神性或宗教实践和健康行为有着60%～80%的相关性，很多人在威胁生命的慢性疾病应对中体验到精神性是他们生命的一个重要支持。

（三）道德与健康

作为精神性必不可少的一部分，个人道德的发展对人的心身健康有重要影响，是衡量人的心身健康的重要指标。

纵观西方心理学史，我们发现有不少关于心身健康与道德关系的思考，如古希腊哲学家柏拉图与亚里士多德就提出过有关的观点。柏拉图在《理想国》中就曾提出，美德似乎是一种心灵的健康、美和坚强有力，而邪恶则似乎是心灵的一种疾病、丑和软弱无力。①在柏拉图看来，美德有利于促进人的心灵（灵魂）的健康，美德是心理健康的基石。他认为，"德行是心灵的秩序"，德行支持着心理的有序与和谐，"做不正义的事"就像心灵内部产生疾病一样，会导致心灵的各部分之间争斗不和。只有心灵的内部秩序井然，才能建立个人心灵上的安宁、和谐与健康。亚里士多德认为，善和幸福是公民处理城邦事务的合理的实践活动，个人利益应当服从整体利益，人应当遵从理性而生活。

现代心理学家通常都把道德看作心理健康一个隐性的内在前提。弗洛伊德认为，处于人格顶层的"超我"按"道德原则"行事，代表的是社会道德，心理健康即个人的自我、本我、超我三者达到和谐统一。换句话说，个人的心理健康离不开道德力量的控制和调节。

阿德勒则提出了"社会兴趣"的概念，认为其是一种人类和谐生活、渴望建立美好社会的先天需求，是衡量一个人心理、精神是否健康的标准之一。社会兴趣本身就含有丰富的伦理内涵，包括团结协作的精神、助人为乐的良好品质、服务社会的意识、与他人和谐相处的愿望等。如果一个人有丰富的社会兴趣，懂得关注他人，让自己成为社会大家庭中的一员，那他就会感觉到积极、满足，逐渐形成一种社会使命感和责任感，并感觉到生命是有意义的，这极大地促进了其心理健康与精神健康。

人本主义心理学派的代表人物马斯洛认为，"自我实现者"是真正心理健康的人，因为其内在本性和潜能得到了充分的发挥，对生命的满意度有了极大提高，身心达到高度和谐。同样，"自我实现"也具有丰富的伦理内涵，"自我实现者"有明确的是非观念，关心社会和他人（利他性），能够在实践中不断实现自己的道德人性，从中得到真正的精神享受。

---

① ［古希腊］柏拉图. 1986. 理想国. 郭斌和，张行明译. 北京：商务印书馆，42

以上西方心理学家的观点说明，个人道德对其心身健康有重要作用，道德健康与心身健康不可分割，并且认为道德健康是心身健康的必要条件，具体论述如下。

第一，积极而清晰的价值观可以促进个人心身健康。曾屹丹（2004）指出，价值取向模糊、价值评价偏差、价值认同失衡和价值观念错位等都可能会诱发心身问题。明辨是非的能力和清晰的价值观能帮助个人在对错、好坏、善恶、荣辱之间做出自己的判断，避免陷入矛盾和冲突中，减少心身问题的产生。

第二，良好的道德行为能增加个人的积极情绪体验。道德行为的本质是利他行为，会为多数人认同、肯定和赞赏，从而能让个人在心理上感到愉悦、满足、幸福，良好的情绪体验也是个人心身健康的重要内容。

第三，优秀的道德品质可以保证个人健康成长。优秀的道德品质不仅是个人成长过程中习得的积极结果，而且是个人生命持续健康成长的保证和动力，能够在个人遇到心灵危机时帮助其重建心灵的平衡，维护心理健康。

三、儒家伦理道德即中国人的精神性

越来越多的人发现，精神性是普遍存在的一种心理现象，它既可以存在于宗教组织中，也可以存在于宗教组织之外，是人们日常经验中渗透着的神圣（Pargament，2002）。宗教精神性可以说只是精神性的表达形式之一（郭斯萍，陈四光，2012）。很多心理学家指出了宗教性和精神性存在区分的界限（Koenig et al.，2001；Henningsgaard，Arnau，2008），宗教是实现精神性的一个途径，但不是唯一的途径（Shafranske，Malony，1990；Zinnbauer，Pargament，2005）。精神性非宗教性的一面在现有研究中没有得到很好的呈现，研究者也有着扩展精神性概念的想法（Leung，2010）。

根据跨文化心理学的观点，心理过程是文化和个体交互作用的产物，精神性作为一个心理变量，其内涵和功能也会因为文化不同有所改变。

研究者认为，中国人的精神性存在于儒家文化之中（Van der Veer，2009；Leung，2010；Ren，2012），共同被提及的还有道家文化、佛教和民间宗教。但儒家思想是中国人精神性的精髓部分（Tu，2005），中国本土精神性可以为精神性非宗教性方向的发展提供重要力量，所以我们在进行精神性本土化研究时，首先要从儒家文化入手。

传统儒家伦理的发展具有一定的逻辑性，由孔子创立，经由孟子、董仲舒、二程、朱熹和王阳明等的传承和创造，最终发展为一套严密的伦理思想体系和道德传统体系。可以说，上至国家的内政外交和政治理念，下到百姓的日用伦常和精神安顿，处处都体现着儒家的伦理理念（王义，黄玉顺，2015）。

中国主流的传统儒家伦理文化并没有形成一个严格意义上的宗教组织，也没有形成真正的宗教信仰（虽然对儒家是不是宗教的问题还仍有争论），那么儒家伦理思想包含哪些精神性内涵呢？

（一）"天理"：伦理精神性的信仰维度

儒家伦理起源于家族伦理，故孔子云："孝弟也者，其为仁之本与？"[1]费孝通（2011）认为，中国的家庭是一个绵延性的事业社群，父子为主轴，而夫妻为配轴。个体的生命是有限的，而家的事业是绵延的，这种事业的绵延性远远超出了个体生命的有限性，这样个体就在自身有限的生命之外获得了一种无限意义和神圣使命，此即为儒家伦理精神性的特点。

从孔孟到汉代儒家的"三纲五常"，将这种伦理精神性设定为宇宙间事物变化的通则，赋予儒家伦理神圣性。孟子对孔子"天何言哉"的思想进行了进一步发展，提出"尽心知性"的命题，对仁道的内涵进行了具体分析。孟子说："尽其心者，知其性也。知其性，则知天矣。"[2]

宋明理学进一步将这种"家族伦理"发挥到极致，认为此"理"与"天"同在，"天地有好生之德"，"天"成了人信仰和崇拜的对象，将"伦理"上升为"天理"，视物之理、人之理、吾心之理为一理，即天理，认为它是宇宙万物包括人类社会的本质规定。《朱子语类》中记载："故发而为孝弟忠信仁义礼智，皆理也。"[3]理学家的"天理"概念就是儒家伦理思想的创造性发展。血缘是孝悌的基础，从生物性的血缘可以升华为伦理性的孝悌，孝悌又是仁道的基础，仁道是要将伦理之情从孝悌的血缘亲情扩展到无血缘关系的他人乃至万物。

那么，伦理是如何上升为天理的呢？

首先，理学家从人的"不忍人之心"中为人的道德理性找到了人性基础——仁道。同时，又从天地化育万物出发，"天地之大德曰生"，为自然的无意识规律赋予了伦理道德的含义。

其次，将仁道与天地的好生之德结合起来，使得仁道上升到天理的高度，为

---

[1] 《论语·学而》
[2] 《孟子·尽心章句上》
[3] 黎靖德. 1986. 朱子语类（卷四）. 北京：中华书局，65

人的伦理道德找到了哲学意义上的本体。由此，再一次证明了仁道以及人的价值所在。

找到伦理道德的天理来源后，理学家继而设立了"君子""圣人"这样的人生目标。他们是能充分实现天理的个人，其精神性发展已经超越了自我，达到了人与天地的和谐统一（李娟，郭斯萍，2009）。由此，"伦理"与"天理"同等，"天"成了中国人信仰和崇拜的对象，伦理被提升到宗教的高度。

从此儒家伦理从一种文化的规则或知识上升为必须遵从的天理，成了中国人的集体无意识，影响着中国人的人生信念和行为规范。唐代著名诗人陈子昂曾经在《谏政理书》中发自肺腑地表述了自己对于天理的信仰："是以臣每察天人之际，观祸乱之由，迹帝王之事，念先师之说，昭然著明，信不欺尔。"

（二）"民胞物与"：伦理精神性的情感维度

孔子引入"仁"作为"礼"的核心，《论语·颜渊》有云："克己复礼为仁"，赋予外在形式的"礼"内在的情感意义，其亲亲、仁民、泛爱众的情感理念都是建立在"仁爱"这种特殊的情感之上的，建立在人性善的基础之上，并通过忠恕之道来实现（推己及人），达到天人和谐、其乐融融的天伦之乐景象。

孟子认为这种仁道的良知良能是与生俱来的，就如《孟子·尽心章句上》中所说的，"人之所不学而能者，其良能也；所不虑而知者，其良知也"，是血亲之情的自然能力。

张载在《西铭》中用"民胞物与"来形象地描绘他对人和一切事物的爱。他认为，人是天地的儿女、万物的朋友和伴侣，人与人、人与物、人与自然之间应该是相亲相爱、相互尊重的，天地有好生之德，从而万物包括人类生生不息。人亦继承了天地的"好生"秉性，故人性善。这又使实现人与"天"的沟通、合一成为可能，《二程遗书》云："仁则一，不仁则二"[①]，其真正的目的是实现"天地万物一体"的仁的境界，表面上这是一种普遍的宇宙关怀，实质上是人的一种精神性的情感的联通。精神性作为个人内在的天性，也蕴含在人与人、人与万物的情感关系之中。

（三）"圣人"：伦理精神性的超越维度

人类精神性生活的本质是对自我的不断超越。在儒家伦理中，从普通人到圣

[①] （宋）程颢，（宋）程颐. 2000. 二程遗书. 潘富恩导读. 上海：上海古籍出版社，115

人，是基于良知天性与个人努力的自我超越模式。儒家伦理思想首先将人与禽兽相区分，人与禽兽的相同点主要在自然本能（小体）方面，但人贵于禽兽之处则在于人有仁道，这才是人性的本质（大体）。儒家伦理思想的关键是认为小体和大体都是与生俱来的，因此人有成为圣贤的可能，也有沦为禽兽的危险（"养其大者为大人，养其小者为小人"）。人要完成从小体到大体的超越，就必须通过不断的伦理觉悟与修行努力，最终实现成圣的最高目标。

"圣人"拥有儒家提倡的理想人格，具有儒家赞许的各种优秀品质，同时其又是普通人通过学习和努力可以达到的目标，具有现实意义。二程说："人皆可以至圣人，而君子之学必至圣人而后已。不至于圣人而后已者，皆自弃也。孝其所当孝，弟其所当弟，自是而推之，则亦圣人而已矣。"[①]宋明理学家特别强调对"孔颜之乐"的探讨，并把颜回确立为成圣的现实可行的学习目标。《论语·雍也》赞曰："一箪食，一瓢饮，在陋巷，人不堪其忧，回也不改其乐。"颜回处于物质匮乏的恶劣环境，面对重重困难，坚持把"仁道"当作人生目标，并以此为乐。颜回能达到这种境界，正说明了圣人是可学而成的。

儒家的圣人之道是内养外修的，即"内圣外王、修齐治平"，既立足于社会道德的人伦，又诉诸终极天理。儒家伦理的超越特色是：一方面，在超越的主体上，希望人们在有限的生命中寻找一种不灭的灵魂。它认为个体的生命是有限的，群体的生命（家、国、天下）是无限的、永恒存在的。舍弃"小我"，投身于更具有神圣价值的"大我"之中，才能安身立命（王义，黄玉顺，2015）。另一方面，在超越的目标上，"天"是超越性的存在，它不仅具有神圣的性质，更是伦理之天、道德之天，它还是人类道德生活的终极价值，是人类社会道德生活的超越性根据，"万物一体""天人合一"是中国人不断超越自我的永恒动力。

儒家伦理精神性的影响是久远而深刻的，不仅直接影响着中国人的道德与人格的发展，也间接影响着中国人的心身健康。儒家伦理中包含着丰富的精神性内涵，这些都为儒家伦理在现代人的精神性发展中找到了新的用武之地，对于解决现代人因为精神性缺失而导致的"身-心-灵"的健康问题有着重要的理论与应用价值。

---

① （宋）程颢，（宋）程颐. 2000. 二程遗书. 潘富恩导读. 上海：上海古籍出版社，375

第三节 人何以为贵？[①]

人类的发展通常表现为不断地自我超越。2016年，发生在认知科学领域并受到全世界关注的人机围棋大战以人工智能程序"阿尔法狗"（AlphaGo）战胜人类告终。究其本质，这是人类智力活动的不断进步。虽然有评论家担忧未来人工智能将威胁到人类的生存，但笔者由此想到了另一个问题，假设"阿尔法狗"是地球上突然出现的一个新型物种，在智力上打败了人类，那么人类存在的价值何在？人类自身的独特性何在？人类的独特性是回答人何以为贵这一问题的关键。

一、"人贵论"作为中国古代心理学思想的主要命题

天地间万物以人为贵，这是两千多年来中国古代思想家一直不断强调的观点。试列举如下：① "惟天地万物父母，惟人万物之灵。"[②] ② "问于天地之间，莫贵于人。"[③] ③ "天地之性，人为贵。人之行，莫大于孝。"[④] ④ "夫人之在天地之间也，万物之贵者耳。"[⑤] ⑤ "天地间，人为贵。"[⑥] ⑥ "三才者，天、地、人。"[⑦] ⑦ "天地之生，人为贵。"[⑧] ⑧ "天地至顽也，得倮虫而灵。"[⑨] 针对古人的这些观点，我国老一辈心理学家潘菽先生将其归纳为"人贵论"，认为这是中国古代心理学思想的主要理论之一（潘菽，1984）。

"人为贵"思想在中国最古老的典籍《尚书》中即已出现，说明"人为贵"思想几乎是中国古代思想家的本能自觉。然而，关于何以为贵这一问题，中国古代思想家通过各自的观察和思考给出了不同的解释。关于这些不同的解释，我国心理学者先后进行过整理（许其端，1999；汪凤炎，1999），现依据他们的整理归纳为以下八类。

1）得气说，如《礼记·礼运》所言，"人者，其天地之德，阴阳之交，鬼

[①] 本节内容基于如下研究改写而成：刘昌，郭斯萍.2016.人何以为贵：中国古代人贵论思想的现代认知科学考察.南京师大学报（社会科学版），(5): 94-100

[②] 《尚书·泰誓上》

[③] 张震泽.1984.孙膑兵法校理.北京：中华书局，59

[④] 胡平生译注.1996.孝经译注.北京：中华书局，19

[⑤] 黄晖.1990.论衡校释（四）.北京：中华书局，1028

[⑥] （东汉）曹操.1959.曹操集.北京：中华书局，3

[⑦] 《三字经》

[⑧] （明）王夫之.1962.尚书引义.北京：中华书局，101

[⑨] （清）龚自珍.1975.龚自珍全集.上海：上海古籍出版社，128

神之会，五行之秀气也"①。也就是说，人凝集了天地阴阳五行的精华，从而贵于万物。

2）直立说，如方以智的《东西均·象数》所言，"人独直生，异乎万物，是知天地贵人"②。

3）劳动说，如《陈确集·古农说》所言，"人之所以异于禽兽者，农焉而已矣……是故三代以还，频遇大乱，有生之伦，胥为禽兽，而人类犹未尽灭绝者，农之所留也。此天所特钟之元气也"③。

4）群聚说，认为人有社会组织，可通过群体力量获得优势，从而胜过禽兽，如《吕氏春秋·恃君》所言，"凡人之性，爪牙不足以自守卫，肌肤不足以捍寒暑，筋骨不足以从利辟害，勇敢不足以却猛禁悍。然且犹栽万物，制禽兽，服狡虫，寒暑燥湿弗能害，不唯先有其备，而以群聚邪。群之可聚也，相与利之也。利之出于群也，君道立也。故君道立则利出于群，而人备可完矣"④。

5）情感说，如刘禹锡的《伤往赋》所言，"人之所以取贵于蜚走者，情也"⑤。

6）语言说，如方以智所言，"人兼万物而为万物之灵者，神也。禽兽之声，以其类各得其一，声不能通。通之者，人也。人可谓天地之所贵矣"⑥。

7）智慧说，如《论衡·辨祟》所言，"夫倮虫三百六十，人为之长。人，物也，万物之中有知慧者也"⑦。《论衡·别通》又言，"倮虫三百，人为之长。天地之性人为贵，贵其识知也"⑧。《列子·杨朱篇》对人之身体力量的劣势与智力上的优势进行了比较，言："人肖天地之类，怀五常之性，有生之最灵者也。人者，爪牙不足以供守卫，肌肤不足以自捍御，趋走不足以从利逃害，无羽毛以御寒暑，必将资物以为养，任智而不恃力。"⑨故而，人之所以为贵乃因其有智慧。

8）道德说，认为人贵于万物乃因人具有仁义道德。这是宋明理学的主要观点，其观点发端于孔子和孟子，宋明理学将之发扬光大。例如，孟子说："人皆有不忍人之心者，今人乍见孺子将入于井，皆有怵惕、恻隐之心……无恻隐

---

① 王文锦. 2001. 礼记译解（上）. 北京：中华书局，300
② （清）方以智. 2016. 东西均注释. 庞朴注释. 北京：中华书局，293
③ （明）陈确. 1979. 陈确集. 北京：中华书局，268-269
④ 许维遹. 2009. 吕氏春秋集释（下）. 梁运华整理. 北京：中华书局，544
⑤ （唐）刘禹锡. 1990. 刘禹锡集. 北京：中华书局，9
⑥ 转引自：许其端. 1999. 心理学思想的人贵论与天人论//燕国材. 中国古代心理学思想史. 台北：远流出版事业股份有限公司，84
⑦ 黄晖. 1990. 论衡校释（三）. 北京：中华书局，1011
⑧ 黄晖. 1990. 论衡校释（二）. 北京：中华书局，600
⑨ 杨伯峻. 1979. 列子集释. 北京：中华书局，234

之心，非人也；无羞恶之心，非人也；无辞让之心，非人也；无是非之心，非人也。"①南宋陆九渊说："仁，人心也，心之在人，是人之所以为人，而与禽兽草木异焉者也。"②

以上中国古代思想家关于人何以为贵的解释，难免给人以五花八门、莫衷一是之感。若持"了解之同情"③，可以说古人能够取得如此的认识，是非常不容易的。环顾当今世界的发展，站在现代科学的角度，我们将会发现有的观点有进一步商榷的必要，而有的观点非常深刻，令人叹服。唯有借鉴现代认知科学有关动物的实验观察结果，通过寻求人类的独特性，对他们的观点进行验证，或给出进一步的解释，方能对中国古代思想家的观点有更深入的理解。

二、关于思维、语言、情绪等心理的动物实验和野外观察

前文已提及人类的独特性问题。人类的独特性当然是相对于动物而言的。粗略一看，人类的独特性是显而易见的，人类拥有文学、音乐、绘画、建筑、科学探究等多方面的创新能力，动物似乎望尘莫及。然而，有关思维、语言、情绪等心理的动物实验和野外观察结果表明，导致或伴随人类这种创新能力的诸多重要因素，比如，思维、语言、理解对方意图（即"心理解读"）、情绪或情感等能力，在哺乳类动物特别是非人灵长类动物中皆有类似的存在。

（一）动物的思维能力

动物拥有思维能力，一百多年来有关动物的实验和观察研究反复证明了这一点。问题的关键点在于，动物是否有智慧？如果把智慧作为创造力或创新能力的同义词（很多情况下，学者将智慧与创造力同等看待），那么动物无疑具有智慧。1917年，格式塔心理学家苛勒（Wolfgang Köhler）开展的关于黑猩猩解决问题的实验论证了动物可以基于创造性思维取得食物，他把这种创造性思维命名为"顿悟"（苛勒，2003）。此后，基于野外观察的现场研究为此提供了进一步的佐证。Goodall基于多年对丛林里生活的黑猩猩的一系列野外观察确认，黑猩猩可以创造性地使用工具来获取食物（Goodall，1990）。又如，野外观察发现（Reader，MacDonald，2003），一只名叫Imo的猕猴在吃甜薯之前，会先清洗甜薯上的泥土，

---

① 《孟子·公孙丑章句上》
② （宋）陆九渊. 1980. 陆九渊集. 北京：中华书局，373
③ 陈寅恪. 2001. 陈寅恪集. 金明馆丛稿二编. 北京：生活·读书·新知三联书店，279

Imo 的取食方法随后便在其同伴群体中被广泛使用。三年后，Imo 使用了新的觅食方法，将混有沙子的谷物放入水中，以取得浮在水面上的谷物。显然，Imo 是猕猴群体中的创新者。有研究报道，澳大利亚的园丁鸟为求偶所筑的鸟巢复杂且极富艺术性，以至于初次看到的人根本就不相信这巢是鸟筑的。雄鸟筑巢时喜欢与众不同，偏好独特性，还能用当地少见的花作为装饰，其所筑的巢越巧妙，与雌鸟交配的成功率越高。园丁鸟的筑巢行为说明其拥有丰富的创造力（Borgia，1985）。

（二）动物的语言能力

动物的语言问题比较复杂。如果把社会性交流和语音符号作为语言的突出特征，那么动物无疑具备这一特征，但动物的语音通常只是一些固定的程式，缺少随机的变化。人类能用变化多样的语音表达几乎变化无穷的含义。

虽然人类在语言能力上拥有独特的优势，但通过特定的训练，动物在一定程度上似乎能达到人类语言水平。1994 年，美国灵长类动物学家 Savage-Rumbaugh 和 Levin 报告了一只倭黑猩猩的非凡语言能力（转引自：Jeeves，Brown，2009），这只倭黑猩猩名叫凯兹（Kanzi）。研究者起初训练凯兹的妈妈学习语言，但成效不大。凯兹在幼年时期跟随着妈妈被动地参与实验，当研究者发现凯兹的妈妈语言学习成效不大后，开始把研究的对象转向凯兹。当研究者让凯兹使用它妈妈学的那套语言系统来表达自己的想法时，凯兹看起来就能很自然地知道怎样运用符号交流，相对于黑猩猩同类而言表现出一种不寻常的语言加工能力。凯兹对英语口语的理解能力超过了研究者的想象，它能够理解 13 种不同类型的口语句，包括有嵌入短语的句子。在 660 个新句子中，凯兹对 74% 的句子反应正确，包括某些调整词序后语义的再认。也就是说，充分接触人类语言的幼小黑猩猩能够以特定方式理解人类语言，达到正常的两岁半儿童的水平。

（三）动物是否具有心理解读能力？

理解对方的意图，或者说通过观察对方的行为来推测对方的心理活动，被称为"心理解读"(mind reading)。对非人灵长类动物的观察表明，灵长类动物具有心理解读能力。1988 年，Byrne 和 Whiten 报告了一个有关灵长类动物狒狒的现场观察结果（转引自：Jeeves，Brown，2009）。一只雌性狒狒对一只年轻的雄性狒狒感兴趣，当它们彼此做互相理毛之类的示好行为时，雄性头领只要看到通常会立即干涉（狒狒群体有严格的等级序列），但雌性狒狒和年轻的雄性狒狒有其应对方式。开始时,年轻的雄性狒狒走到雄性头领看不到的岩石后面,雌性狒狒则慢慢地逐步向岩石移动,但表面上只是装作在看着草地,最后她移动到岩石后面,且在岩石前面仍可以看到其上半身。此时,它开始为雄性头领完全看不到的雄性狒狒理毛。雌性狒狒仍能看到雄性头领,雄性头领也能看到雌性狒狒,却看不到雌性狒狒的冒犯行为。显然,雌性狒狒和年经雄性狒狒的行为堪称"心有灵犀一点通",它们事先已经安排好了"周密的计划",这种极富趣味的行为方式表明它们拥有与人类相同的心理解读能力。

(四)动物的情绪或情感

很多哺乳动物与人一样具有喜、怒、哀、惧等基本情绪。元好问在《摸鱼儿·雁丘词》的词前序中记载其"赴试并州。道逢捕雁者云:'今日获一雁,杀之矣。其脱网者悲鸣不能去,竟自投于地而死。'"[1]这可以被看作一个自然条件下的现场实验(用现代眼光看是违背伦理的),非常生动地道出了鸟类同伴之间的情感,令人唏嘘。

动物是否具有复合情绪(如嫉妒、焦虑)呢?以嫉妒情绪为例,嫉妒情绪的产生有赖于特定的认知评价,也就是说,嫉妒情绪建立在复杂的认知能力基础上,以至于人们通常认为只有人才会有嫉妒情绪。最近,Harris 和 Prouvost 通过严格的实验设计证实,狗也有嫉妒情绪(Harris, Prouvost, 2014)。该研究设计了三种实验条件:①狗主人完全不理会自己的狗,只与一条逼真的玩具狗玩耍,玩具狗可受控制地吠叫和摆尾;②狗主人把南瓜灯(在南瓜上挖一窟窿,内点蜡烛)当成一条狗与其玩耍;③狗主人拿着儿童图书装作给孩子讲故事(孩子不在现场),书里有可以弹出的立体页面和乐曲。每种实验情境持续 1 分钟,随后狗主人会把实验中用到的物体放在狗的接触范围之内并离开,让狗和物品有 30 秒的独处时间。整个实验过程通过录像记录。研究结果显示,在第一种实验条件下,狗表现出更强的攻击性,有 25% 的狗都试图咬玩具狗,当主人离开后,36% 的狗会咬玩具狗。在其他两种条件下,只有 1 条狗表现出了这种行为。而且,第一种实验条件下,狗触碰主人和物体的概率比其他两种条件下高许多,并试图到主人和物体之间进行干扰,86% 的狗都嗅了玩具狗的肛门。显然,当主人更多地关注狗的"同类"时,狗表现出非常明显的嫉妒情绪,尽管这种嫉妒情绪可能比人类的嫉妒情绪表现得简单。当然,动物是否有更复杂的高级情感(道德感、美感等),还存在

---

[1] (金)元好问. 2004. 元好问全集. 姚奠中主编. 太原:山西古籍出版社,987

疑问。

总体上而言，上述动物实验和野外观察结果表明，在思维、心理解读、情绪或情感等方面，人与动物的差异大多只是程度上的差异而非本质上的差异。也就是说，哺乳类动物尤其是其中的灵长类动物，其思维能力、心理解读能力、情绪或情感活动与人类是类似的，只是某些能力依然是有限的。例如，倭黑猩猩凯兹的语言理解能力只能达到正常的两岁半儿童的水平，而正常儿童在 3 岁之后语言能力飞速发展。灵长类动物的心理解读能力也只是差不多接近人类 4 岁儿童的水平。当然，4 岁儿童的心理解读能力已经发展得相当完善，虽然人类的心理解读能力大约开始于两岁半的儿童。

三、人类的独特性是什么？

上述有关思维、语言、情绪等心理的动物实验和野外观察结果为寻求人类的独特性提供了基础，是我们重新审视中国古代思想家关于人何以为贵的各种解释的关键。人类的独特性就是使人成为人的特性。寻找到人类的独特性，人何以为贵的问题自然可解。

首先，人与动物生理上的差异性不是人类的独特性之所在。如果以生理上的差异性说明独特性，可以说世界上的每种动物都是独特的。如果说人直立行走是独特的，那么鸟有翅膀能飞也是独特的。从这个意义上看，"直立"难以成为人类的独特性标识。

其次，人与动物生理、心理或社会方面的程度上的差异也不是人类的独特性所在。在"劳动""群聚""情感""语言""智慧"（即智力创造力）等方面，人类与动物都只存在程度上的差异而非本质上的差异，难以成为人类的独特性标识。[①]

例如，关于劳动，如果将使用工具看作劳动的特征，动物也能使用工具进行劳动，只是其使用工具的精细程度不及人类。关于语言，动物不能像人类那样说话，有其生理基础方面的原因。黑猩猩的喉部与人类不同，它们只能发出少部分声音，故而多用肢体进行语言表达。人类的语言发音丰富多彩，固然源于人类语言能力的独特创造性，但这种能力依然建立在人的特定生理基础之上，比如，存在特定的语言表达基因，而动物却不具备这种基因。人类与动物在语言方面的差

---

① "得气说"乃中国式形而上的表述，不能证实，也不能证伪，故不在本研究的讨论范围内。当然，如果从所谓凝集天地阴阳五行的"精华"多少来看待"得气"的程度，那么人与动物也只是存在程度上的差异

异很大一部分是由生理差异导致的。

关于"智慧"（智力和创造力），相对于动物（特别是灵长类动物）的表现，人具有的优势是显而易见的，但这种差异依然只是程度上的差异。不可否认的是，人类相对于动物在智力和创造力方面的胜出，使人类成为地球上的主宰者。刘基在《郁离子》中写道：

> 虎之力，于人不啻倍也，虎利其爪牙而人无之……然虎之食人不恒见，而虎之皮人常寝处之，何哉？虎用力，人用智，虎自用其爪牙，而人用物。故力之用一，而智之用百；爪牙之用各一，而物之用百。故一敌百，虽猛不必胜。[①]

这段话完美地道出了人类在智力方面的成功。然而，如果人类仅仅满足于智力上的优势，陶醉于自己用智方面的成功，那么这将使人站在动物和自然界的对立面。当今之世，有些人或国家为了眼前的利益肆意开挖矿藏、野蛮淘金，破坏了生态环境，破坏了生物多样性，使人类正面临生存危机，这都是人凭借其智力上的优势在不受约束的情况下有恃无恐的结果。

因此，人类的独特性既应该体现为人与动物的本质上的差异，同时也应该能体现出在人类前景和人类可持续发展中的重要性。那么，道德具备这样的特点并能体现人类的独特性之所在吗？这要求我们必须首先回答一个问题：动物有没有道德？关于动物的利他行为的分析有助于我们解决这个问题。

过去几十年来，研究者在动物群体中观察到了很多利他行为现象，最典型的例子就是吸血蝙蝠。吸血蝙蝠一般每晚都需要吸食其他动物的血，如果某个夜晚吸血蝙蝠觅不到血而挨饿时（一般吸血蝙蝠连续三个晚上吸不到血就会饿死），同一巢穴中那些成功觅得血液的同伴会喂养它们，而当同伴也找不到血液时，得到过帮助的蝙蝠则会以同样的方式回报。蜜蜂群体中工蜂的利他行为也是一个众所周知的例子。在黑猩猩等非人灵长类动物中，研究者观察到了很多类似于人类道德行为的现象，如"关爱""互相帮助"等（Bekoff，2004；弗朗斯·德瓦尔，2013）。

动物的利他行为现象是否能表明动物有道德呢？作为群体的准则和规范，道德强调个体的行为以"应当"如何的方式进行，这意味着道德个体在做出相应的行为时，虽然有时表现为直觉性的情感过程（如奋不顾身地抢救落水儿童），但通常表现为理性的认知加工（即理性对感性的控制）。这使得人类的道德行为表现丰

[①] （明）刘伯温. 1996. 刘伯温全书. 房立中主编. 北京：学苑出版社，529-530

富多样。动物的利他行为虽然看起来是"道德"的，却是一种程式化的固定行为，其实质是由遗传基因控制的本能行为，是动物群体在长期的进化过程中通过自然选择而表现出的行为。

从这个意义上而言，动物的利他行为并不表现为道德。至于非人灵长类动物与人类在"关爱""互相帮助"等方面的类似，按照灵长类动物学家弗朗斯·德瓦尔（F. de Waal）的观点，只是表明人类的道德行为已经在非人灵长类动物中表现出某种征兆（弗朗斯·德瓦尔，2013）。当然，这也表明道德的起源问题是一个具有非凡意义的研究主题。

总体来看，道德能够成为人类的独特性标识。如果说道德还具有一种以社会规范为标准的外在约束性，那么源自内心的自我约束的信仰自然也是人类的独特性标识。作为行为的准则和指导，信仰是对自身存在意义的终极关怀和对现有世界的内在超越的一种精神活动，这完全是动物所无而人类所独有的。例如，对上帝的信仰，是西方基督教社会民众精神活动的重要组成部分。在中国，自孔子之后，对仁义之道的弘扬逐渐成为中国古代士大夫和读书人的自觉行为（最典型者如文天祥作《正气歌》对孟子"浩然之气"予以阐发和颂扬，并以自身的践行照耀于史册），仁、义、礼、忠、孝、良心等观念也逐渐深入到普通百姓的日常生活之中，成为广大民众的生活准则，成为他们生命中的信仰。

四、结语

明儒陈献章在《禽兽说》一文中说道："人具七尺之躯，除了此心此理，便无可贵，浑是一包脓血裹一大块骨头。饥能食，渴能饮，能着衣服，能行淫欲。贫贱而思富贵，富贵而贪权势，忿而争，忧而悲，穷则滥，乐则淫。凡百所为，一信气血，老死而后已，则命之曰'禽兽'可也。"[①]在陈献章看来，一个缺少"此心此理"的人，与禽兽无异。所谓"此心此理"，就是仁、义、礼、智、信，也就是儒家所说的道德。基于前面的分析，可以说陈献章的观点已经得到了完备的实证诠释。

只有道德和信仰才能成为人类的独特性标识，才能使人成为人，才能使人为贵得以成立。也就是说，人之所以贵于万物，乃因人有道德和信仰。一个缺少道德和信仰的社会，与弱肉强食的动物丛林没有本质差别。

仁、义、礼、智、信作为儒家道德规范的主要内容，本是儒家对社会中个体

---

① （明）陈献章.1987.陈献章集（上）.孙海通点校.北京：中华书局，61

行为的要求。在人类科技已高度发达的今天,"仁"还应该成为人类与动物相处时的要求。也就是说,人类应该爱护地球上的其他物种,要学会与其他物种和谐共处;"智"也应该表现为人类对人类自身发展的反省能力。唯其如此,人类的前景才是美好的,人类社会的发展才是可持续的。

《礼记·曲礼》载:"鹦鹉能言,不离飞鸟;猩猩能言,不离禽兽。今人而无礼,虽能言,不亦禽兽之心乎!"这句话强调的是礼仪的重要性,但何尝不是从另一方面说明了道德乃人类独特性之重要标识呢?因为内在的道德是通过外在的礼仪表现出来的。在当今人类社会,孟子以及宋明理学关于人兽之辩的深刻性得以展现。

参 考 文 献

安乐哲,罗斯文.2013.《论语》的"孝":儒家角色伦理与代际传递之动力.华中师范大学学报（人文社会科学版）,（5）:45-59

安乐哲,谭延庚,刘梁剑.2016.儒家伦理学视域下的"人"论:由此开始甚善.华东师范大学学报（哲学社会科学版）,（3）:145-158,184

安乐哲,郝大伟.2011.切中伦常:《中庸》的新诠与新译.彭国翔译.北京:中国社会科学出版社

安伦.2014.禅修冥想通向天人合一的心理学阐释.宗教心理学,（2）:154-164

巴尔斯.2014.意识的认知理论.安晖译.北京:科学出版社

巴甫洛夫.2010.条件反射:动物高级神经活动.周先庚,荆其诚,李美格译.北京:北京大学出版社

博拉斯.2015.精神分析与中国人的心理世界.李明译.北京:中国轻工业出版社

陈来.2005."以对方为重":梁漱溟的儒家伦理观.浙江学刊,（1）:5-14

陈立胜.2006."视"、"见"、"知"——王阳明一体观中的体知因素之分析.孔子研究,（4）:92-102

陈璐,张婷,李泉等.2015.孤独症儿童共同注意的神经基础及早期干预.心理科学进展,23（7）:1205-1215

陈四光.2011.德性之知——宋明理学认知心理思想研究.济南:山东教育出版社

陈四光.2012."仁"的心理过程与共情心理比较研究.学理论,（25）:87-88

陈四光,郭斯萍.2011."德性之知"的认知思想研究.河南师范大学学报（哲学社会科学版）,38（3）:10-13

陈远焕.1986.中国心理学文献索引.南京:南京大学出版社

杜文东.2005.中医心理学.北京:中国医药科技出版社

段文杰.2014.正念研究的分歧:概念与测量.心理科学进展,22（10）:1616-1627

冯俊科.1992.西方幸福论.长春:吉林人民出版社

费孝通.2011.乡土中国.北京:北京出版社

弗朗斯·德瓦尔.2013.灵长目与哲学家:道德是怎样演化出来的.赵芊里译.上海:上海科技教育出版社

郭斯萍,陈四光.2008.试论心理过程的分类与心理学的科学体系——兼论中国传统心理学的地位.南京大学报（社会科学版）,（5）:81-86

郭斯萍,陈四光.2012.精神性:中西方心理学体系结合的对象问题.南京师大学报（社会科学

版），（3）：110-117
郝大伟，安乐哲. 1996. 孔子哲学思微. 南京：江苏人民出版社
胡家祥. 2012. 中国哲学"诚"观念的深刻内涵. 江汉论坛，（4）：51-55
华军. 2015. 情感与人生——论儒学的情感特质与当代启示. 陕西师范大学学报（哲学社会科学版），（2）：91-98
黄意明. 2009. 道始于情：先秦儒家情感论. 上海：上海交通大学出版社
黄玉顺. 2014. 情感与存在及正义问题——生活儒学及中国正义论的情感观念. 社会科学，（5）：117-123
霍涌泉. 2015. 新中国心理学发展史研究. 北京：科学出版社
金观涛，刘青峰. 2015. 中国思想史十讲. 北京：法律出版社
金耀基. 2006. 人际关系中人情之分析//杨国枢. 中国人的心理. 南京：江苏教育出版社，60-81
景海峰. 2018. 中国哲学的现代诠释（修订本）. 北京：人民出版社
景怀斌. 2005. "忠恕"与"通情"——两种人际认知方式的过程与特征. 孔子研究，（5）：38-46
景怀斌. 2006. 儒家式应对思想及其对心理健康的影响. 心理学报，38（1）：126-134
苛勒. 2003. 人猿的智慧. 陈汝懋译. 杭州：浙江教育出版社
李娟，郭斯萍. 2009. 理学精神心理学探析. 江西社会科学，（9）：220-223
李零. 2016. 我们的中国. 北京：生活·读书·新知三联书店
李晴. 2006. 被世俗理性利用的神灵们——浅析儒家文化对中国民众宗教信仰的影响. 河南理工大学学报（社会科学版），7（3）：253-256
李万清，刘超. 2012-03-04. 道德的脑机制：关于道德现象的科学研究. 中国社会科学报，（B02）
李洋，王福顺. 2015. 情绪调控的行为学探究. 情感读本，（14）：17-20
李泽厚. 2005. 实用理性与乐感文化. 北京：生活·读书·新知三联书店
李泽厚. 2008. 中国古代思想史论. 北京：生活·读书·新知三联书店
梁启超. 2007. 拈花笑佛. 西安：陕西师范大学出版社
刘昌. 2017. 创造性的社会发生：兼论"仁且智"何以可能. 南京师大学报（社会科学版），（5）：88-94
刘昌，郭斯萍. 2016. 人何以为贵：中国古代人贵论思想的现代认知科学考察. 南京师大学报（社会科学版），（5）：94-100
刘昌，李植霖. 2007. 创造性与抑制能力的关系研究. 生物化学与生物物理进展，34（2）：114
刘昌，沈汪兵，罗劲. 2014. 创造性与道德的正向关联：来自认知神经科学的研究证据. 南京师大学报（社会科学版），（4）：104-115
刘聪慧，王永梅，俞国良等. 2009. 共情的相关理论评述及动态模型探新. 心理科学进展，17（5）：964-972
刘军宁. 2014. 保守主义（第三版）. 北京：东方出版社
刘文利，魏重政，刘超. 2017. 从脑与认知神经科学视角看儿童道德发展和教育. 人民教育，（1）：68-71
卢川，郭斯萍. 2014. 国外精神性研究述评. 心理科学，（2）：506-511
罗劲. 2004. 顿悟的大脑机制. 心理学报，36（2）：219-234
罗劲，应小萍. 2018. "顿悟"乃"创造"必经之路？——竺道生顿悟思想对现代心理学关于顿

悟研究的启示. 南京师大学报（社会科学版），（2）：106-113
罗良.2010. 认知神经科学视角下的创造力研究. 北京师范大学学报（社会科学版），（1）：57-64
马捷莎.2007. 论人的自我实现. 黑龙江社会科学，（1）：51-54
马育良.2010. 关于中国性情论史的学术思考. 皖西学院学报，26（1）：128-135
孟景，陈有国，黄希庭.2010. 疼痛共情的影响因素及其认知机制. 心理科学进展，18（3）：432-440
倪德卫.2006. 儒家之道：中国哲学之探讨. 周炽成译. 南京：江苏人民出版社
潘菽.1984. 心理学简札（下册）. 北京：人民教育出版社
荣格，卫礼贤.2016. 金花的秘密. 张卜天译. 北京：商务印书馆
桑代克.2010. 人类的学习. 李维译. 北京：北京大学出版社
沈汪兵.2009. 道德理论与测量的新进展. 山东理工大学学报（社会科学版），25（3）：98-101
沈汪兵，袁媛.2015. 创造性思维的社会文化基础. 心理科学进展，23（7）：1169-1180
沈汪兵，刘昌，张小将等.2011. 三字字谜顿悟的时间进程和半球效应：一项 ERP 研究. 心理学报，43（3）：229-240
沈汪兵，罗劲，刘昌等.2012. 顿悟脑的 10 年：人类顿悟脑机制研究进展. 科学通报，57（21）：1948-1963
沈政.2001. 脑高级功能探索——跨学科的研究道路//中国心理学会. 当代中国心理学. 北京：人民教育出版社，118-123
史春娇.2014. 慈心禅对慢性疼痛患者的干预效果研究. 苏州大学
束晨晔，沈汪兵，赵源.2018. 禅修对创造性思维的影响. 心理科学进展，26（10）：1807-1817
孙俊才，卢家楣，吉峰.2014. 情绪调节目标的分类与优化. 心理科学，37（1）：240-244
汪凤炎.1999. 关于中国古代的人贵论. 心理学动态，（2）：74-80
汪子嵩，陈村富，包利民等.2010. 希腊哲学史（第四卷）. 北京：人民出版社
王福顺.2018. 情绪心理学. 北京：人民卫生出版社
王海璐，刘兴华.2017. 开放监控冥想的特定影响效果. 心理科学进展，25（8）：1337-1348
王义，黄玉顺.2015. 重建与超越：新世纪儒教问题的诉求. 宗教学研究，（1）：272-277
王云强，郭本禹.2009. 当代西方道德人格研究的两类取向. 心理科学进展，（4）：784-787
魏屹东，周振华.2015. 基于情感的思维何以可能. 科学技术哲学研究，32（3）：5-10
徐仪明.2011. 论儒家早期情感心理的教化作用及其重要意义. 孔子研究，（6）：87-95
许其端.1999. 心理学思想的人贵论与天人论//燕国材. 中国古代心理学思想史. 台北：远流出版事业股份有限公司，79-103
阎书昌.2015. 中国近代心理学史（1872～1949）. 上海：上海教育出版社
杨海文.2000. "仁且智"与孟子的理想人格论. 孔子研究，（4）：40-49
杨鑫辉.2002. 诠释与转换——论中国古代心理学思想史研究方法的新发展. 南京师大学报（社会科学版），（4）：95-101
余英时.2004. 文史传统与文化重建. 北京：生活•读书•新知三联书店
曾屹丹.2004. 价值观冲突对心理健康的影响. 渝西学院学报（社会科学版），3（4）：90-91，98
翟学伟.2014. 中国与西方：两种不同的心理学传统. 本土心理学研究，（41）：3
张德培.1935. 心理学论文引得•卷头语. 北平：文化学社
张晶，刘昌，沈汪兵等.2015. 诗句鉴赏过程中的顿悟：来自脑事件相关电位的研究. 南京师大

学报（社会科学版），（2）：111-120

张兢兢，徐芬. 2005. 心理理论脑机制研究的新进展. 心理发展与教育，21（4）：110-115

张文彩. 2018. 基于负性情绪安慰剂效应对"信则灵"的实证阐明. 南京师大学报（社会科学版），（2）：114-123

张文彩，袁立壮，陆运青等. 2011. 安慰剂效应研究实验设计的历史和发展. 心理科学进展，19（8）：1115-1125

张耀翔. 1931. 心理学论文索引. 仁记印刷所铅印本

张耀翔. 1983. 心理学文集. 上海：上海人民出版社

赵莉如. 1980. 中国心理学会的历史和现况. 心理学报，（4）：473-481

周黄，正蜜. 2015. 智性的情感——康德道德感问题辨析. 哲学研究，（6）：78-84

周金声. 1995. 论诗歌鉴赏过程. 文艺理论与批评，（3）：58-62

周治金，赵晓川，刘昌. 2005. 直觉研究述评. 心理科学进展，13（6）：745-751

Adolphs R. 2001. The neurobiology of social cognition. Current Opinion in Neurobiology，11（2）：231-239

Aldao A. 2013. The future of emotion regulation research: Capturing context. Perspectives on Psychological Science，8（2）：155-172

Almeida R G，Martinez E Z，Mazzo A，et al. 2013. Spirituality and post-graduate students' attitudes towards blood donation. Nursing Ethics，20（4）：392-400

Andersen S M，Chen S. 2002. The relational self: An interpersonal social-cognitive theory. Psychological Review，109（4）：619-645

Andersen S M，Tuskeviciute R，Przybylinski E，et al. 2016. Contextual variability in personality from Significant—Other knowledge and relational selves. Frontiers in Psychology，6：1882

Anderson J R，Anderson J F，Ferris J L，et al. 2009. Lateral inferior prefrontal cortex and anterior cingulate cortex are engaged at different stages in the solution of insight problems. Proceedings of the National Academy of Sciences，106（26）：10799-10804

Andreani O D，Pagnin A. 1993. Moral judgment in creative and talented adolescents. Creativity Research Journal，6（1-2）：45-63

Ashar Y K，Chang L J，Wager T D. 2017. Brain mechanisms of the placebo effect: An affective appraisal account. Annual Review of Clinical Psychology，13：73-98

Averill J R. 2011. Ten questions about anger that you may never have thought to ask. In: Colonnello V（ed.），Multiciple Facets of Anger: Getting Mad or Restoring Justice? New York: Nova Science Publishers，1-25

Aziz-Zadeh L，Kaplan J T，Iacoboni M. 2009. "Aha!": The neural correlates of verbal insight solutions. Human Brain Mapping，30（3）：908-916

Baas M，De Dreu C K，Nijstad B A. 2008. A meta-analysis of 25 years of mood-creativity research: Hedonic tone, activation, or regulatory focus? Psychological Bulletin，134（6）：779-806

Baas M，Nevicka B，Ten Velden F S. 2014. Specific mindfulness skills differentially predict creative performance. Personality and Social Psychology Bulletin，40（9）：1092-1106

Ball L J，Litchfield D. 2017. Interactivity and embodied cues in problem solving, learning and insight:

Further contributions to a "theory of hints". In: Cowley S J, Vallée-Tourangeau F (eds.). Cognition beyond the Brain. Cham: Springer, 155-132

Barnett M A, Tetreault P A, Masbad I. 1987. Empathy with a rape victim: The role of similarity of experience. Violence and Victims, 2 (4): 255-262

Barrett P T, Eysenck H J. 1994. The relationship between evoked potential component amplitude, latency, contour length, variability, zero-crossings, and psychometric intelligence. Personality and Individual Differences, 16 (1): 3-32

Batson C D. 2009. These things called empathy: Eight related but distinct phenomena. In: Decety J, Ickes W (ed.), The Social Neuroscience of Empathy. Cambridge: MIT Press, 3-15

Batson C D. 2011. What's wrong with morality? Emotion Review, 3 (3): 230-236

Beck A T, Steer R A, Beck J S, et al. 1993. Hopelessness, depression, suicidal ideation, and clinical diagnosis of depression. Suicide and Life-Threatening Behavior, 23: 139-145

Bekoff M. 2004. Wild justice and fair play: Cooperation, forgiveness, and morality in animals. Biology and Philosophy, 19 (4): 489-520

Bellet P S, Maloney M J. 1991. The importance of empathy as an interviewing skill in medicine. JAMA, 226 (13): 1831-1832

Benedek M, Franz F, Heene M, et al. 2012. Differential effects of cognitive inhibition and intelligence on creativity. Personality and Individual Differences, 53 (4): 480-485

Blakemore S J, Decety J. 2001. From the perception of action to the understanding of intention. Nature Reviews Neuroscience, 2 (8): 561-567

Bloom P N. 2009. Overcoming consumption constraints through social entrepreneurship. Journal of Public Policy & Marketing, 28 (1): 128-134

Bocanegra B R, Hommel B. 2014. When cognitive control is not adaptive. Psychological Science, 25 (6): 1249-1255

Bock W J. 1959. Preadaptation and multiple evolutionary pathways. Evolution, 13 (2): 194-211

Bollas C. 2003. Confidentiality and professionalism in psychoanalysis. British Journal of Psychotherapy, 79 (2): 157-178

Borgia G. 1985. Bower quality, number of decorations and mating success of male satin bowerbirds (Ptilonorhynchus violaceus): An experimental analysis. Animal Behaviour, 33 (1): 266-271

Boscaglia N, Clarke D M, Jobling T W, et al. 2005. The contribution of spirituality and spiritual coping to anxiety and depression in women with a recent diagnosis of gynecological cancer. International Journal of Gynecological Cancer, 15 (5): 755-761

Bosco F M, Parola A, Valentini M C, et al. 2017. Neural correlates underlying the comprehension of deceitful and ironic communicative intentions. Cortex, 94: 73-86

Bowers K S, Regehr G, de Balthazard C, et al. 1990. Intuition in the context of discovery. Cognitive Psychology, 22 (1): 72-110

Brass M, Schmitt R M, Spengler S, et al. 2007. Investigating action understanding: Inferential processes versus action simulation. Current Biology, 17 (24): 2117-2121

Bratman M E. 1992. Shared cooperative activity. The Philosophical Review, 101 (2): 327-341

Brothers L, Ring B, Kling A. 1990. Response of neurons in the macaque amygdala to complex social stimuli. Behavioural Brain Research, 41 (3): 199-213

Brouwer H, Fitz H, Hoeks J. 2012. Getting real about semantic illusions: Rethinking the functional role of the P600 in language comprehension. Brain Research, 1446: 127-143

Butler E A. 2015. Interpersonal affect dynamics: It takes two (and time) to tango. Emotion Review, 7 (4): 336-341

Cahn B R, Polich J. 2006. Meditation states and traits: EEG, ERP, and neuroimaging studies. Psychological Bulletin, 132 (2): 180-211

Carson J W, Keefe F J, Lynch T R, et al. 2005. Loving-kindness meditation for chronic low back pain: Results from a pilot trial. Journal of Holistic Nursing, 23 (3): 287-304

Carter E W. 2013. Supporting inclusion and flourishing in the religious and spiritual lives of people with intellectual and developmental disabilities. Inclusion, 1 (1): 64-75

Cawley III M J, Martin J E, Johnson J A. 2000. A virtues approach to personality. Personality and Individual Differences, 28 (5): 997-1013

Chao C S, Chen C H, Yen M. 2002. The essence of spirituality of terminally ill patients. The Journal of Nursing Research, 10 (4): 237-245

Chau D T, Rada P V, Kim K, et al. 2011. Fluoxetine alleviates behavioral depression while decreasing acetylcholine release in the nucleus accumbens shell. Neuropsychopharmacology, 36 (8): 1729-1737

Colzato L S, Ozturk A, Hommel B. 2012. Meditate to create: The impact of focused-attention and open-monitoring training on convergent and divergent thinking. Frontiers in Psychology, 3: 116

Colzato L S, Sellaro R, Van den Wildenberg W P M, et al. 2015. tDCS of medial prefrontal cortex does not enhance interpersonal trust. Journal of Psychophysiology, 29 (4): 131-134

Colzato L S, Szapora A, Lippelt D, et al. 2017. Prior meditation practice modulates performance and strategy use in convergent-and divergent-thinking problems. Mindfulness, 8 (1): 10-16

Cook R, Bird G, Catmur C, et al. 2014. Mirror neurons: From origin to function. The Behavioral and Brain Sciences, 37 (2): 177-192

Cornwell J F M, Higgins E T. 2015. The "ought" premise of moral psychology and the importance of the ethical "ideal". Review of General Psychology, 19 (3): 311-328

Cowell J M, Decety J. 2015. The neuroscience of implicit moral evaluation and its relation to generosity in early childhood. Current Biology, 25 (1): 93-97

Cowger E L. 1974. The effects of meditation (zazen) upon selected dimensions of personality development. Dissertation Abstracts International, 34 (8-A), Part 1: 4734

Craik F I M, Moroz T M, Moscovitch M, et al. 1999. In search of the self: A positron emission tomography study. Psychological Science, 10 (1): 26-34

Csef H, Hefner J. 2007. Spirituality and cancer. MMW Fortschritte der Medizin, 149 (51-52): 35-36, 38

Danek A H, Fraps T, Von Müller A, et al. 2013. Aha! Experiences leave a mark: Facilitated recall of insight solutions. Psychological Research, 77 (5): 659-669

Darwin C. 1998. The Expression of the Emotions in Man and Animals. Oxford: Oxford University Press

Davidov M, Zahn-Waxler C, Roth-Hanania R, et al. 2013. Concern for others in the first year of life: Theory, evidence, and avenues for research. Child Development Perspectives, 7 (2): 126-131

Davidson R J, Kabat-Zinn J, Schumacher J, et al. 2003. Alterations in brain and immune function produced by mindfulness meditation. Psychosomatic Medicine, 65 (4): 564-570

Davis M A. 2009. Understanding the relationship between mood and creativity: A meta-analysis. Organizational Behavior and Human Decision Processes, 108 (1): 25-38

De Eltica J M, Garssen B, Van den Berg M, et al. 2012. Measuring spirituality as a universal human experience: A review of spirituality questionnaires. Journal of Religion and Health, 51 (2): 336-354

De Oliveira A L C B, Feitosa C D A, Santos A G, et al. 2017. Spirituality and religiosity in the context of drug abuse. Revista da Rede de Enfermagem do Nordeste, 18 (2): 283-290

Decety J, Sommerville J A. 2003. Shared representations between self and other: A social cognitive neuroscience view. Trends in Cognitive Sciences, 7 (12): 527-533

Decety J, Lamm C. 2006. Human empathy through the lens of social neuroscience. The Scientific World Journal, 6: 1146-1163

Dent E B, Higgins M E, Wharff D M. 2005. Spirituality and leadership: An empirical review of definitions, distinctions, and embedded assumptions. Leadership Quarterly, 16 (5): 625-653

Deonna J A, Scherer K R. 2010. The case of the disappearing intentional object: Constraints on a definition of emotion. Emotion Review, 2 (1): 44-52

Desai R H, Binder J R, Conant L L, et al. 2011. The neural career of sensory-motor metaphors. Journal of Cognitive Neuroscience, 23 (9): 2376-2386

Di Pellegrino G, Fadiga L, Fogassi L, et al. 1992. Understanding motor events: A neurophysiological study. Experimental Brain Research, 91 (1): 176-180

Ding X Q, Tang Y Y, Tang R X, et al. 2014. Improving creativity performance by short-term meditation. Behavioral and Brain Functions, 10 (1): 9

Ding X Q, Tang Y Y, Deng Y Q, et al. 2015. Mood and personality predict improvement in creativity due to meditation training. Learning and Individual Differences, 37: 217-221

Dobrin A. 2001. The self and confucianism. Chinese American Forum, 17 (2): 33-48

Dollahite D C. 2003. Fathering for eternity: Generative spirituality in Latter-day Saint fathers of children with special needs. Review of Religious Research, 237-251

Dollinger S J, Burke P A, Gump N W. 2007. Creativity and values. Creativity Research Journal, 19 (2-3): 91-103

Edenfield T M, Saeed S A. 2012. An update on mindfulness meditation as a self-help treatment for anxiety and depression. Psychology Research and Behavior Management, 5: 131-141

Eisenberg N, Strayer J. 1987. Critical issues in the study of empathy. In: Eisenberg N, Strayer J (eds.). Empathy and Its Development. New York: Cambridge University Press, 3-13

Eliason G T, Hanley C, Leventis M. 2001. The role of spirituality in counseling: Four theoretical orientations. Pastoral Psychology, 50 (2): 77-91

Ellingson S. 2001. The new spirituality from a social science perspective. Dialog: A Journal of Theology, 40 (4): 257-263

Emmons R A, Paloutzian R F. 2003. The psychology of religion. Annual Review of Psychology, 54 (1): 377-402

Eskenazi T, Rueschemeyer S A, De Lange F P, et al. 2015. Neural correlates of observing joint actions with shared intentions. Cortex, 70: 90-100

Fan R. 2010. Re-constructionist Confucianism: Rethinking Morality after the West. Dordrecht: Springer

Fernyhough C. 2008. Getting Vygotskian about theory of mind: Mediation, dialogue, and the development of social understanding. Developmental Review, 28 (2): 225-262

Fernyhough C, Charles F. 2005. What is internalised? Dialogic cognitive representations and the mediated mind. Behavioral and Brain Sciences, 28 (5): 698-699

Ferrari C, Nadal M, Schiavi S, et al. 2017. The dorsomedial prefrontal cortex mediates the interaction between moral and aesthetic valuation: A TMS study on the beauty-is-good stereotype. Social Cognitive & Affective Neuroscience, 12 (5): 707-717

Ferrari P F, Gallese V, Rizzolatti G, et al. 2003. Mirror neurons responding to the observation of ingestive and communicative mouth actions in the monkey ventral premotor cortex. European Journal Neuroscience, 17 (8): 1703-1714

Feshback N D. 1987. Parental empathy and child adjustment/maladjustment. In: Eisenberg N, Strayer J (eds.). Empathy and Its Development. New York: Cambridge University Press, 271-291

Fink A, Benedek M. 2014. EEG alpha power and creative ideation. Neuroscience & Biobehavioral Reviews, 44: 111-123

Flack T R, Andrews T J, Hymers M, et al. 2015. Responses in the right posterior superior temporal sulcus show a feature-based response to facial expression. Cortex, 69: 14-23

Flanagan K, Jupp P C. 2007. A Sociology of Spirituality. Burlington: Ashgate Publishing Limited, 1-2

Floresco S B. 2015. The nucleus accumbens: An interface between cognition, emotion, and action. Annual Review of Psychology, 66: 25-52

Folkman S. 2011. The Oxford Handbook of Stress, Health, and Coping. New York: Oxford University Press

Forgeard M J C, Mecklenburg A C. 2013. The two dimensions of motivation and a reciprocal model of the creative process. Review of General Psychology, 17 (3): 255-266

Fredrickson B L, Cohn M A, Coffey K A, et al. 2008. Open hearts build lives: Positive emotions, induced through loving-kindness meditation, build consequential personal resources. Journal of Personality and Social Psychology, 95 (5): 1045-1062

Fredrickson B L, Boulton A J, Firestine A M, et al. 2017. Positive emotion correlates of meditation practice: A comparison of mindfulness meditation and loving-kindness meditation. Mindfulness, 8 (6): 1623-1633

Fries H S. 1941. Virtue is knowledge. Philosophy of Science, 8 (1): 89-99

Frijda N H, Sundararajan L. 2007. Emotion refinement: A theory inspired by Chinese poetics. Perspectives on Psychological Science: A Journal of the Association for Psychological Science, 2 (3): 227-241

Galante J, Bekkers M, Mitchell C, et al. 2016. Loving-kindness meditation effects on well-being and altruism: A mixed-methods online RCT. Applied Psychology: Health and Well-being, 8 (3): 322-350

Gallese V. 2003. The roots of empathy: The shared manifold hypothesis and the neural basis of intersubjectivity. Psychopathology, 36 (4): 171-180

Gallese V, Fadiga L, Fogassi L, et al. 1996. Action recognition in the premotor cortex. Brain, 119 (2): 593-609

Gardner H. 1993. Creating Minds: An anatomy of Creativity Seen through the Lives of Freud, Einstein, Picasso, Stravinsky, Eliot, Graham, and Gandhi. New York: Basic Books

Gick M L, Lockhart R S. 1995. Cognitive and affective components of insight. In: Sternberg R J, Davidson J E (eds.). The Nature of Insight. Cambridge: MIT Press, 197-228

Gijsberts M J H E, Echteld M A, van der Steen J T, et al. 2011. Spirituality at the end of life: Conceptualization of measurable aspects—A systematic review. Journal of Palliative Medicine, 14 (7): 852-863

Gilbert P. 2009. Introducing compassion-focused therapy. Advances in Psychiatric Treatment, 15 (3): 199-208

Gilbert P, Procter S. 2006. Compassionate mind training for people with high shame and self-criticism: Overview and pilot study of a group therapy approach. Clinical Psychology & Psychotherapy, 13 (6): 353-379.

Goel V, Vartanian O. 2005. Dissociating the roles of right ventral lateral and dorsal lateral prefrontal cortex in generation and maintenance of hypotheses in set-shift problems. Cerebral Cortex, 15 (8): 1170-1177

Goodall J. 1990. Through a Window: My Thirty Years with the Chimpanzees of Gombe. Boston: Houghton Mifflin

Grant A M, Gino F. 2010. A little thanks goes a long way: Explaining why gratitude expressions motivate prosocial behavior. Journal of Personality and Social Psychology, 98 (6): 946-955

Greenberg D L, Rubin D C. 2003. The neuropsychology of autobiographical memory. Cortex, 39 (4-5): 687-728

Greene J. 2003. From neural "is" to moral "ought": What are the moral implications of neuroscientific moral psychology? Nature Reviews Neuroscience, 4 (10): 846-850

Greyson B. 2006. Near-death experiences and spirituality. Zygon, 41 (2): 393-414

Grimm S, Schmidt C F, Bermpohl F, et al. 2006. Segregated neural representation of distinct emotion dimensions in the prefrontal cortex—An fMRI study. NeuroImage, 30 (1): 325-340

Gross J J. 1998. Antecedent-and response-focused emotion regulation: Divergent consequences for experience, expression, and physiology. Journal of Personality and Social Psychology, 74 (1):

224-237

Gross J J, Barrett L F. 2011. Emotion generation and emotion regulation: One or two depends on your point of view. Emotion Review, 3 (1): 8-16

Gross J J, Thompson R A. 2007. Emotion regulation: Conceptual foundations. In: Gross J J, Thompson R A. (eds.). Handbook of Emotion Regulation. New York: The Guilford Press, 3-24

Gu S M, Wang F S, Yuan T F, et al. 2015. Differentiation of primary emotions through neuromodulators: Review of literature. International Journal of Neurology Research, 1 (2): 43-50

Gu S M, Wang W, Wang F S, et al. 2016. Neuromodulator and emotion Biomarker for stress induced mental disorders. Neural Plasticity, 2609128

Guo H R, Ren Y M, Zhao N, et al. 2014. Synergistic effect of 5-HT2A receptor gene and MAOA gene on the negative emotion of patients with depression. Clinical Physiology and Functional Imaging, 34 (4): 277-281

Guo J Y, Yuan X Y, Sui F, et al. 2011. Placebo analgesia affects the behavioral despair tests and hormonal secretions in mice. Psychopharmacology, 217 (1): 83-90

Harris C R, Prouvost C. 2014. Jealousy in dogs. PloS One, 9 (7): e94597

Harris R J, Young A W, Andrews T T. 2012. Morphing between expressions dissociates continuous from categorical representations of facial expression in the human brain. Proceedings of the National Academy of Sciences of the United States of America, 109 (51): 21164-21169

Harris S, Kaplan J T, Curiel A, et al. 2009. The neural correlates of religious and nonreligious belief. PloS One, 4 (10): e7272

Hatfield E, Cacioppo J L, Rapson R L. 1993. Emotional contagion. Current Directions in Psychological Science, 2 (3): 96-100

Hattori M, Sloman S A, Orita R. 2013. Effects of subliminal hints on insight problem solving. Psychonomic Bulletin &Review, 20 (4): 790-797

Henningsgaard J M, Arnau R C. 2008. Relationships between religiosity, spirituality, and personality: A multivariate analysis. Personality and Individual Differences, 45 (8): 703-708

Henrich J, Gil-White F J. 2001. The evolution of prestige: Freely conferred deference as a mechanism for enhancing the benefits of cultural transmission. Evolution & Human Behavior, 22 (3): 165-196

Hill G, Kemp S M. 2018. Uh-oh! What have we missed? A qualitative investigation into everyday insight experience. The Journal of Creative Behavior, 52 (3): 201-211

Hill P C, Pargament K I, Hood R W, et al. 2000. Conceptualizing religion and spirituality: Points of commonality, points of departure. Journal for the Theory of Social Behaviour, 30 (1): 51-77

Ho D Y F, Ho R T H. 2007. Measuring spirituality and spiritual emptiness: Toward ecumenicity and transcultural applicability. Review of General Psychology, 11 (1): 62-74

Hodge D R. 2013. Implicit spiritual assessment: An alternative approach for assessing client spirituality. Social Work, 58 (3): 223-230

Hodges S D, Klein K J K. 2001. Regulating the costs of empathy: The price of being human. Journal of Socio-Economics, 30 (5): 437-452

Hoebel B G, Avena N M, Rada P. 2007. Accumbens dopamine-acetylcholine balance in approach and avoidance. Current Opinion in Pharmacology, 7 (6): 617-627

Hofmann S G, Petrocchi N, Steinberg J, et al. 2015. Loving-kindness meditation to target affect in mood disorders: A proof-of-concept study. Evidence-based Complementary and Alternative Medicine: eCAM, 269126

Hogan R. 1969. Development of an empathy scale. Journal of Consulting and Clinical Psychology, 33 (3): 307-316

Horberg E J, Oveis C, Keltner D. 2011. Emotions as moral amplifiers: An appraisal tendency approach to the influences of distinct emotions upon moral judgment. Emotion Review, 3 (3): 237-244

Horner V, Proctor D, Bonnie K E, et al. 2010. Prestige affects cultural learning in chimpanzees. PloS One, 5 (5): e10625

Humphrey N. 2006. Consciousness: The Achilles heel of Darwinism? Thank god, not quite. Philosophy of Science, 121

Hunsinger M, Livingston R, Isbell L. 2013. The impact of loving-kindness meditation on affective learning and cognitive control. Mindfulness, 4 (3): 275-280

Hunter A M, Leuchter A F, Morgan M L, et al. 2006. Changes in brain function (quantitative EEG cordance) during placebo lead-in and treatment outcomes in clinical trials for major depression. American Journal of Psychiatry, 163 (8): 1426-1432

Hutcherson C A, Seppala E M, Gross J J. 2008. Loving-kindness meditation increases social connectedness. Emotion, 8 (5): 720-724

Hwang K K. 2012. The deep structure of confucianism. Foundations of Chinese Psychology. New York: Springer

Jackson P L, Rainville P, Decety J. 2006. To what extent do we share the pain of others? Insight from the neural bases of pain empathy. Pain, 125 (1-2): 5-9

Jarman M S. 2014. Quantifying the qualitative: Measuring the insight experience. Creativity Research Journal, 26 (3): 276-288

Jeannerod M. 1999. To act or not to act: Perspective on the representtation of actions. Quarterly Journal of Experimental Psychology, 52A: 1-29

Jeeves M, Brown W. 2009. Neuroscience, psychology, and religion: Illusions, delusions, and realities about human nature. West Conshohocken: Templeton Foundation Press

Jensen K, Vaish A, Schmidt M F H. 2014. The emergence of human prosociality: Aligning with others through feelings, concerns, and norms. Frontiers in Psychology, 5: 822-838

Johnson D P, Penn D L, Fredrickson B L, et al. 2009. Loving-kindness meditation to enhance recovery from negative symptoms of schizophrenia. Journal of Clinical Psychology, 65 (5): 499-509

Jung-Beeman M, Bowden E M, Haberman J, et al. 2004. Neural activity when people solve verbal problems with insight. PloS Biology, 2 (4): e97

Kahneman D, Wakker P P, Sarin R. 1997. Back to bentham? Explorations of experienced utility. The

Quarterly Journal of Economics, 112 (2): 375-406

Kang Y, Gray J R, Dovidio J F. 2015. The head and the heart: Effects of understanding and experiencing lovingkindness on attitudes toward the self and others. Mindfulness, 6 (5): 1063-1070

Kearney D J, Malte C A, McManus C, et al. 2013. Loving-kindness meditation for posttraumatic stress disorder: A pilot study. Journal of Traumatic Stress, 26 (4): 426-434

Kershaw T C, Ohlsson S. 2004. Multiple causes of difficulty in insight: The case of the nine-dot problem. Journal of Experimental Psychology: Learning, Memory, and Cognition, 30 (1): 3-213

Keysers C, Kaas J H, Gazzola V. 2010. Somatosensation in social perception. Nature Reviews Neuroscience, 11 (6): 417-428

Kim-Prieto C, Diener E, Tamir M, et al. 2005. Integrating the diverse definitions of happiness: A time-sequential framework of subjective well-being. Journal of Happiness Studies, 6 (3): 261-300

Kirsch I, Sapirstein G. 1998. Listening to Prozac but hearing placebo: A meta-analysis of antidepressant medication. Prevention & Treatment, 1 (2): 2a

Kirsch I, Deacon B J, Huedo-Medina T B, et al. 2008. Initial severity and antidepressant benefits: A meta-analysis of data submitted to the Food and Drug Administration. PloS Medicine, 5 (2): e45

Knoblich G, Ohlsson S, Haider H, et al. 1999. Constraint relaxation and chunk decomposition in insight problem solving. Journal of Experimental Psychology: Learning, Memory, and Cognition, 25 (6): 1534-1555

Koenig H G, McCulloug M C, Larson D B. 2001. Handbook of Religion and Health: A Century of Research Reviewed Historical Context. New York: Oxford University Press

Krampen G. 1997. Promotion of creativity (divergent productions) and convergent productions by systematic-relaxation exercises: Empirical evidence from five experimental studies with children, young adults, and elderly. European Journal of Personality, 11 (2): 83-99

Kropotov J D, Ponomarev V A, Hollup S, et al. 2011. Dissociating action inhibition, conflict monitoring and sensory mismatch into independent components of event related potentials in GO/NOGO task. NeuroImage, 57 (2): 565-575

Kühn S, Müller B C, Van der Leij A, et al. 2011. Neural correlates of emotional synchrony. Social Cognitive and Affective Neuroscience, 6 (3): 368-374

Kuyken W, Watkins E, Holden E, et al. 2010. How does mindfulness-based cognitive therapy work? Behaviour Research and Therapy, 48 (11): 1105-1112

LaBar K S, Cabeza R. 2006. Cognitive neuroscience of emotional memory. Nature Reviews Neuroscience, 7 (1): 54-64

Lapsley D K, Lasky B. 2001. Prototypic moral character. Identity: An International Journal of Theory and Research, 1 (4): 345-363

Laukkonen R E, Tangen J M. 2017. Can observing a Necker cube make you more insightful?

Consciousness and Cognition, 48: 198-211

Lazarus R. 1991. Emotions and Adaption. Oxford: Oxford University Press

Leary M R, Tate E B, Adams C E, et al. 2007. Self-compassion and reactions to unpleasant self-relevant events: The implications of treating oneself kindly. Journal of Personality and Social Psychology, 92 (5): 887-904

Lebuda I, Zabelina D L, Karwowski M. 2016. Mind full of ideas: A meta-analysis of the mindfulness—Creativity link. Personality and Individual Differences, 93: 22-26

Leuchter A F, Cook I A, Witte E A, et al. 2002. Changes in brain function of depressed subjects during treatment with placebo. American Journal of Psychiatry, 159 (1): 122-129

Leung A K Y, Chiu C Y. 2010. Multicultural experience, idea receptiveness, and creativity. Journal of Cross-Cultural Psychology, 41 (5-6): 723-741

Leung K. 2010. Beliefs in Chinese culture. In: Bond M H (ed.), The Oxford Handbook of Chinese Psychology, Oxford: Oxford University Press, 221-240

Lim C, Putnam R D. 2010. Religion, social networks, and life satisfaction. American Sociological Review, 75 (6): 914-933

Liu T R, Xiao T, Shi J N, et al. 2011. Conflict control of children with different intellectual levels: An ERP study. Neuroscience Letters, 490 (2): 101-106

Lount R B. 2010. The impact of positive mood on trust in interpersonal and intergroup interactions. Journal of Personality & Social Psychology, 98 (3): 420-433

Lucchetti G, Lucchetti A L G, Koenig H G. 2011. Impact of spirituality/religiosity on mortality: Comparison with other health interventions. Explore, 7 (4): 234-238

Luo J, Niki K. 2003. Function of hippocampus in "insight" of problem solving. Hippocampus, 13 (3): 316-323

Luo J, Niki K, Phillips S. 2004. Neural correlates of the "Aha! reaction". NeuroReport, 15 (13): 2013-2017

Luo J, Niki K, Knoblich G. 2006. Perceptual contributions to problem solving: Chunk decomposition of Chinese characters. Brain Research Bulletin, 70 (4): 430-443

Luo J, Knoblich G. 2007. Studying insight problem solving with neuroscientific methods. Methods, 42 (1): 77-86

Lutz A, Slagter H A, Dunne J D, et al. 2008. Attention regulation and monitoring in meditation. Trends in Cognitive Sciences, 12 (4): 163-169

Lutz A, Greischar L L, Perlman D M, et al. 2009. BOLD signal in insula is differentially related to cardiac function during compassion meditation in experts vs. novices. NeuroImage, 47 (3): 1038-1046

MacDonald D A. 2000. Spirituality: Description, measurement, and relation to the five factor model of personality. Journal of Personality, 68 (1): 153-197

Mai X Q, Luo J, Wu J H, et al. 2004. "Aha!" effects in a guessing riddle task: An ERP study. Human Brain Mapping, 23 (2): 128

Main A, Walle E A, Kho C, et al. 2017. The interpersonal functions of empathy: A relational perspective. Emotion Review, 9 (4): 358-366

Martindale C. 1999. Biological bases of creativity. In: Sternberg R J (ed.). Handbook of Creativity. New York: Cambridge University Press, 137-152

Martindale C, Mines D. 1975. Creativity and cortical activation during creative, intellectual and EEG feedback tasks. Biological Psychology, 3 (2): 91-100

Matthey J, Barrow S. 2003. Believing without belonging? Reports from groups to the consultation. International Review of Mission, 92 (364): 98-113

May C J, Burgard M, Mena M, et al. 2011. Short-term training in loving-kindness meditation produces a state, but not a trait, alteration of attention. Mindfulness, 2 (3): 143-153

May C J, Weyker J R, Spengel S K, et al. 2014. Tracking longitudinal changes in affect and mindfulness caused by concentration and loving-kindness meditation with hierarchical linear modeling. Mindfulness, 5 (3): 249-258

Mayberg H S. 2003. Positron emission tomography imaging in depression: A neural systems perspective. Neuroimaging Clinics of North America, 13 (4): 805-815

Mayberg H S, Brannan S K, Tekell J L, et al. 2000. Regional metabolic effects of fluoxetine in major depression: Serial changes and relationship to clinical response. Biological Psychiatry, 48 (8): 830-843

Mayberg H S, Silva J A, Brannan S K, et al. 2002. The functional neuroanatomy of the placebo effect. American Journal of Psychiatry, 159 (5): 728-737

McKeown G J. 2013. The analogical peacock hypothesis: The sexual selection of mind-reading and relational cognition in human communication. Review of General Psychology, 17 (3): 267-287

Meltzoff A N, Decety J. 2003. What imitation tells us about social cognition: A rapprochement between developmental psychology and cognitive neuroscience. Philosophical Transactions of the Royal Society B: Biological Sciences, 358 (1431): 491-500

Memelink J, Hommel B. 2013. Intentional weighting: A basic principle in cognitive control. Psychological Research, 77 (3): 249-259

Meraviglia M G. 2004. The effects of spirituality on well-being of people with lung cancer. Oncology Nursing Forum, 31 (1): 89-94

Meriwether N K. 2003. Can self-esteem sanction morality? Journal of Moral Education, 32 (2): 167-181

Ming D, Tong D D, Yang W J, et al. 2014. How can we gain insight in scientific innovation? Prototype heuristic is one key. Thinking Skills and Creativity, 14: 98-106

Morgan J D. 1993. The existential quest for meaning. In: Doka K J, Morgan J D (eds.). Death and Spirituality. New York: Baywood, 3-9

Morrison I, Lloyd D, Di Pellegrino G, et al. 2004. Vicarious responses to pain in anterior cingulate cortex: Is empathy a multisensory issue? Cognitive, Affective & Behavioral Neuroscience, 4 (2): 270-278

Müller B C N, Gerasimova A, Ritter S M. 2016. Concentrative meditation influences creativity by increasing cognitive flexibility. Psychology of Aesthetics, Creativity, and the Arts, 10 (3): 278-286

Murphy F C, Hill E L, Ramponi C, et al. 2010. Paying attention to emotional images with impact. Emotion, 10 (5): 605-614

Narayanasamy A, Owens J. 2001. A critical incident study of nurses' responses to the spiritual needs of their patients. Journal of Advanced Nursing, 33 (4): 446-455

Nicolelis M A L, Lebedev M A. 2009. Principles of neural ensemble physiology underlying the operation of brain-machine interfaces. Nature Reviews Neuroscience, 10 (7): 530-540

Nisbett R E. 2003. The geography of thought: How Asians and westerners think differently and why. Journal of Sex Research, 66 (3): 156-156

Niu W H, Sternberg R J. 2006. The philosophical roots of Western and Eastern conceptions of creativity. Journal of Theoretical and Philosophical Psychology, 26 (1-2): 18-38

Norenzayan A, Shariff A. 2008. The origin and evolution of religious prosociality. Science, 322 (5898): 58-62

Obert A, Gierski F, Calmus A, et al. 2014. Differential bilateral involvement of the parietal gyrus during predicative metaphor processing: An auditory fMRI study. Brain and Language, 137: 112-119

Oberwelland E, Schilbach L, Barisic I, et al. 2016. Look into my eyes: Investigating joint attention using interactive eye-tracking and fMRI in a developmental sample. NeuroImage, 130: 248-260

Ochsner K N, Silvers J A, Buhle J T. 2012. Functional imaging studies of emotion regulation: A synthetic review and evolving model of the cognitive control of emotion. Annals of the New York Academy of Sciences, 1251: E1-E24

Ohlsson S. 1984. Restructuring revisited: II. An information processing theory of restructuring and insight. Scandinavian Journal of Psychology, 25 (2): 117-129

Olofsson J K, Polich J. 2007. Affective visual event-related potentials: Arousal, repetition, and time-on-task. Biological Psychology, 75 (1): 101-108

O'Malley W J. 1999. Teaching empathy. America, 180 (12): 22-26

Oppezzo M, Schwartz D L. 2014. Give your ideas some legs: The positive effect of walking on creative thinking. Journal of Experimental Psychology: Learning, Memory, and Cognition, 40 (4): 1142-1152

Orehek E, Vazeou-Nieuwenhuis A. 2013. Sequential and concurrent strategies of multiple goal pursuit. Review of General Psychology, 17 (3): 339-349

Ostafin B D, Kassman K T. 2012. Stepping out of history: Mindfulness improves insight problem solving. Consciousness and Cognition, 21 (2): 1031-1036

Oyserman D, Coon H M, Kemmelmeier M. 2002. Rethinking individualism and collectivism: Evaluation of theoretical assumptions and meta-analyses. Psychological Bulletin, 128（1）: 3-72

Pargament K I. 2002. Is religion nothing but. . . ? Explaining religion versus explaining religion away. Psychological Inquiry, 13（3）: 239-244

Paul R, Elder L. 2009. Critical thinking, creativity, ethical reasoning: A unity of opposites. In: Ambrose D, Cross T（eds.）. Morality, Ethics, and Gifted Minds. New York: Springer: 117-121

Paulmann S, Kotz S A. 2006. Valence, arousal, and task effects on the P200 in emotional prosody processing. In 12th Annual Conference on Architectures and Mechanisms for Language Processing 2006（AMLaP）.

Peciña M, Bohnert A S, Sikora M, et al. 2015. Association between placebo-activated neural systems and antidepressant responses: Neurochemistry of placebo effects in major depression. JAMA Psychiatry, 72（11）: 1087-1094

Pelphrey K A, Mitchell T V, McKeown M J, et al. 2003. Brain activity evoked by the perception of human walking: Controlling for meaningful coherent motion. Journal of Neuroscience, 23（17）: 6819-6825

Perera S, Frazier P A. 2013. Changes in religiosity and spirituality following potentially traumatic events. Counselling Psychology Quarterly, 26（1）: 26-38

Perlovsky L I. 2010. Intersections of mathematical, cognitive, and aesthetic theories of mind. Psychology of Aesthetics, Creativity, and the Arts, 4（1）: 11-17

Petrovic P, Dietrich T, Fransson P, et al. 2005. Placebo in emotional processing—Induced expectations of anxiety relief activate a generalized modulatory network. Neuron, 46（6）: 957-969

Petrovic P, Kalso E, Petersson K M, et al. 2002. Placebo and opioid analgesia—imaging a shared neuronal network. Science, 295（5560）: 1737-1740

Piedmont R L, Sherman M F, Sherman N C, et al. 2009. Using the five-factor model to identify a new personality disorder domain: The case for experiential permeability. Journal of Personality and Social Psychology, 96（6）: 1245-1258

Pijnenborg G H M, Spikman J M, Jeronimus B F, et al. 2012. Insight in schizophrenia: Associations with empathy. European Archives of Psychiatry and Clinical Neuroscience, 263（4）: 299-307

Pollo A, Amanzio M, Arslanian A, et al. 2001. Response expectancies in placebo analgesia and their clinical relevance. Pain, 93（1）: 77-84

Preston S D, De Waal F B. 2002. Empathy: Its ultimate and proximate bases. Behavioral and Brain Sciences, 25（1）: 1-20, 1-72

Rai T S, Fiske A P. 2011. Moral psychology is relationship regulation: Moral motives for unity, hierarchy, equality, and proportionality. Psychological Review, 118（1）: 57-75

Raio C M, Orederu T A, Palazzolo L, et al. 2013. Cognitive emotion regulation fails the stress test. Proceedings of the National Academy of Sciences of the United States America, 110（37）: 15139-15144

Rand D G, Kraft-Todd G, Gruber J. 2015. The collective benefits of feeling good and letting go: Positive emotion and（dis）inhibition interact to predict cooperative behavior. PloS One, 10（1）:

e0117426

Rank J, Nelson N E, Allen T D, et al. 2009. Leadership predictors of innovation and task performance: Subordinates' self-esteem and self-presentation as moderators. Journal of Occupational and Organizational Psychology, 82 (3): 465-489

Ratnakar R, Nair S. 2012. A review of scientific research on spirituality. Business Perspectives and Research, 1 (1): 1-12

Reader S M, MacDonald K. 2003. Environmental variability and primate behavioural flexibility. In: Reader S M, Laland K N (eds.), Animal Innovation. Oxford: Oxford University Press, 83-116

Ren J, Huang Z H, Luo J, et al. 2011. Meditation promotes insightful problem-solving by keeping people in a mindful and alert conscious state. Science China Life Sciences, 54 (10): 961-965

Ren Z J. 2012. Spirituality and community in times of crisis: Encountering spirituality in indigenous trauma therapy. Pastoral Psychology, 61 (5-6): 975-991

Rizzolatti G, Fadiga L, Gallese V, et al. 1996. Premotor cortex and the recognition of motor actions. Cognitive Brain Research, 3 (2): 131-141

Rousseau D. 2014. A Systems model of spirituality. Zygon, 2 (49): 476-508

Rowe G, Hirsh J B, Anderson A. 2007. Positive affect increases the breadth of attentional selection. Proceedings of the National Academy of Sciences of the United States of America, 104 (1): 383-388

Roy M, Shohamy D, Wager T D. 2012. Ventromedial prefrontal-subcortical systems and the generation of affective meaning. Trends in Cognitive Sciences, 16 (3): 147-156

Ruby P, Decety J. 2004. How would you feel versus how do you think she would feel? A neuroimaging study of perspective-taking with social emotions. Journal of Cognitive Neuroscience, 16 (6): 988-999

Runco M A. 2004. Creativity. Annual Review of Psychology, 55: 657-687

Runco M A, Nemiro J. 2003. Creativity in the moral domain: Integration and implications. Creativity Research Journal, 15 (1): 91-105

Russell J A. 2003. Core affect and the psychological construction of emotion. Psychological Review, 110 (1): 145-172

Ryan K A, Dawson E L, Kassel M T, et al. 2015. Shared dimensions of performance and activation dysfunction in cognitive control in females with mood disorders. Brain, 138 (5): 1424-1434

Salzberg S. 1995. Loving-kindness: The Revolutionary Art of Happiness. Boston: Shambhala Publications

Schwartz W. 2002. From passivity to competence: A conceptualization of knowledge, skill, tolerance, and empathy. Psychiatry, 65 (4): 338-345

Scott D G. 2006. Wrestling with the spirit (ual): Grappling with theory, practice and pedagogy. International Journal of Children's Spirituality, 11 (1): 87-97

Scott D J, Stohler C S, Egnatuk C M, et al. 2007. Individual differences in reward responding explain placebo-induced expectations and effects. Neuron, 55 (2): 325-336

Scott D J, Stohler C S, Egnatuk C M, et al. 2008. Placebo and nocebo effects are defined by opposite opioid and dopaminergic responses. Archives of General Psychiatry, 65 (2): 220-231

Searcy W A, Nowicki S. 2005. The Evolution of Animal Communication: Reliability and Deception in Signaling Systems. Princeton: Princeton University Press

Shafranske E P, Malony H N. 1990. California psychologists' religiosity and psychotherapy. Journal of Religion and Health, 29 (3): 219-231

Shah R, Kulhara P, Grover S, et al. 2011. Relationship between spirituality/religiousness and coping in patients with residual schizophrenia. Quality of Life Research, 20 (7): 1053-1060

Shahar B, Szepsenwol O, Zilcha-Mano S, et al. 2015. A wait-list randomized controlled trial of loving-kindness meditation programme for self-criticism. Clinical Psychology and Psychotherapy, 22 (4): 346-356

Shen W B, Yuan Y, Liu C, et al. 2016a. Is creative insight task-specific? A coordinate-based meta-analysis of neuroimaging studies on insightful problem solving. International Journal of Psychophysiology, 110: 81-90

Shen W B, Yuan Y, Liu C, et al. 2016b. In search of the "Aha!" experience: Elucidating the emotionality of insight problem-solving. British Journal of Psychology, 107 (2): 281-298

Shen W B, Yuan Y, Zhao Y, et al. 2018. Defining insight: A study examining implicit theories of insight experience. Psychology of Aesthetics, Creativity, and the Arts, 12 (3): 317-327

Shen W B, Zhao Y, Hommel B, et al. 2019a. The impact of spontaneous and induced mood states on problem solving and memory. Thinking Skills and Creativity, 32 (2): 66-74

Shen W B, Yuan Y, Lu F, et al. 2019b. Unpacking impass-related experience during insight. The Spanish Journal of Psychology, 22: 1-10

Shonin E, Van W, Griffiths M D. 2013. Buddhist philosophy for the treatment of problem gambling. Journal of Behavioral Addictions, 2 (2): 63-71

Shorkey C, Uebel M, Windsor L C. 2008. Measuring dimensions of spirituality in chemical dependence treatment and recovery: Research and practice. International Journal of Mental Health and Addiction, 6 (3): 286-305

Shultz S, Lee S M, Pelphrey K, et al. 2011. The posterior superior temporal sulcus is sensitive to the outcome of human and non-human goal-directed actions. Social Cognitive and Affective Neuroscience, 6 (5): 602-611

Shultz S, McCarthy G. 2012. Goal-directed actions activate the face-sensitive posterior superior temporal sulcus and fusiform gyrus in the absence of human-like perceptual cues. Cerebral Cortex, 22 (5): 1098-1106

Siegel D J. 2007. The mindful brain: Reflection and attunement in the cultivation of well-being. Journal of the Canadian Academy of Child and Adolescent Psychiatry, 17 (3): 178-179

Silverman L K. 1994. The moral sensitivity of gifted children and the evolution of society. Roeper Review, 17 (2): 110-116

Simpson D B, Newman J L, Fuqua D R. 2007. Spirituality and personality: Accumulating evidence. Journal of Psychology and Christianity, 26 (1): 33-44

Singer T. 2006. The neuronal basis and ontogeny of empathy and mind reading: Review of literature and implications for future research. Neuroscience & Biobehavioral Reviews, 30 (6): 855-863

Singer T, Seymour B, O'doherty J, et al. 2004. Empathy for pain involves the affective but not sensory components of pain. Science, 303 (5661): 1157-1162

Snyder C R, Lopez S J, Pedrotti J T. 2011. Positive Psychology: The Scientific and Practical Explorations of Human Strengths. Second ed. Los Angeles: Sage

Spinella M. 2010. The practice and benefits of loving-kindness. http://www.amareway. org/holisticliving/12/the-practice-and-benefits-of-loving-kindness-by-marcello-spinella

Sternberg R J, Lubart T I. 1996. Investing in creativity. American Psychologist, 51 (7): 677-688

Stewart J L, Silton R L, Sass S M, et al. 2010. Attentional bias to negative emotion as a function of approach and withdrawal anger styles: An ERP investigation. International Journal of Psychophysiology, 76 (1): 9-18

Stewart-Williams S, Podd J. 2004. The placebo effect: Dissolving the expectancy versus conditioning debate. Psychological Bulletin, 130 (2): 324-340

Subramaniam K, Kounios J, Bowden E M, et al. 2009. Positive mood and anxiety modulate anterior cingulate activity and cognitive preparation for insight. Journal of Cognitive Neuroscience, 21: 415-432

Sundararajan L. 2010. Two flavors of aesthetic tasting: Rasa and savoring a cross-cultural study with implications for psychology of emotion. Review of General Psychology, 14 (1): 22-30

Sundararajan L. 2015. Understanding Emotion in Chinese Culture. New York: Springer Cham Heidelberg Publishing

Sundararajan L, Averill J R. 2007. Creativity in the everyday: Culture, self, and emotions. In: Richards R (ed.). Everyday Creativity and New Views of Human Nature: Psychological, Social, and Spiritual Perspectives. Washington: American Psychological Association, 195-220

Sundararajan L, Raina M K. 2015. Revolutionary creativity, East and West: A critique from indigenous psychology. Journal of Theoretical And Philosophical Psychology, 35 (1): 3-19

Tang Y Y, Hölzel B K, Posner M I. 2015. The neuroscience of mindfulness meditation. Nature Reviews Neuroscience, 16 (4): 213-225

Tang Y Y, Tang R, Posner M I. 2016. Mindfulness meditation improves emotion regulation and reduces drug abuse. Drug and Alcohol Dependence, 163: S13-S18

Tanyi R A. 2002. Towards clarification of the meaning of spirituality. Journal of Advanced Nursing, 39 (5): 500-509

Taylor V A, Grant J, Daneault V, et al. 2011. Impact of mindfulness on the neural responses to emotional pictures in experienced and beginner meditators. NeuroImage, 57 (4): 1524-1533

Thomas K A, Descioli P, Haque O S, et al. 2014. The psychology of coordination and common knowledge. Journal of Personality & Social Psychology, 107 (4): 657-676

Tomasello M, Carpenter M, Call J, et al. 2005. Understanding and sharing intentions: The origins of cultural cognition. Behavioral and Brain Sciences, 28 (5): 675-691

Tomasello M, Herrmann E. 2010. Ape and human cognition: What's the difference. Current Directions in Psychological Science, 19: 3-8

Travis F. 1979. The Transcendental Meditation technique and creativity: A longitudinal study of Cornell University undergraduates. Journal of Creative Behavior, 13 (3): 169-180

Tu W M. 2005. Cultural China: The periphery as the center. Daedalus, 134 (4): 145-167

Unantenne N, Warren N, Canaway R, et al. 2013. The strength to cope: Spirituality and faith in chronic disease. Journal of Religion and Health, 52 (4): 1147-1161

Van der Veer P. 2009. Spirituality in modern society. Social Research: An International Quarterly, 76 (4): 1097-1120

Vaish A, Tomasello M. 2014. The Early Ontogeny of Human Cooperation and Morality. New York: Psychology Press

Valdesolo P, De Steno D. 2007. Moral hypocrisy: Social groups and the flexibility of virtue. Psychological Science, 18 (8): 689-690

Van Kleef G A, De Dreu C K W, Manstead A S R. 2010. An interpersonal approach to emotion in social decision making: The emotions as social information model. Advances in Experimental Social Psychology, 42: 45-96

Vandoolaeghe E, Van Hunsel F, Nuyten D, et al. 1998. Auditory event related potentials in major depression: Prolonged P300 latency and increased P200 amplitude. Journal of Affective Disorders, 48 (2-3): 105-113

Vartanian O. 2009. Variable attention facilitates creative problem solving. Psychology of Aesthetics, Creativity, and the Arts, 3 (1): 57-59

Vartanian O, Goel V. 2004. Emotion pathways in the brain mediate aesthetic preference. Bulletin of Psychology and Arts, 5 (1): 37-42

Vase L, Riley III J L, Price D D. 2002. A comparison of placebo effects in clinical analgesic trials versus studies of placebo analgesia. Pain, 99 (3): 443-452

Vosburg S K, Kaufmann G. 1997. "Paradoxical" mood effects on creative problem-solving. Cognition and Emotion, 11 (2): 151-170

Waddington C H. 1942. Canalization of development and the inheritance of acquired characters. Nature, 150 (3811): 563-565

Wager T D, Rilling J K, Smith E E, et al. 2004. Placebo-induced changes in fMRI in the anticipation and experience of pain. Science, 303 (5661): 1162-1167

Wager T D, Scott D J, Zubieta J K. 2007. Placebo effects on human μ-opioid activity during pain. Proceedings of the National Academy of Sciences of the United States of America, 104 (26): 11056-11061

Wager T D, Atlas L Y. 2015. The neuroscience of placebo effects: Connecting context, learning and health. Nature Reviews Neuroscience, 16 (7): 403-418

Wallas G. 1926. The Art of Thought. New York: Harcourt Brace Jovanovich

Walsh R. 2015. What is wisdom? Cross-cultural and cross-disciplinary syntheses. Review of General Psychology, 19 (3): 278-293

Waterman A S. 1993. Two conceptions of happiness: Contrasts of personal expressiveness (eudaimonia) and hedonic enjoyment. Journal of Personality and Social Psychology, 64 (4):

678-691

Weber S R, Pargament K I. 2014. The role of religion and spirituality in mental health. Current opinion in psychiatry, 27 (5): 358-363

Weisberg R W. 1999. Creativity and knowledge: A challenge to theories. In: Sternberg R J (ed.), Handbook of Creativity. New York: Cambridge University Press, 226-250

Weisberg R W, Alba J W. 1981. An examination of the alleged role of "fixation" in the solution of several "insight" problems. Journal of Experimental Psychology: General, 110 (2): 169-192

Weitekamp C A, Hofmann H A. 2014. Evolutionary themes in the neurobiology of social cognition. Current Opinion in Neurobiology, 28: 22-27

Wicker B, Keysers C, Plailly J, et al. 2003. Both of us disgusted in My insula: The common neural basis of seeing and feeling disgust. Neuron, 40 (3): 655-664

Wu X F, Guo T T, Tan T T, et al. 2019. Superior emotional regulating effects of creative cognitive reappraisal. NeuroImage, 200: 540-551

Wu L L, Knoblich G, Wei G X, et al. 2009. How perceptual processes help to generate new meaning: An EEG study of chunk decomposition in Chinese characters. Brain Research, 1296: 104-112

Yeh K H, Bedford O. 2003. A test of the dual filial piety model. Asian Journal of Social Psychology, 6 (3): 215-228

Zaki J, Ochsner K N, Hanelin J, et al. 2007. Different circuits for different pain: Patterns of functional connectivity reveal distinct networks for processing pain in self and others. Social Neuroscience, 2 (3-4): 276-291

Zaki J, Ochsner K N. 2012. The neuroscience of empathy: Progress, pitfalls and promise. Nature Neuroscience, 15 (5): 675-680

Zeng X, Chiu C P K, Wang R, et al. 2015. The effect of loving-kindness meditation on positive emotions: A meta-analytic review. Frontiers in Psychology, 6: 1-14

Zhan J, Tang F, He M, et al. 2017a. Regulating rumination by anger: Evidence for the mutual promotion and counteraction (MPMC) theory of emotionality. Frontiers in Psychology, 8: 1871

Zhan J, Wu X F, Fan J, et al. 2017b. Regulating anger under stress via cognitive reappraisal and sadness. Frontiers in Psychology, 8: 1372

Zhang W, Luo J. 2009. The transferable placebo effect from pain to emotion: Changes in behavior and EEG activity. Psychophysiology, 46 (3): 626-634

Zhang W C, Qin S Z, Guo J Y, et al. 2011. A follow-up fMRI study of a transferable placebo anxiolytic effect. Psychophysiology, 48 (8): 1119-1128

Zhang W, Guo J, Zhang J, et al. 2012. Neural mechanism of placebo effects and cognitive reappraisal in emotion regulation. Progress in Neuro-Psychopharmacology and Biological Psychiatry, 40: 364-373

Zhao Q, Zhou Z, Xu H, et al. 2013. Dynamic neural network of insight: A functional magnetic resonance imaging study on solving Chinese 'chengyu' riddles. PloS One, 8 (3): e59351

Zhao Y L, Zhang J X, Yuan L Z, et al. 2015. A transferable anxiolytic placebo effect from noise to negative effect. Journal of Mental Health, 24 (4): 230-235

Zhao Y, Liu R, Zhang J, et al. 2020. Placebo effect on modulating empathic pain: Reduced activation in posterior insula. Frontiers in Behavioral Neuroscience, 14: 8

Zinnbauer B J, Pargament K I. 2005. Religiousness and Spirituality. In: Paloutzian R F, Park C L (eds.). Handbook of the Psychology of Religion and Spirituality. New York: Guilford Press, 14-44

Zubieta J K, Bueller J A, Jackson L R, et al. 2005. Placebo effects mediated by endogenous opioid activity on μ-opioid receptors. The Journal of Neuroscience, 25 (34): 7754-7762

Zysset S, Huber O, Ferstl E, et al. 2002. The anterior frontomedian cortex and evaluative judgment: An fMRI study. NeuroImage, 15 (4): 983-991

后 记

到本书即将定稿之时，我们为撰写本书花费了近 6 年的时间。

2014 年 6 月，中国心理学会与科学出版社共同制订了联合出版"认知神经科学书系"的计划，由中国心理学会出版工作委员会、普通心理和实验心理学专业委员会共同组织实施，中国心理学会前理事长杨玉芳先生担任丛书总主编。我和罗劲教授提出拟撰写的《儒道佛与认知神经科学》一书有幸被列于该丛书的出版计划。由于儒道佛与认知神经科学的已有相关研究十分缺乏，且关于此类主题的书更是很少有人尝试，没有同类书籍可资借鉴，这使得本书的撰写难度增加了许多。这除了要求本书提出系统性的理论框架外，更需要撰稿者自己就相关问题开展原创性研究。可以说，要完成本书的撰写是一项难度很大的工程。当时，罗劲教授、罗非研究员与我在首都师范大学罗劲教授的办公室里一起就书稿进行了初步商讨。到 2014 年 10 月，我拟定了一个最初的提纲，但不甚满意。是年 12 月，我力邀广州大学郭斯萍教授加入，得到了郭斯萍教授的积极响应和大力支持。2015 年 1 月 19 日，罗劲教授、郭斯萍教授与我齐聚在首都师范大学，进行了一整天的热烈讨论，会后总结出了一系列有关儒道佛的心理学思想命题。

以这一次讨论为基础，经过一段时间的思考，我在 2015 年 4 月 5 日拟定了一份较为翔实的写作提纲，提交给罗劲教授和郭斯萍教授审议。虽然写作提纲翔实了，但最根本的问题依然没有得到解决。研究儒道佛与认知神经科学的巨大困难在于，儒道佛是中国传统文化的主体，认知神经科学是现代心理科学和神经科学的交叉学科，两者使用的基本上不是同一种话语体系。"儒道佛与认知神经科学"这个名称，一端连着"儒道佛"，另一端连着"认知神经科学"，仅仅只是看这个名称，从事儒道佛研究的人往往不会理解，而从事认知神经科学研究的人同样也可能觉得莫名其妙，一旦我们把握不好分寸，就意味着两边不讨好。因此，本书撰写成败的关键在于对儒道佛心理学思想的现代诠释和转化能否成功。

又是一年的思考，到了 2016 年上半年，郭斯萍教授提议，开展一次有关《儒道佛与认知神经科学》一书撰写的研讨会，就儒道佛与认知神经科学问题进行一次系统的研讨。郭斯萍教授与华东交通大学的舒曼教授不辞辛苦筹划会议，定于2016年8月18—20日在华东交通大学一起商讨。

这次会议由中国心理学会出版工作委员会主办、华东交通大学心理素质教育研究院承办，会议名称为"《儒道佛与认知神经科学》撰写工作研讨会暨现代心理学与脑认知科学视野下的中国传统文化心理学研讨会"。郭斯萍教授、罗劲教授、彭彦琴教授、舒曼教授与我围绕《儒道佛与认知神经科学》的书名、研究方法、章节内容进行了讨论，并各自做了相关的主题报告。

会议结束各自返程后，我们再次修改了提纲，同时进一步邀请学界同道加入到本书的撰写中。考虑到本书内容的原创性和独特性，为了得到更多的批评指正，我们希望在本书正式出版前，将这些内容先行经过同行评议后发表于学术期刊。这个想法得到了《南京师大学报（社会科学版）》相关工作人员的大力支持，随后在2017—2018年，本书的大部分内容以"中国传统心理学思想的现代阐释专题研究"的专栏形式发表在《南京师大学报（社会科学版）》。

关于儒道佛心理学思想的现代诠释和转化问题，早在接手本书之前，就已在我的脑海中萦绕了很长一段时间（这也是我们在2014年6月敢于提出撰写本书的原因之一）。到2018年年初，我终于完全理顺了论证的逻辑，于是闭门在家用一个月的时间将多年的思考写成论文《中国心理学：何以可能？如何建立？》，并在《南京师大学报（社会科学版）》发表。这篇论文解决了本书面临的逻辑困境，使本书的书名《儒道佛与认知神经科学》在逻辑上得以成立。

这篇论文刊出不久，郭斯萍教授打来电话，建议我们再开展一次关于儒道佛与心理科学研究的学术会议，同时就"中国心理学何以可能"的问题进行一次面对面的讨论。于是，我们与华东交通大学舒曼教授一道邀请了南京师范大学的郭永玉教授、汪凤炎教授和《南京师大学报（社会科学版）》编辑部的蒋永华先生、河北师范大学的阎书昌教授、曲阜师范大学的孙俊才副教授等来华东交通大学讨论。

时隔两年，2018年8月20日，我们再次来到华东交通大学会聚一堂。华东交通大学心理素质教育研究院再次承担了本次会议的所有事务。舒曼教授、高旭老师、孙长玉博士对我们的到来十分欢迎，华东交通大学原党委副书记汪立夏教授荣任江西省教育厅副厅长，特地抽空前来欢迎我们。汪厅长负责江西省的教育工作，是教育学家，有儒者气质，更兼备道家的精神，对古琴、太极拳、摄影艺术等均有深入研究。我特地带了一部《五知斋琴谱》给汪厅长，意喻汪厅长知时、知进、知退、知道、知命五知皆备，是当今少见的融儒道于一体的社会实践家。

随后两天，在郭斯萍教授和舒曼教授的安排下，我们一行几人到宜春、吉安参访了百丈寺、洞山普利禅寺、净居寺等禅宗祖庭，参观了万载县郭一岑先生故居和乐安流坑古村落。大家结伴访道，兴致极高。犹记从百丈寺到洞山普利禅寺，一路和风，风景优美，仿佛进入禅境。到了洞山普利禅寺，树木更是葱茏，朦胧之中经过逢渠桥，遂驻足观桥下溪流。逢渠桥是宋人为纪念洞山良价禅师而建。据《五灯会元》记载，良价禅师辞别云岩昙晟禅师时间："百年后忽有人问'还邈得师真否'，如何只对？"云岩良久曰："只这是。"良价禅师沉吟不知如何应对。后渡此溪流，忽见水中倒影，大悟前旨，作偈曰："切忌从他觅，迢迢与我疏。我今独自往，处处得逢渠。渠今正是我，我今不是渠。应须恁么会，方得契如如。"今过此桥，我还能如良价禅师得悟否？

　　这一次讨论会前后，《儒道佛与认知神经科学》一书也初见眉目。从2014年夏到2019年夏，在撰写本书过程中，我们遇到了很多困难，但是每一次我们都努力克服了。虽然本书依然有很多不足，毕竟已经有了良好开端，我们今后会进一步完善。在此，我代表我们三人（罗劲教授、郭斯萍教授和我）向本书的各位撰写者表示衷心感谢！向科学出版社的朱丽娜和高丽丽编辑表示衷心感谢！向热切关心我们的《南京师大学报（社会科学版）》编辑部蒋永华先生表示衷心感谢！向华东交通大学心理素质教育研究院表示衷心感谢！向南京师范大学心理学院的各位同人表示衷心感谢！最后，我要感谢我的家人为我所做的付出，这使得我能坚持下来完成与本书有关的各项工作。

刘　昌

庚子岁末于南京石头城外